大規模毀滅小兵器之

黑暗時代攻城道具

BUILD SIEGE WEAPONS OF THE DARK AGES

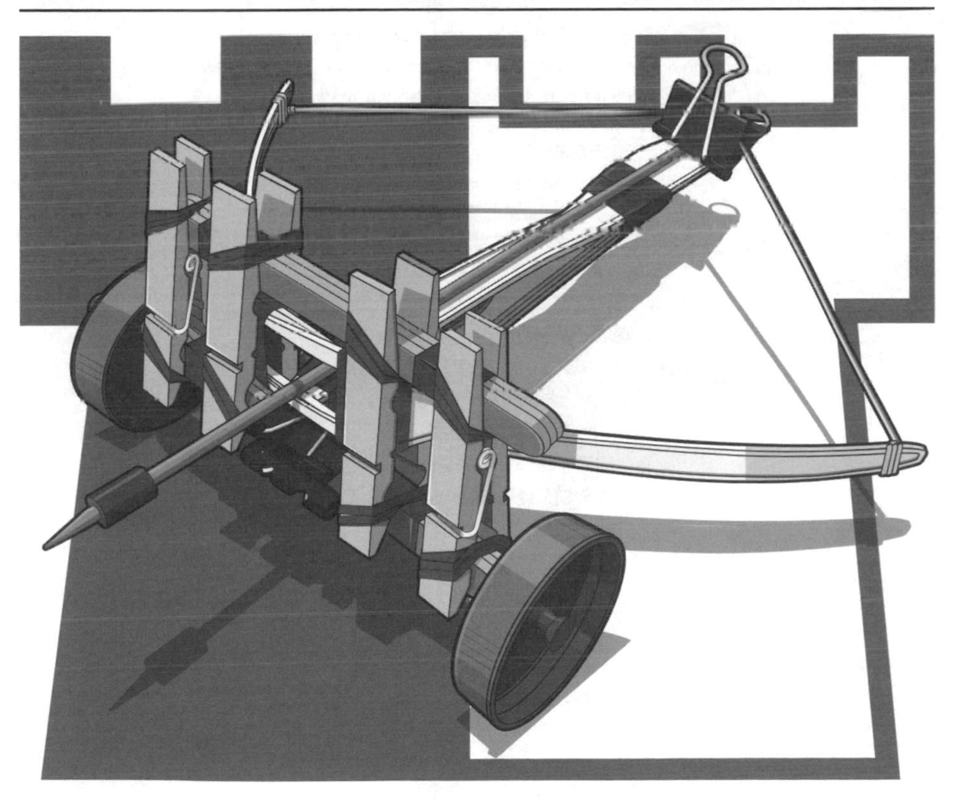

強・奧斯丁——著

楓樹林

大規模毀滅小兵器之 黑暗時代

攻城道具

BUILD SIEGE WEAPONS OF THE DARK AGES

出版／楓樹林出版事業有限公司
地址／新北市板橋區信義路163巷3號10樓
郵政劃撥／19907596 楓書坊文化出版社
網址／www.maplebook.com.tw
電話／02-2957-6096 傳真／02-2957-6435
作者／強・奧斯丁
翻譯／崔宏立
企劃編輯／陳依萱 內文排版／洪浩剛
港澳經銷／泛華發行代理有限公司
定價／270元
出版日期／2019年6月

國家圖書館出版品預行編目資料

大規模毀滅小兵器之黑暗時代攻城道具 /
強・奧斯汀作；崔宏立譯. -- 初版. -- 新北市
: 楓樹林, 2019.06 面； 公分

譯自： Mini wepons of mass destruction
: build siege weapons of the dark ages

ISBN 978-957-9501-21-7（平裝）

1. 玩具 2. 手工藝

479.8 108004645

心存關懷將本書提獻給我兒威廉：
願你能夠克服人生路途上所遭遇的任何阻礙。
永遠愛你的老爸

手持這份知識武器的戰士魂，
在此鄭重宣誓你會忠於君主，本書內容只用來讓國家更好，
而且不會使用小兵器不正當對待同胞。
若能謹守本誓詞，就能得到認可，
快速晉升，一路由傳令兵升上扈從，最終成為武士。

請加入臉書上的小兵器大軍：
MiniWeapons of Mass Destruction: Homemade Weapons Page

可在YouTube找到我們的示範、教學以及其他更多影片：
MiniWeaponsBook Channel

目錄

引言 vii
安全守則 ix

1 橡皮筋投石器 1
Tic Tac投石器 3
紙牌盒投石器 9
量尺投石器 19
糖果盒投石器 25
原子筆與鉛筆投石器 33
鐵絲衣架投石器 39
裝甲投石器 49

2 不用橡皮筋的投石器 57
儲值卡投石器 59
Tic Tac攻城機 65
壓舌板湯匙投石器 71
棉花糖投石器 75
捕鼠夾投石器 79
光碟拋石機 87

3 弓與箭 101
雙股木籤弓 103
筷子弓 107

塑膠料弓 111
塑膠衣架弓 119
進階原子筆弓 127
複合直尺弓 135

4 弩 141
木尺弩 143
塑膠料弩 149
冰棒棍弩 157
塑膠直尺弩 163
辦公用品弩 169
複合弩 175

5 投射機 183
儲值卡投射機 185
原子筆投射機 191
晾衣夾投射機 201
固定式攻城投射機 213

6 攻城小道具 225
冰棒棍迷你弓 227
迴紋針弓 231
三迴紋針弓 235
瓶蓋弩 239
牙籤弩 243
迴紋針與瓶蓋拋石器 251

7 標靶 255
紙盒攻板塔 257
突擊部隊 259
燕麥塔樓 261
轟擊城堡 263
標靶 265

引言

就讓**《大規模毀滅小兵器之黑暗時代攻城道具》**助一臂之力，充實你的軍火庫，把日常生活用品加以改造，搖身一變成為投石器、弩以及別種攻城器材。

本書收錄的小兵器絕非等閑。取材自第五至十五世紀的交戰現場，這一大堆中世紀的道具只有一個目的：用投射武器猛轟敵方，封鎖援軍、逼敵軍投降，或是想要瓦解固守的城堡，全都有效。

書中各種兵器很快就可以造好，這在戰術上大有優勢，可以攻其不備！每件兵器都有一份材料清單，全都是些唾手可得之物，配上圖解清楚的步驟說明。而且最後一章還收錄許多直接取自黑暗世紀的靶例，很適合用來試試剛做好的新武器。

本書適合所有年紀的戰士魂。驗證物理定律、激發創造力、引領實驗精神、為想像力添油加薪。這些攻城武器大多是具體而微的實戰用品，但是花費極少，很適合一起玩，裝備整團大軍也不成問題。

切記本書旨在趣味好玩。**請參閱安全守則那頁，保護自身安全。**小兵器的製作使用都要自己承擔風險。

安全守則

威力強大的武器，就得正正當當使用。在組裝、發射小兵器的過程中，請做好預防措施。任意更動材料、替換彈藥、組裝手法錯誤、操作不當、脫靶或者誤發都可能造成傷害。請為這些可能的意外做好準備。最重要的是，在測試這些玩意時要**保護你的雙眼**。此外，書中有些小兵器會用到塑膠餐具，刀、叉、湯匙等等，**絕對不能換成金屬餐具！**

請留意周遭環境，像是旁觀者和易燃物，準備發射時也請小心。箭都帶有尖銳的矢頭，用彈力發射的子彈都有超乎想像的力道。**請勿對著人、動物或者任何珍貴傢俱擺設發射**。還有，**千萬不可**攜帶這些小兵器搭乘大眾交通工具，譬如像是飛機、巴士或是火車，所有投射裝置都只能在家裡使用。

切記，這些手做小兵器並沒有那麼精準。書末提供若干基本標靶圖紙以及推薦的直接輸出圖案，也可以上我們的網站取用：www.JohnAustinBooks.com。

書中所提到的小兵器，有些會用到工具，例如：美工刀、隨身折刀、熱熔膠槍、剪線鉗、電鑽等等，使用時粗心大意會導致傷害。使用工具必須全神貫注，安全第一。如果切割不順，可能是刀具鈍了，或者選用的材料太硬，立刻停下來，至少要改其中一項。**年紀還小的騎士魂若要操作具危險性的工具，一定要請大人幫忙。**

在組裝和操作小兵器時請謹慎，應了解作者、出版商和書店不能也無法保證你的安全。當讀者試射書中所介紹的各式彈丸箭矢時，請確實注意操作時的風險。它們不是玩具！

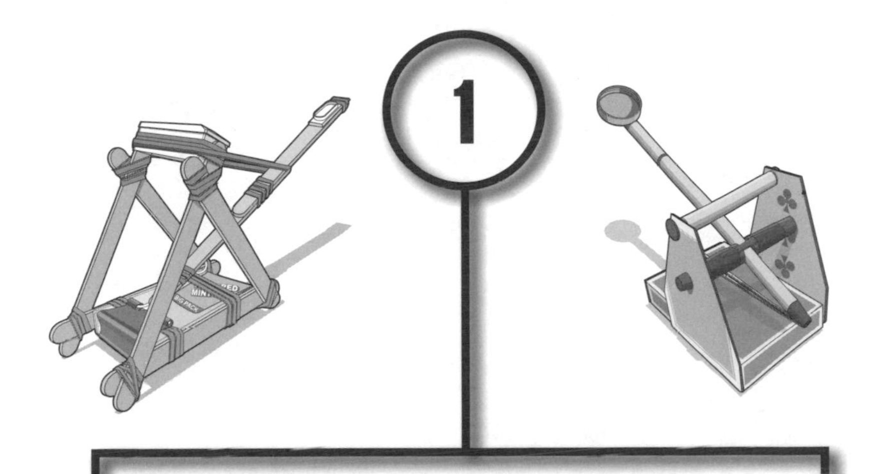

1 橡皮筋投石器

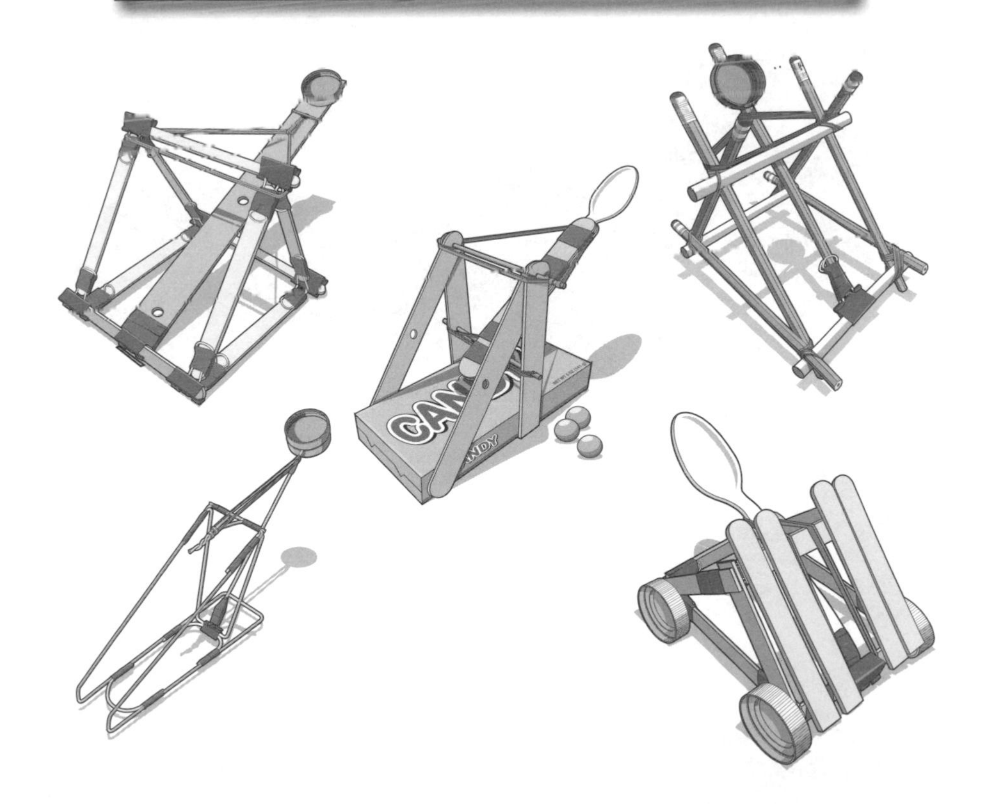

Tic Tac投石器

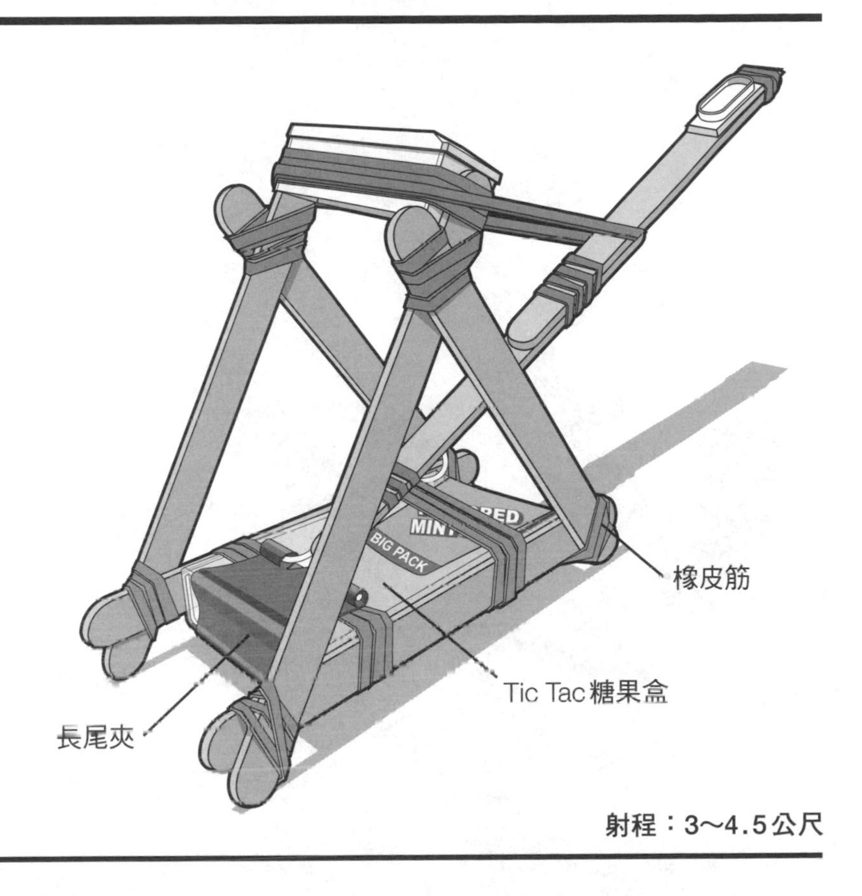

射程：3～4.5公尺

遠方戰鼓咚咚，手頭材料不足，這件精巧的投石器說不定就是王國唯一的希望。這就是Tic Tac投石器，相當厲害呢。雖然尺寸袖珍，但是投射距離讓人刮目相看，已經證實在戰時相當有用，而且不需工具就可以快速製作。一切的建造所需材料都可以整批購得，能輕易大量製造整批的這種小小攻城機器——而且不會耗費國庫太多銀兩！

材料

1個中型長尾夾（32㎜）
1個Tic Tac糖果盒
13條橡皮筋
8根冰棒棍
大力膠帶（備用）

工具

護目鏡

彈藥

1個以上軟糖或小粒硬糖

步驟1

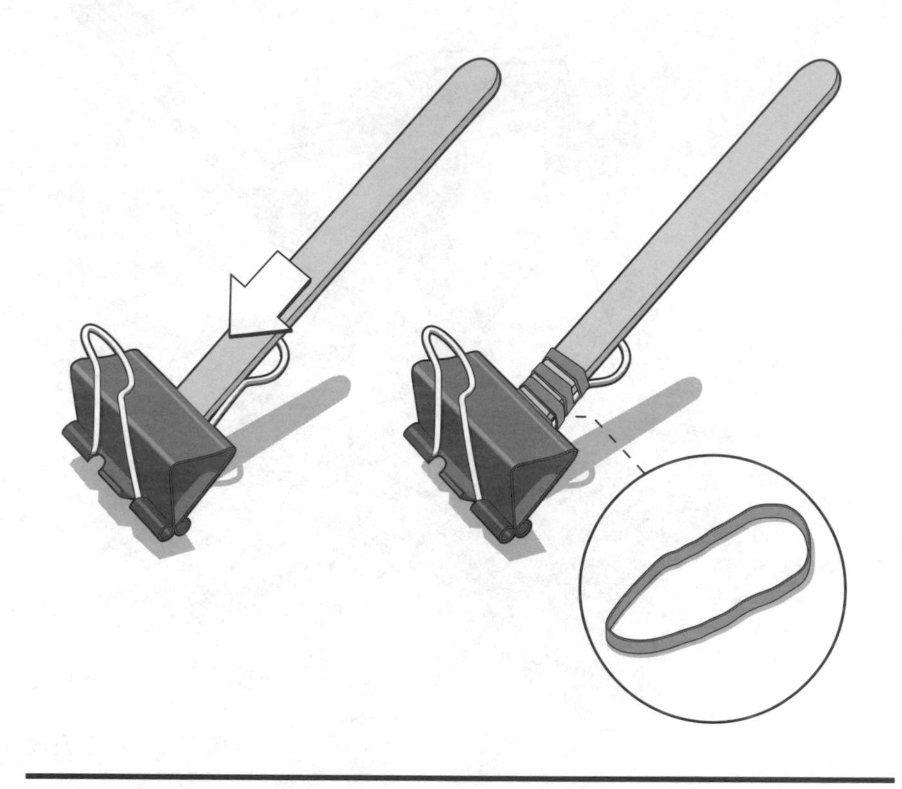

一開始先造投石器的長柄。先找來一個中型（32㎜）或差不多尺寸的長尾夾，要能整個夾住Tic Tac糖果盒——試試能否合用。用一條橡皮筋將一根冰棒棍固定在長尾夾所附金屬把手的內側。可用大力膠帶代替或加強。

步驟2

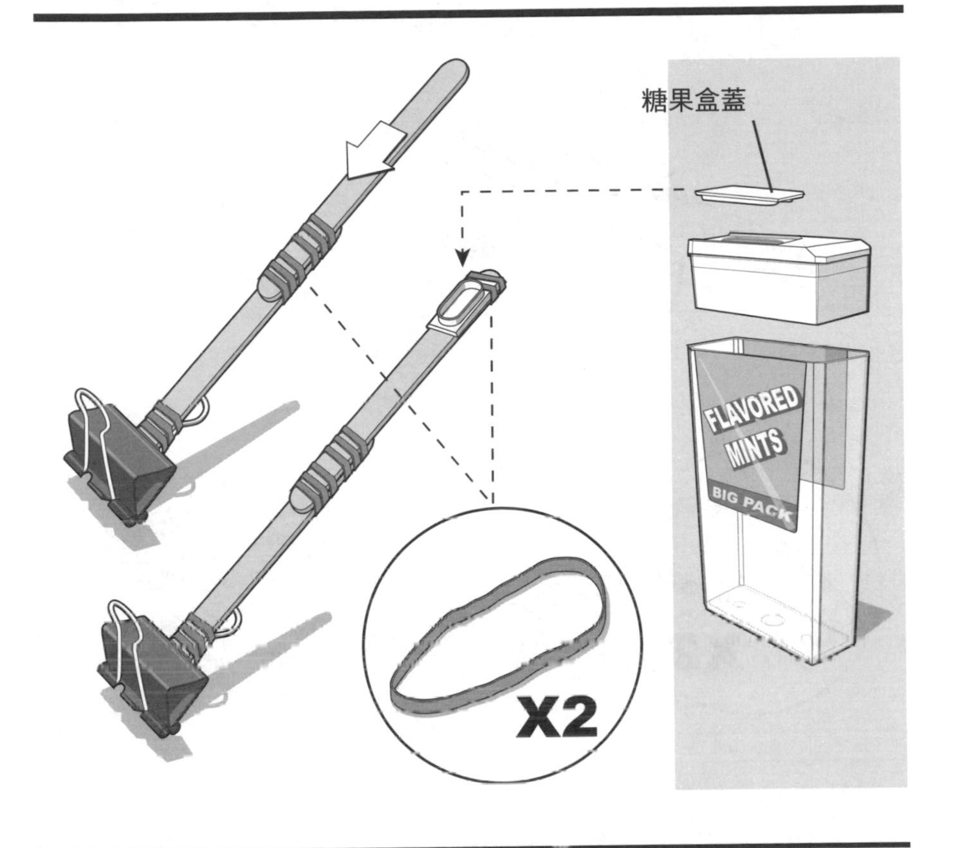

為增加甩臂的長度，用一條橡皮筋把另一根冰棒棍固定在已綁好那根棍的末端。

投石長柄的尾端要有一個發射物籃，這是用Tic Tac糖果盒蓋改裝而成。小心如上圖所示，將那塊小蓋子取下。將平滑那面朝下置於第二根冰棒棍的尾端，並用一條橡皮筋固定。這就做好投石長柄了。

步驟3

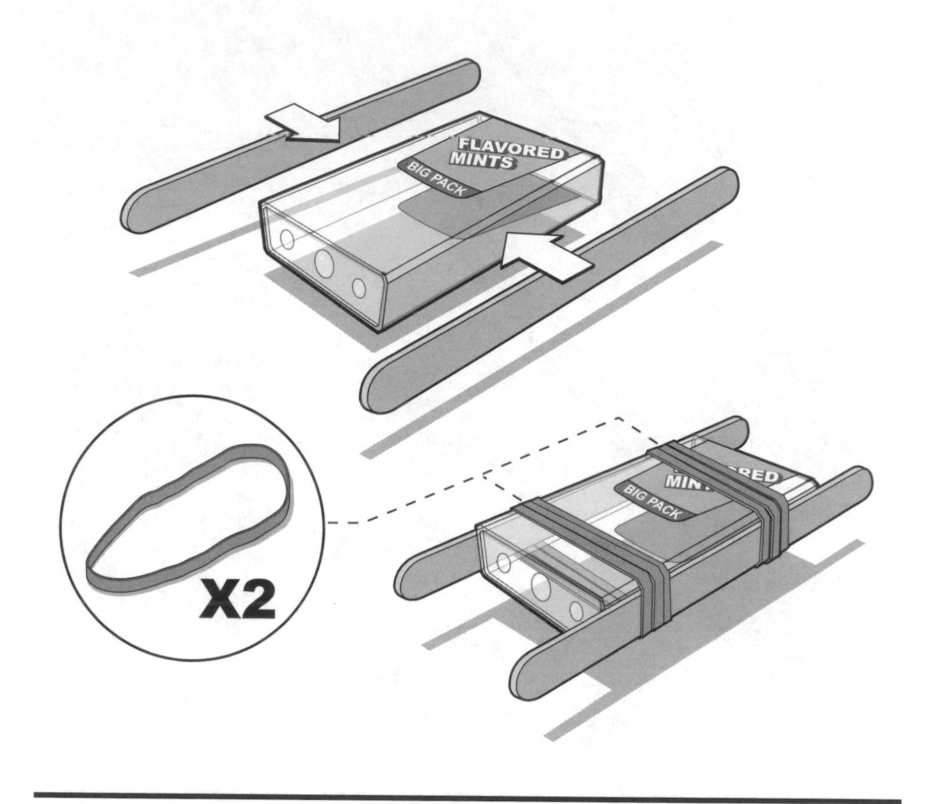

接下來要用Tic Tac的糖果盒體做架子。用兩條橡皮筋，把兩根冰棒棍固定在糖果盒的相對兩邊。由於兩條橡皮筋的彈性造成壓力，可能會導糖果盒開口那端稍有變形，不過少量的變形並不足以影響投石器表現。

步驟 4

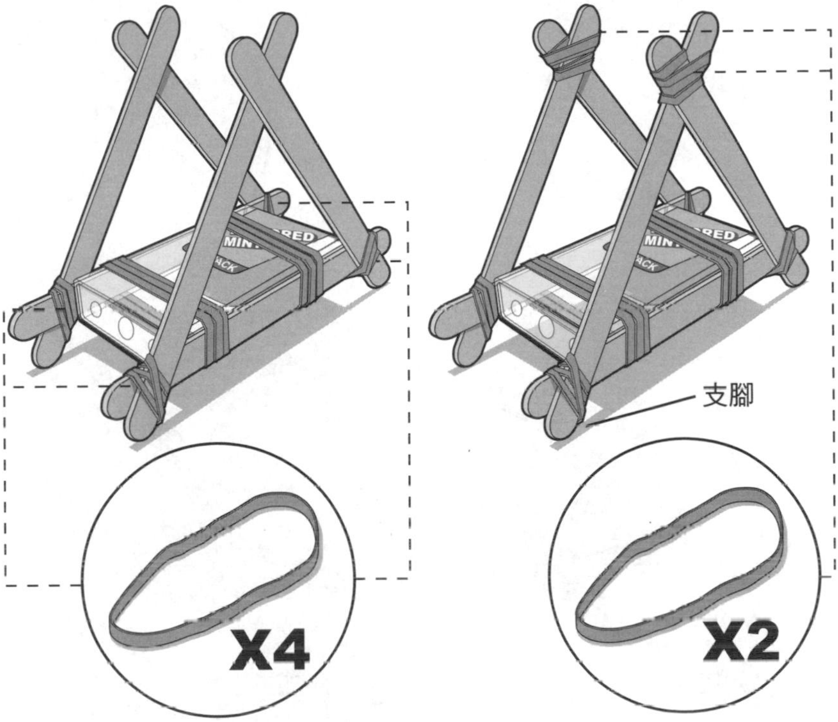

支腳

X4

X2

這個步驟要用到四根冰棒棍和六條橡皮筋。用做好的架子為基底，如圖所示把四根冰棒棍固定於糖果盒組件的端點。一旦綁牢，旋轉冰棒棍形成三角形框架，然後每一對冰棒棍各用一條橡皮筋固定。這些冰棒棍的圓滑末端應稍稍伸長凸出於底部，以形成支腳。

步驟5

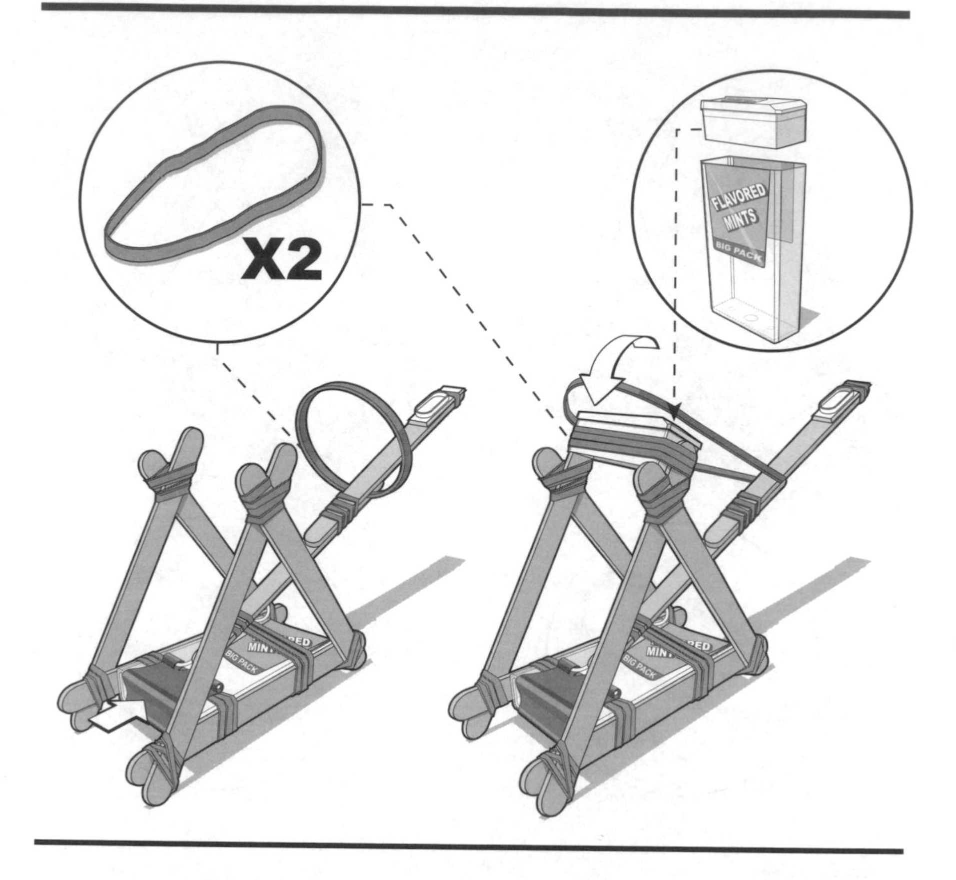

現在該把兩個組件合起來了。把長柄纏件夾到Tic Tac糖果盒框架的末端。一旦固定好，甩臂組件應在兩個三角形木架之間自由前後移動。

這座投石器要用一條橡皮筋做為動力。把橡皮筋繞過甩臂，然後另一端跨在兩個鞏固的冰棒棍中間。

最後，把Tic Tac糖果盒蓋還沒用到的那部分放在兩三角形框架之門，當做是橫樑。用一條橡皮筋把盒蓋固定在架上，然後將固定在甩臂上的橡皮筋纏於盒蓋。

投石器已經做好了！發射的時候，手要扶住框架支撐。**要記得戴上護目鏡！別拿這投石器對著活物攻擊，而且只能用安全的彈藥。**軟喉糖、硬糖果、迷你的棉花糖都很不錯。

紙牌盒投石器

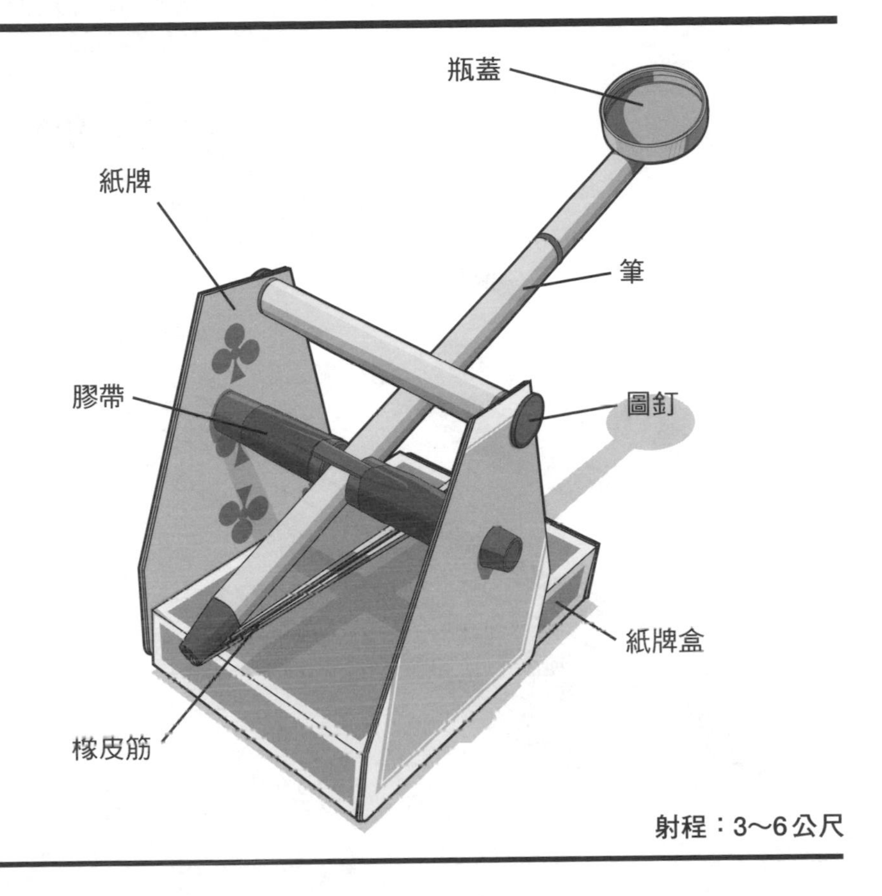

射程：3～6公尺

遊戲之夜更有意思了——這件迷你兵器是用疊起來的好幾張紙牌以及原子筆製作而成。該你出擊的時候，拿出紙牌盒投石器一舉扭轉戰局吧！

材料

2支帶蓋的塑膠原子筆
1個紙牌盒
7張紙牌
3個圖釘
1條橡皮筋
1個塑膠瓶蓋
大力膠帶

工具

護目鏡
鉗子或細木釘（選用）
大剪刀或美工刀
熱熔膠
鉛筆
單孔打孔器
迴紋針

彈藥

1個以上的軟糖或類似小物

步驟 1

把兩支塑膠原子筆各部分拆解開來。兩支筆的筆管後塞都要拆下。你可能會需要用到工具——鉗子或是細木釘——才有辦法拆下筆管後塞。筆頭塞也要解下。所有的原子筆零件分別排好，這時還別丟。

步驟2

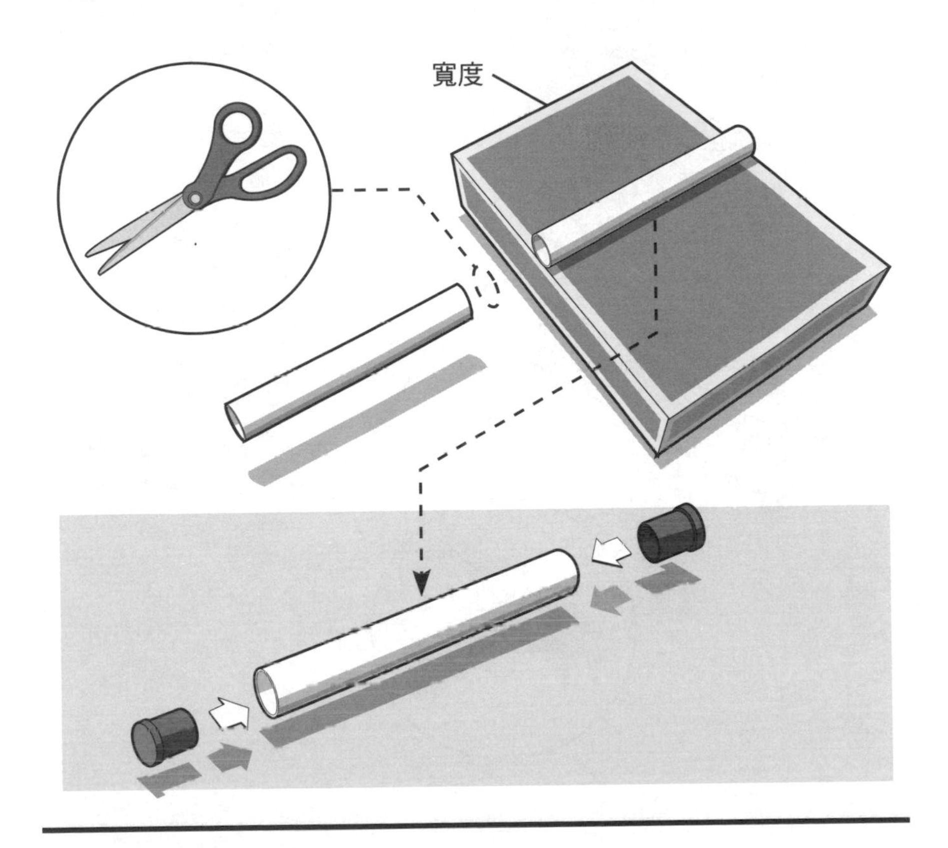

使用大剪刀或美工刀，把一支筆管依據紙牌的寬度切短；下刀切割之前可用紙牌盒做依據。

把剛切短的筆管（與紙牌盒同寬）取來，兩端都拿筆管後塞裝好，將筆管後塞完全推進去，這時筆管應該是兩端都已封妥。

步驟3

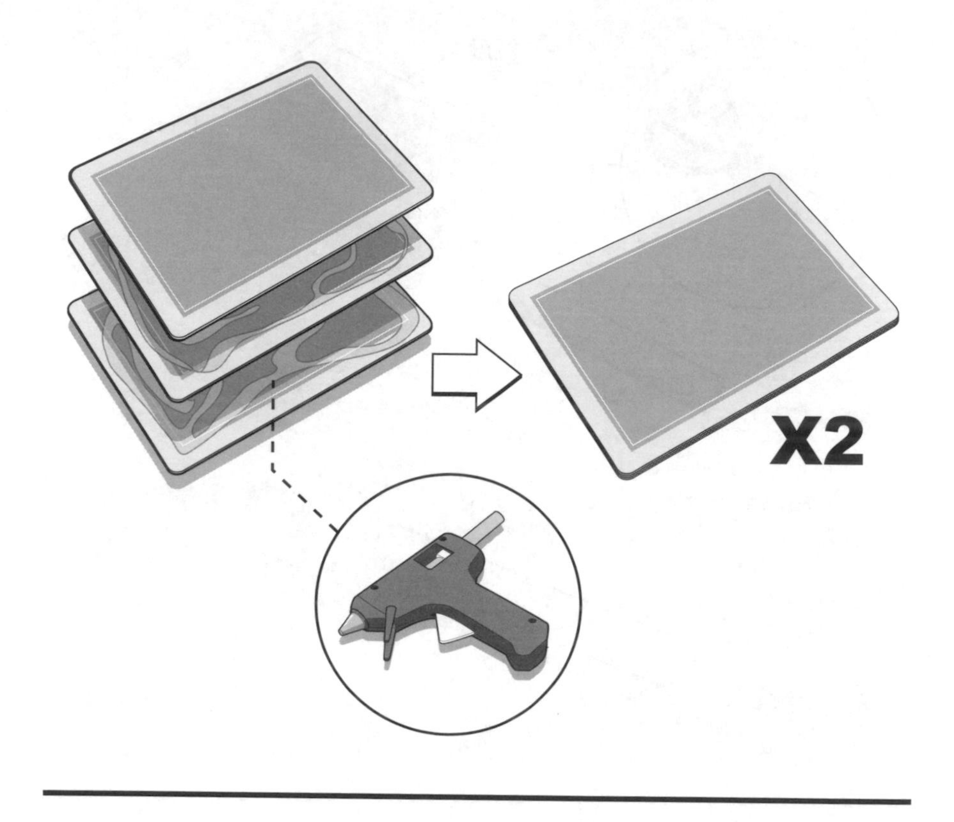

用熱熔膠槍把三張紙牌黏合在一塊，這兩組紙牌就是投石器兩側的支撐構造。進行下一個步驟之前，要讓兩組用膠黏合的紙牌完全乾透。

步驟4

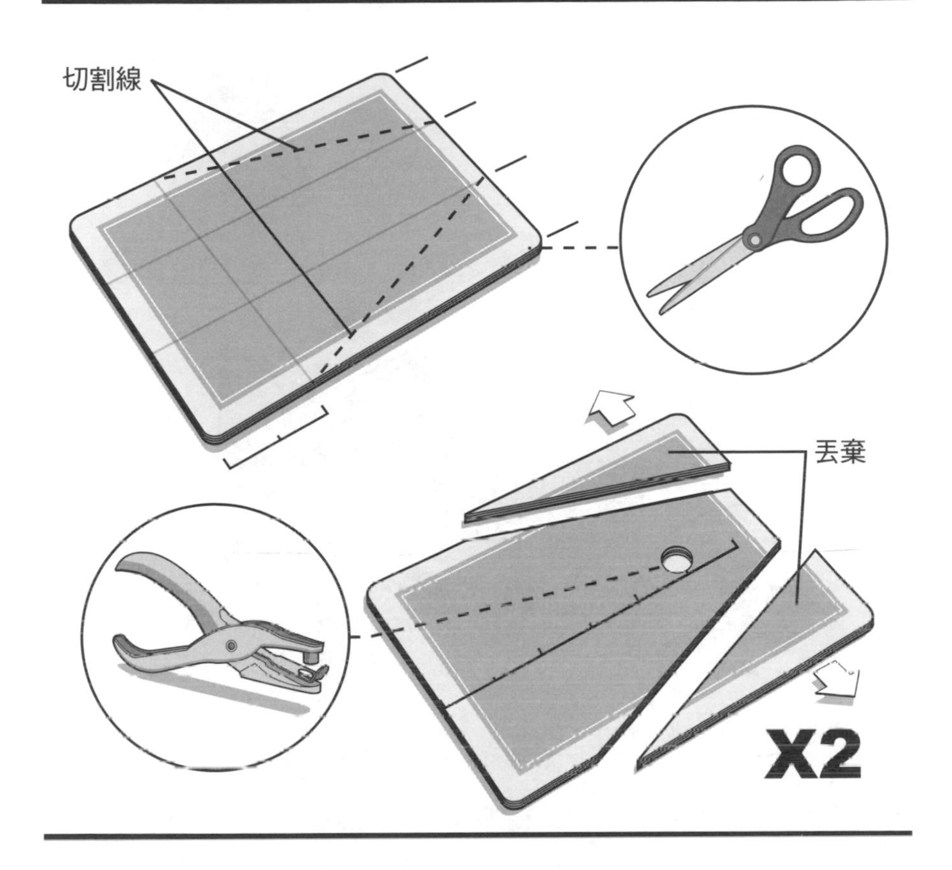

現在要把兩疊紙牌做成投石器的側架。切成斜角的設計只是為了美觀好看，所以並不需要十分精確測量，下述尺寸只是個大概。

為切出斜角，定好紙牌支架的底，用鉛筆在兩邊都做個約略½吋（1.27公分）的記號。紙牌另一端，把寬度分成三等分，用鉛筆做好三分的記號。這些記號就是切割時參考依據。用剪刀或美工刀，依據這些記號把紙牌組件的兩個邊角切掉。

接下來，從紙牌未切那端往上量2.5吋（6.35公分），然後用單孔打孔器在正中央打個孔。如果有必要的話，可用美工刀代勞。

第二疊紙牌也依同樣步驟辦理。完成時，應該會有兩疊完全一模一樣的紙牌。

步驟5

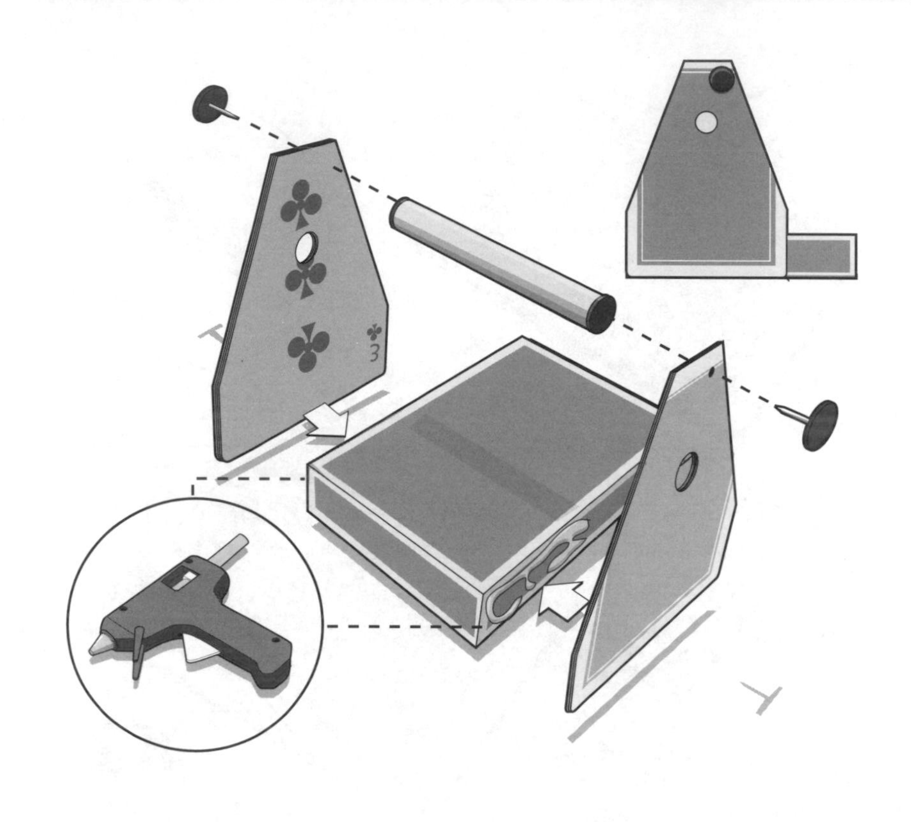

紙牌盒兩個側邊都上些熱熔膠，並且把兩疊紙牌分別切齊紙牌盒的底邊，重要的是得讓打出來的兩個孔對正。

等膠乾了，把改裝過的筆管零件置於兩疊紙牌之間，並且用圖釘固定兩端。請參考上方的側視圖。一旦就定位，連結上來的筆管零件就成了投石器的橫樑，擋住甩臂動作。

步驟6

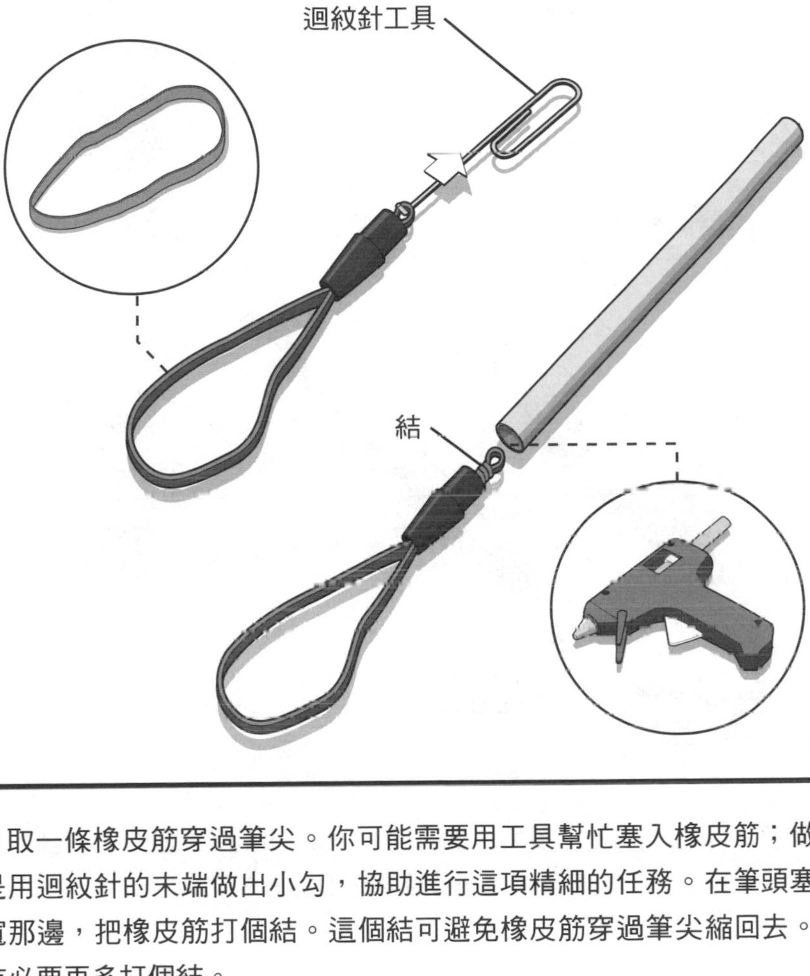

迴紋針工具

結

取一條橡皮筋穿過筆尖。你可能需要用工具幫忙塞入橡皮筋；做法是用迴紋針的末端做出小勾，協助進行這項精細的任務。在筆頭塞較寬那邊，把橡皮筋打個結。這個結可避免橡皮筋穿過筆尖縮回去。若有必要再多打個結。

接下來，用熱熔膠把筆尖組件黏上未經切割的筆管。膠可避免投石器發射的時候筆尖脫落，還可以更加固定橡皮筋。

步驟7

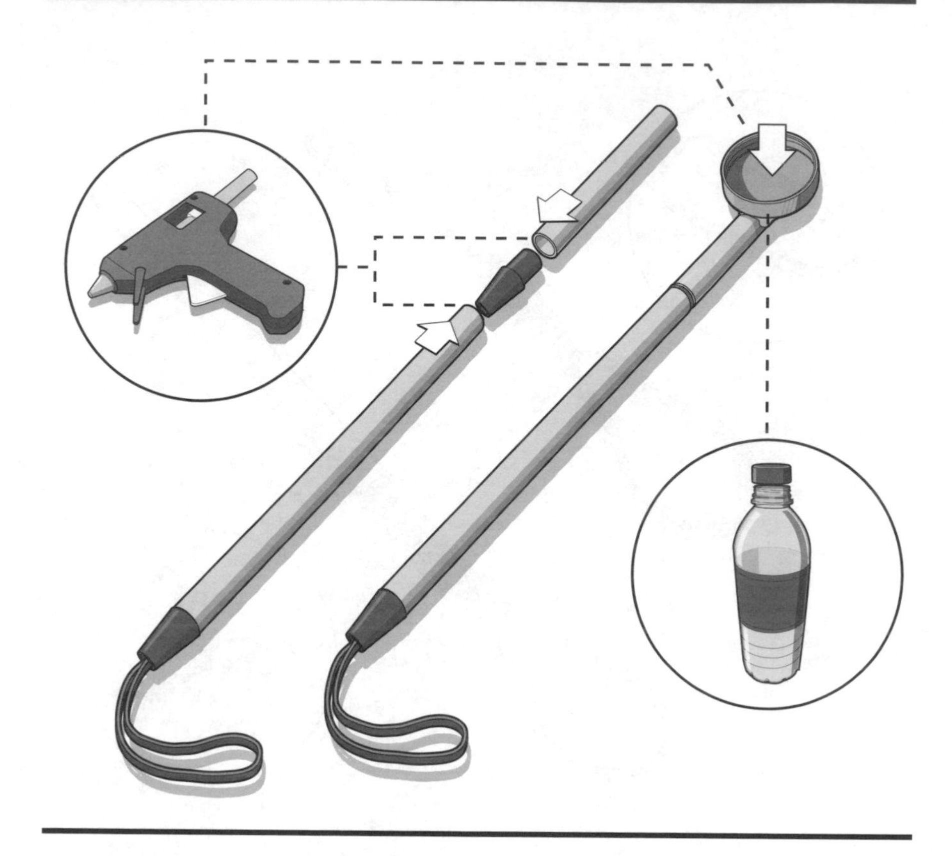

筆管組件另一端，上熱熔膠並且把剩下的筆頭塞入筆管，如圖中所示。等膠乾了，上熱熔膠並且把步驟2切下的筆管套入。完成時這三個部分應該成一直線。

把取自水瓶的塑膠瓶蓋用熱熔膠黏到甩臂組件，橡皮筋對側。作業前先讓膠乾透。

步驟8

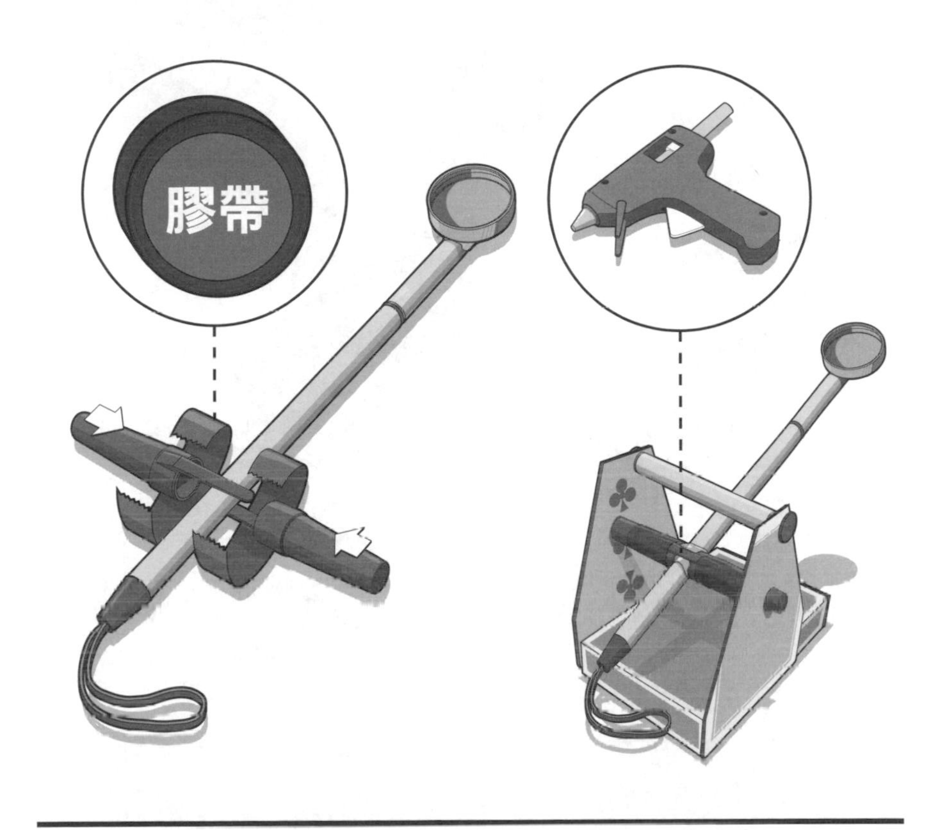

接著要用兩個筆頭塞做成旋轉軸加到甩臂組件，這部分就完成了。這個步驟會用到雙手，還得有點耐心，所以最好在開始作業之前預先切好兩條約1.5吋（3.81公分）長的大力膠帶。

彼此垂直，距筆管甩臂底部不超過2吋（5.08公分），將兩個筆蓋包住筆管夾好，如上圖所示。一旦各個筆蓋的蓋夾疊到另一個筆蓋，就用膠帶把它們固定在一起。

現在，把完成的甩臂組件套進紙牌做成的支架間，直到兩筆蓋的末端都塞進兩個打好的孔裡。甩臂這時應能旋轉自如。若有必要，把甩臂上下滑移，調整筆蓋軸心，接著再多上點熱熔膠到相連的兩筆蓋間。

步驟9

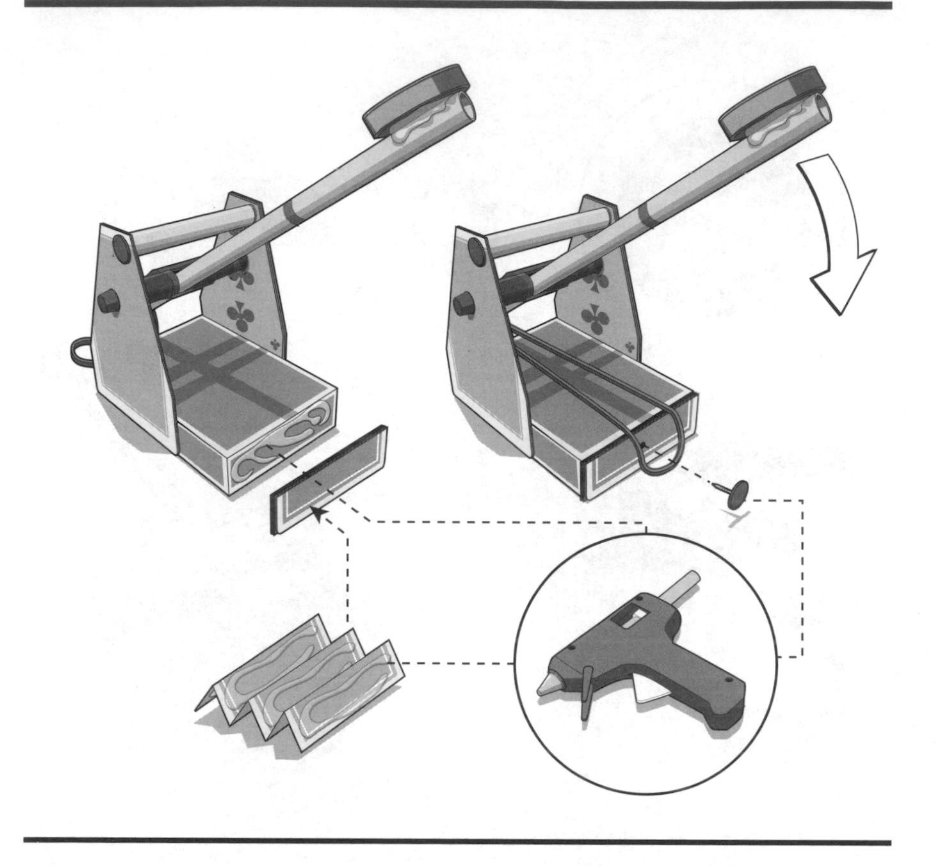

紙牌盒投石器幾乎已經預備好可以投入作戰了。把甩臂上的橡皮筋固定至紙牌盒後端。為強化此結構，取一張紙牌折成像是手風琴的模樣，然後加些熱熔膠將各折黏在一起。

待膠乾透，把折起的紙牌黏到紙牌盒後端，如圖中所示。然後把最後那個圖釘固定在折好紙牌的中央，橡皮筋圈繞過去套在下方。為安全理由，額外加些熱熔膠以強化圖釘與紙牌盒的連結。

要記得戴上護目鏡！別拿這投石器對著活物攻擊，而且只能用安全的彈藥。軟喉糖、硬糖果、迷你的棉花糖都很不錯。

量尺投石器

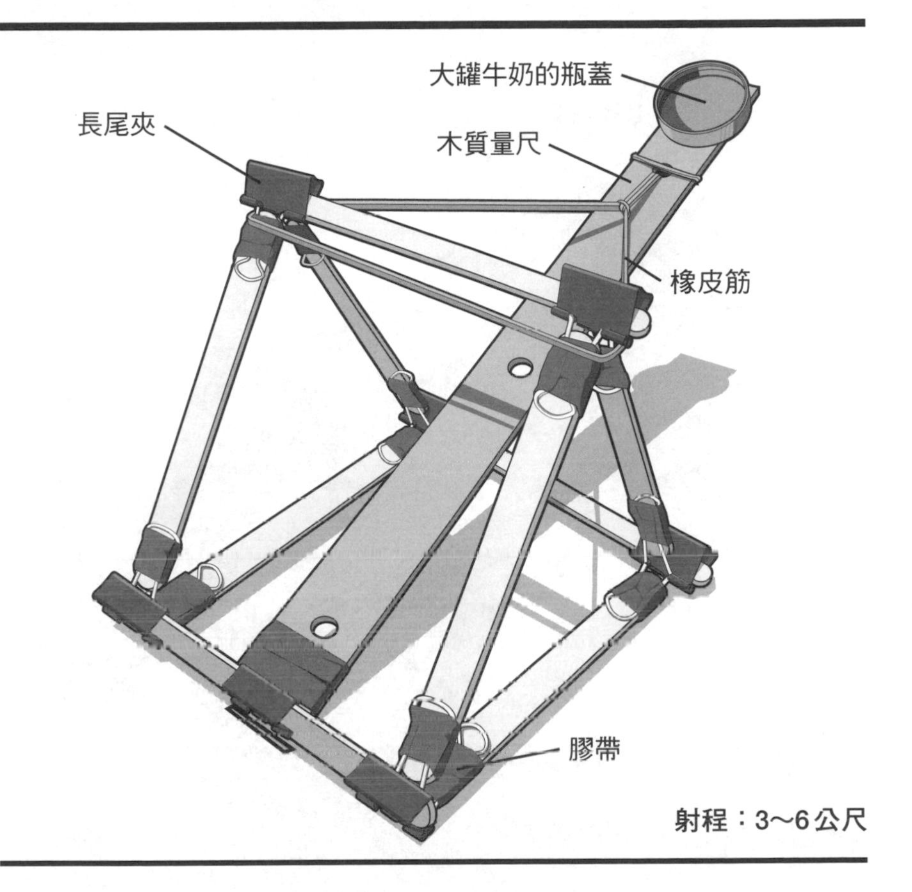

射程：3～6公尺

要是對方國王固守城堡不願投降，那就得要用上老派的圍城法。只要一見到量尺投石器一眼，看看它那嚇壞人的30公分長甩臂以及金屬支撐，就能很快勸退封建貴族們乞求和平。然而，如果協商不成，也用不著氣得大呼小叫，只管把他的房子轟垮就成了。

材料

7個小型長尾夾（19㎜）
9根冰棒棍
大力膠帶
1根木質量尺，帶有栓孔
2條橡皮筋
1個大罐牛奶的塑膠瓶蓋

工具

護目鏡
熱熔膠槍

彈藥

1個以上的小型棉花糖

步驟 1

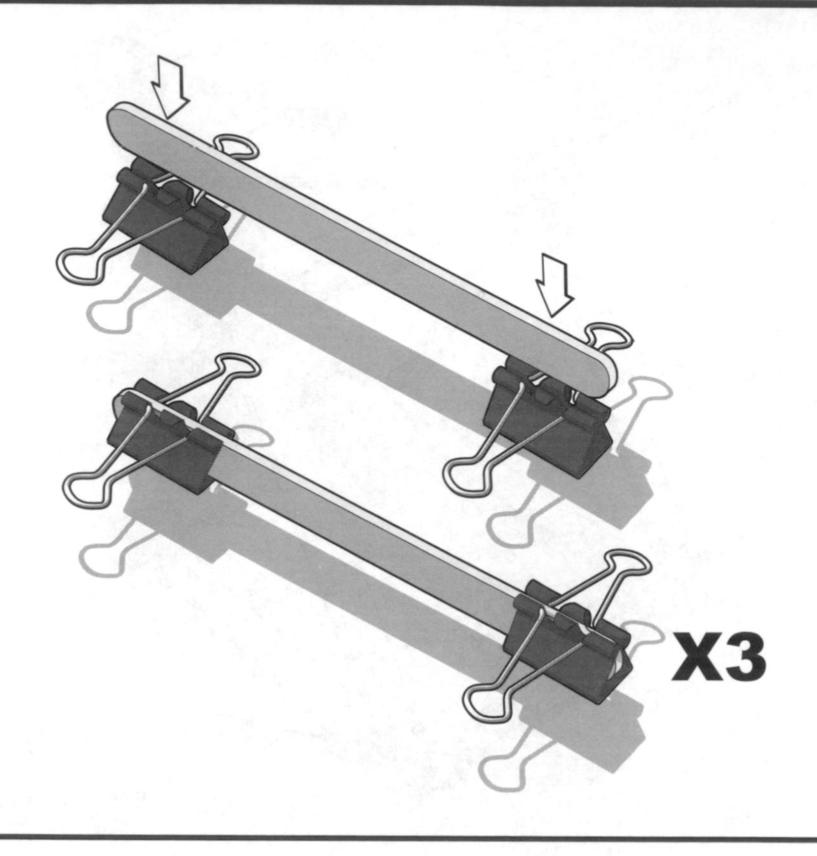

要開始建造量尺投石器，首先你得要組裝三根一模一樣的支柱。一根冰棒棍兩端各用長尾夾夾好，如圖中所示。同樣步驟再重覆兩次，這樣就做好了三個支柱。

步驟2

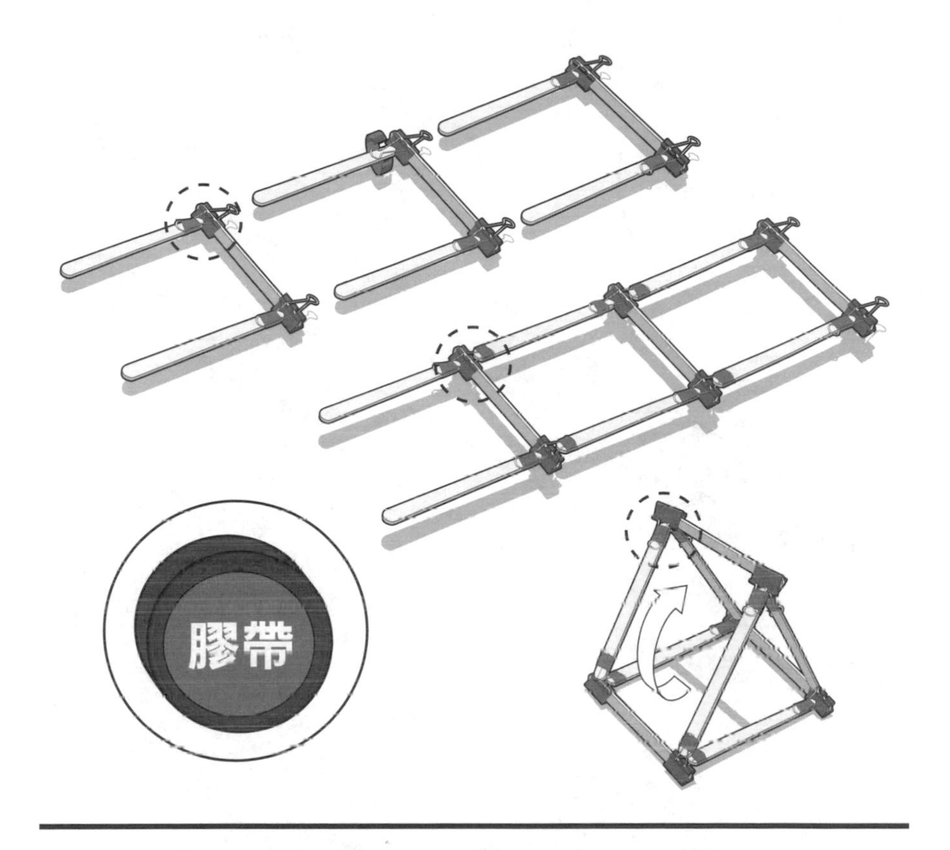

現在另用六根冰棒棍組合起來，建造投石器的支架。各支柱加上兩根冰棒棍，一長尾夾兩握把各自用膠帶綁到組件同一側。重覆這個步驟三遍（參考上圖）。

接下來，所有長尾夾的開口朝上，用膠帶將全部三個組件的長尾夾把手連結起來（中圖）。

一旦做好支架，就把組件折疊成三角形，如圖所示。接著把剩下的長尾夾把手用膠帶連結至剩下的兩根冰棒棍。做好了，這支架的結構應該十分穩固（下圖）。

步驟3

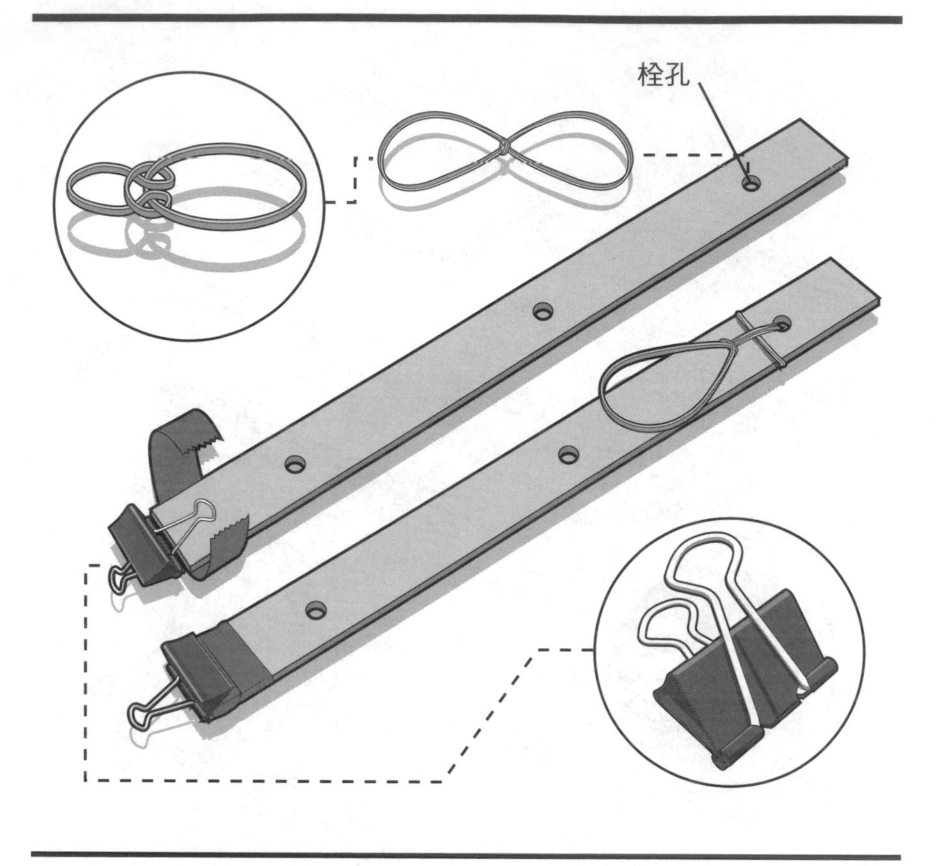

本件投石器用的甩臂是由一支木質量尺製成，也可用塑膠或金屬量尺替代。一開始，先把兩條橡皮筋套在一起做成一個大的雙圈橡皮筋，如圖中所示。接著把橡皮筋一端穿過量尺頂端的栓孔，然後回繞量尺，以便將橡皮筋固定不動。

木質量尺另一端，只把一個小型長尾夾的把手用膠帶黏好，讓長尾夾即使與冰棒棍連接起來依然可以前後甩動。不要把長尾夾鉗住量尺。

步驟4

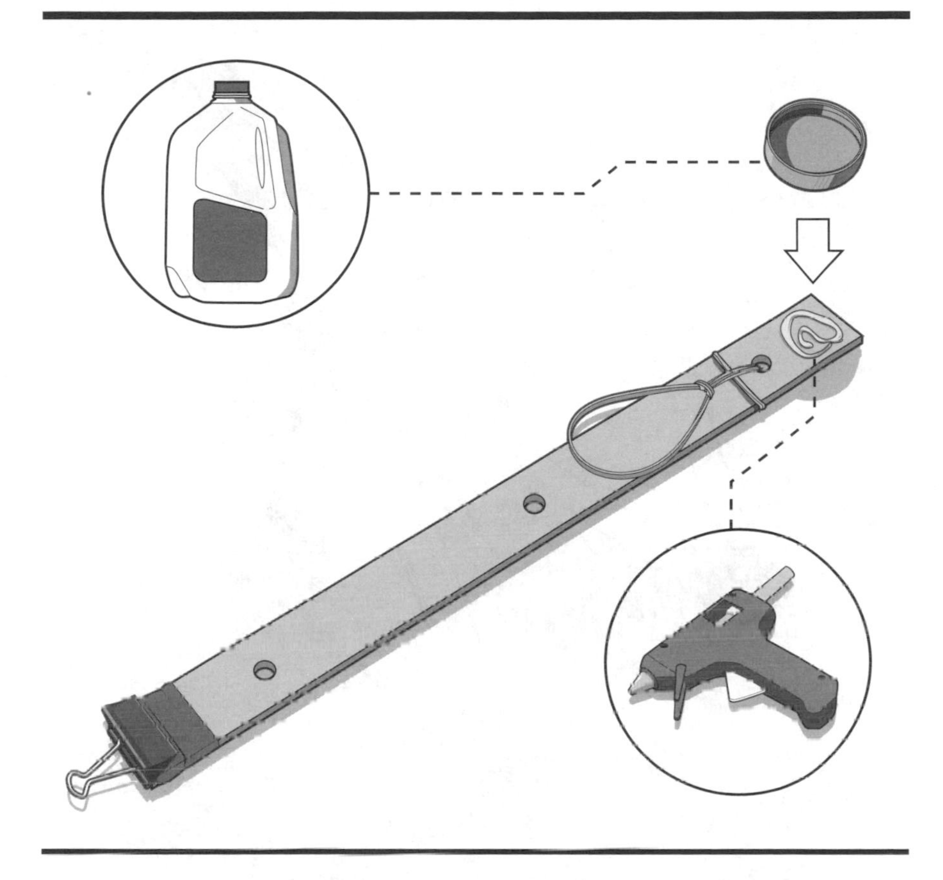

接下來，小心把大罐牛奶的塑膠瓶蓋（或尺寸差不多的蓋子）用熱熔膠黏在量尺末端，位置高過雙圈橡皮筋，而且是長尾夾的對側。這會兒你已經把投石器的甩臂做好了。

步驟5

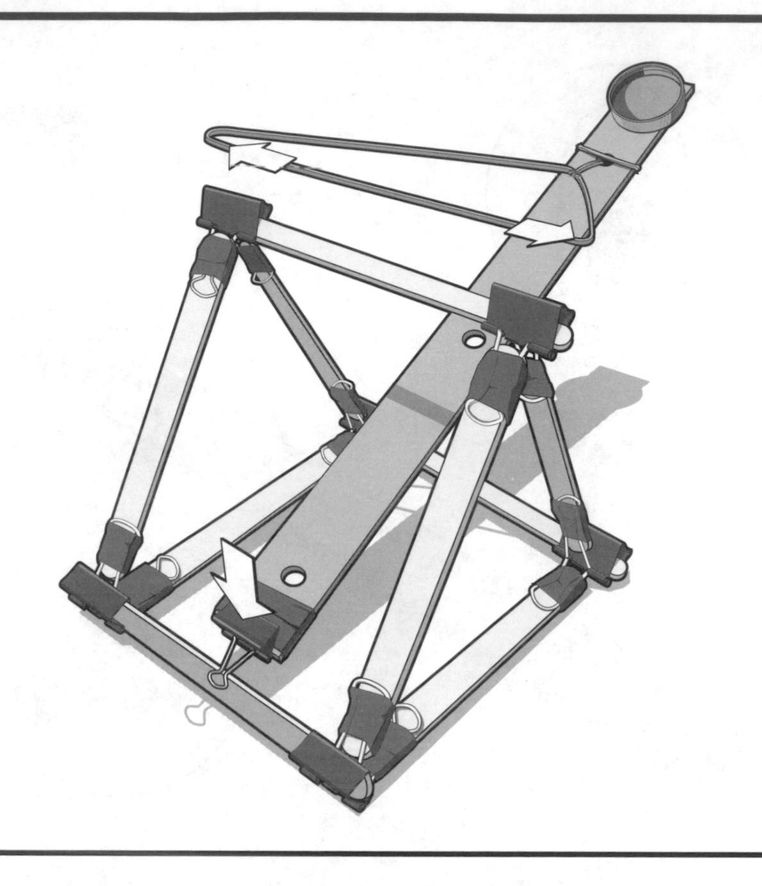

將黏著的長尾夾夾住一根冰棒棍前橫樑，把甩臂組件連結至投石器框架的前部。甩臂應置於支柱中央，而且可以自由上下轉動。

最後，把連著的雙圈橡皮筋繞過冰棒棍框架頂端，就完成這件量尺投石器。要發射的話，一隻手扶著框架底，把裝有彈藥的甩臂往後拉，準備好就可以放手啦！

要記得戴上護目鏡！別拿這投石器對著活物攻擊，而且只能用安全的彈藥。軟喉糖、硬糖果、迷你的棉花糖都很不錯。

糖果盒投石器

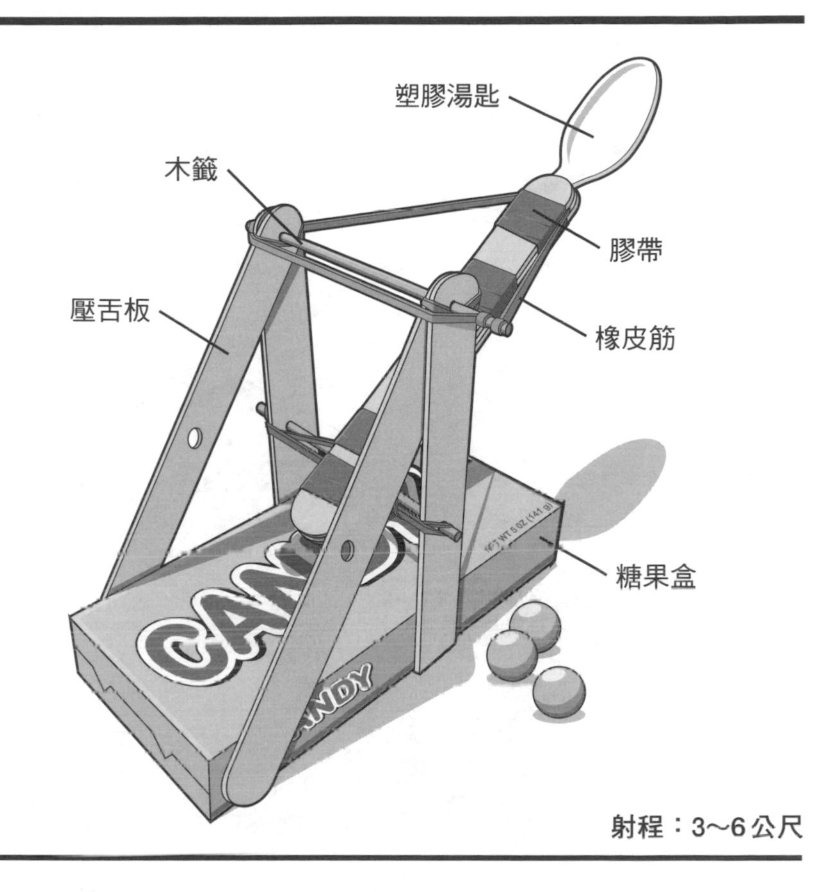

射程：3～6公尺

是不是好想打一場勝仗？這件糖果盒投石器是你下回圍攻的最佳選擇！不僅是因為它的設計可以在戰場上產生巨大火力跨過相當距離，而且還有一體成型的彈藥倉，就和它的基底整合在一起。

材料

1根木籤
1個糖果盒（5盎司或類似尺寸）
大力膠帶
6根壓舌板
4條橡皮筋
1支塑膠湯匙

工具

護目鏡
剪線鉗
美工刀
熱熔膠槍
電鑽
大剪刀（選用）

彈藥

1個以上的軟糖

步驟1

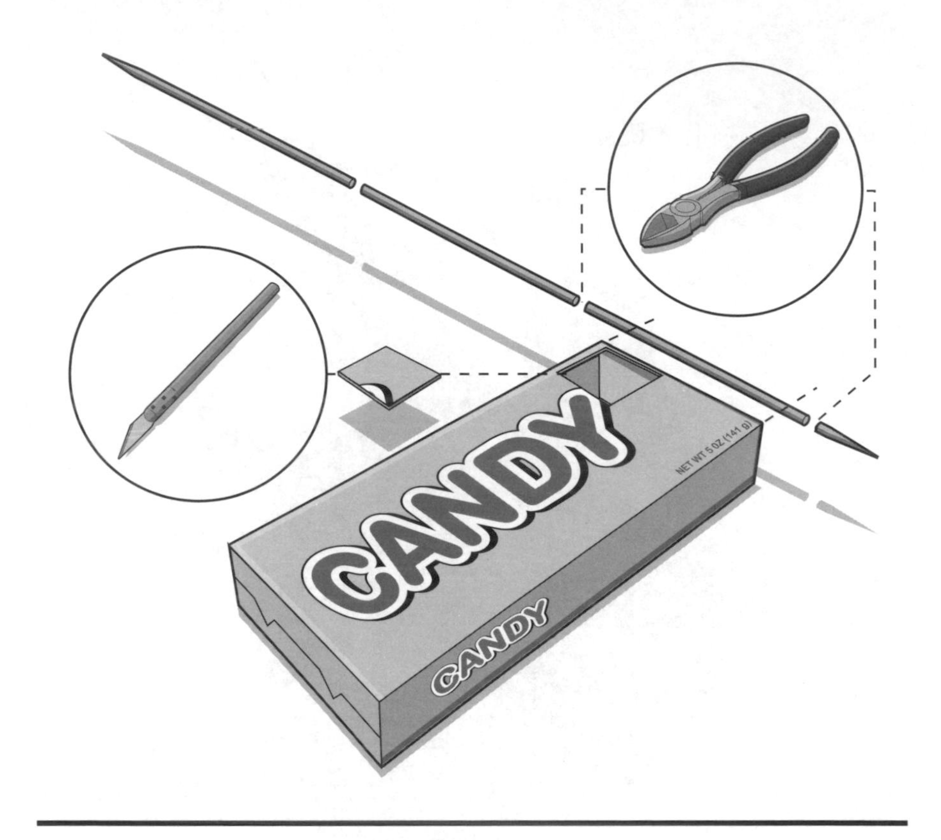

用剪線鉗，小心把一根木籤剪下兩段，一模一樣，而且都比糖果盒寬度更長1吋（2.54公分）。剪的時候，注意木籤的長度要蓋過糖果盒的寬度。

接下來，用一把美工刀在糖果盒頂端角落切出個小門，如果糖果盒已經開過，用熱熔膠或膠帶把開口翻片重新封好，結構才會牢固。

步驟2

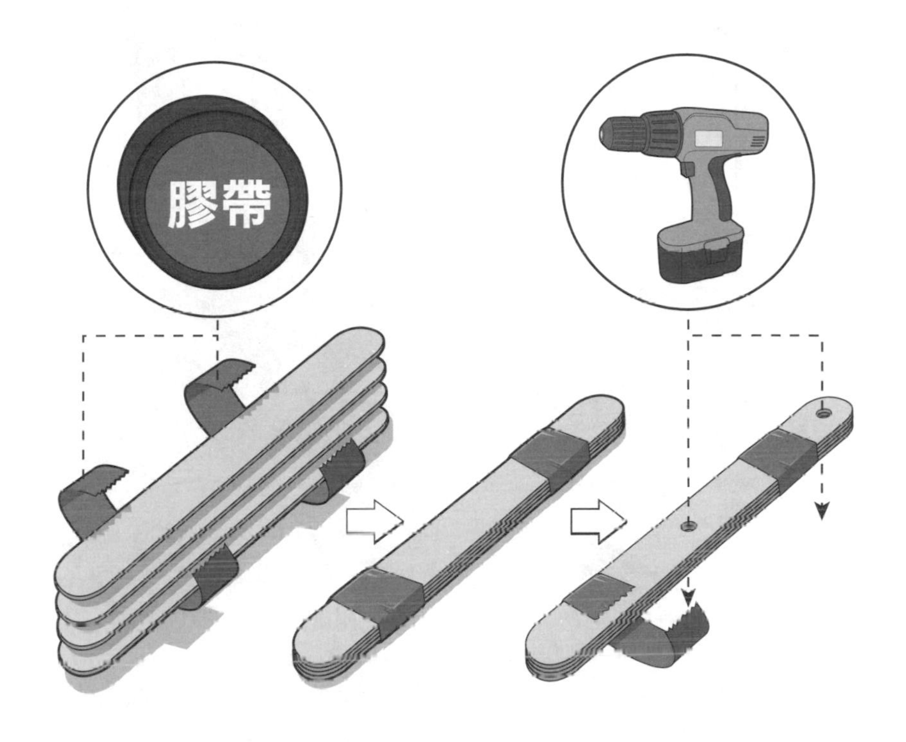

用兩條膠帶把四片壓舌板組合在一起，如圖中所繪。

用電鑽小心在整疊的壓舌板上鑽出兩個孔，鑽頭直徑要稍微比木籤的直徑大些。在末端鑽第一個孔。要確定開孔距壓舌板兩個側邊等距，如圖中所示。第二孔的位置是在壓舌板中央。

兩孔皆應完全穿透整疊壓舌板。等孔已鑽開，移除膠帶並且把壓舌板全都分開。

步驟3

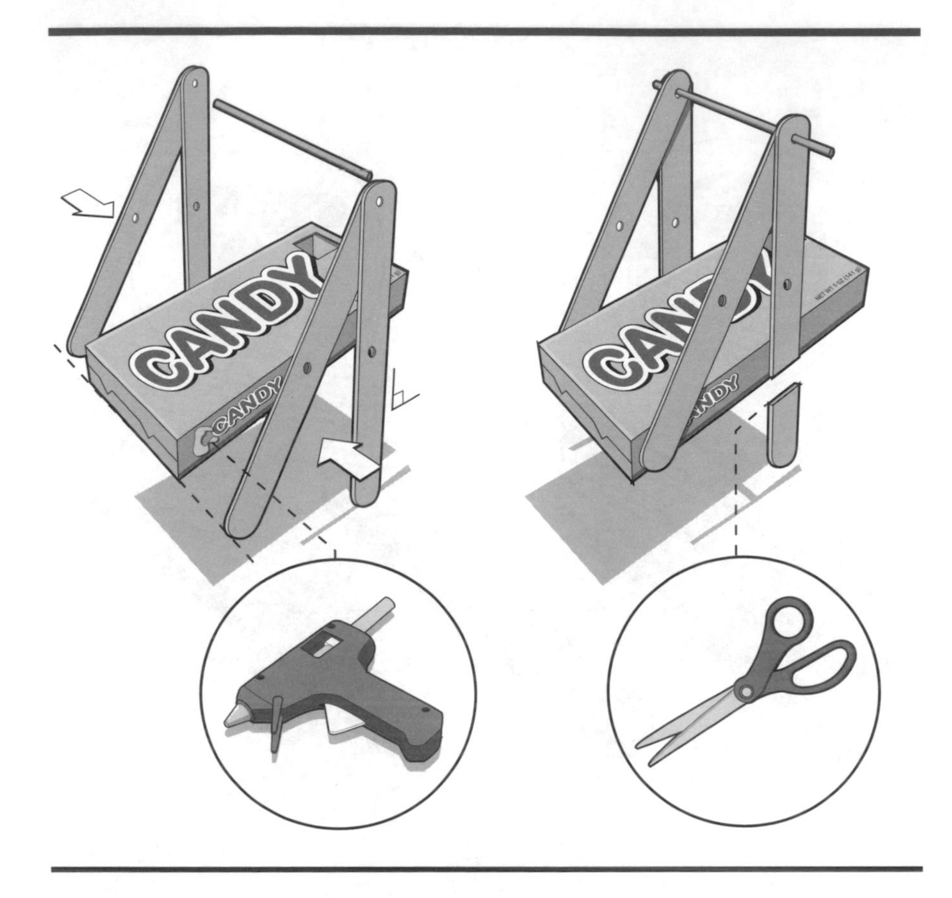

把壓舌板分成兩組。接著用頂端的開孔，兩兩一組套上剪短木籤的其中一端。

一旦就定位，用熱熔膠把四片壓舌板黏上糖果盒側邊，如圖中所示。位在前方的兩片壓舌板應黏成45度斜角，並與糖果盒底部切齊；第二對壓舌板應黏成90度垂直，有些部分超出糖果盒。待膠乾透，用美工刀或一把剪刀把壓舌板多出的部分切除，好讓糖果盒可以平貼在桌面。

步驟4

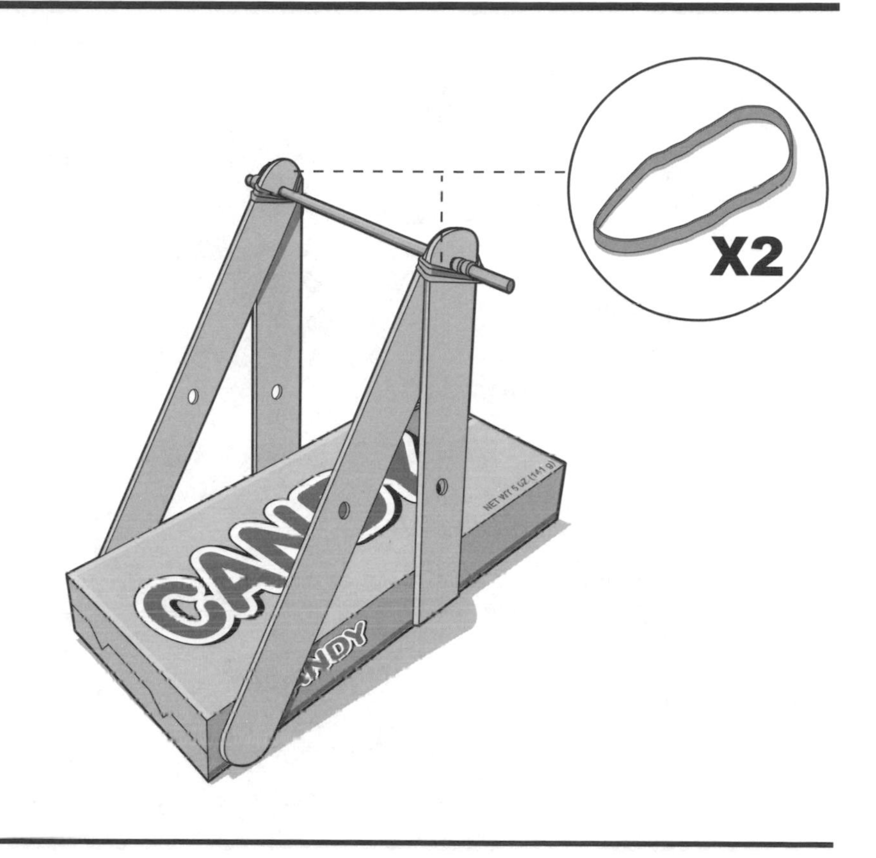

木籤和壓舌板交接處，各用一條橡皮筋纏繞其凸出端綁緊。如此有助於穩定框架，並可避免木籤在發射時脫落。

步驟5

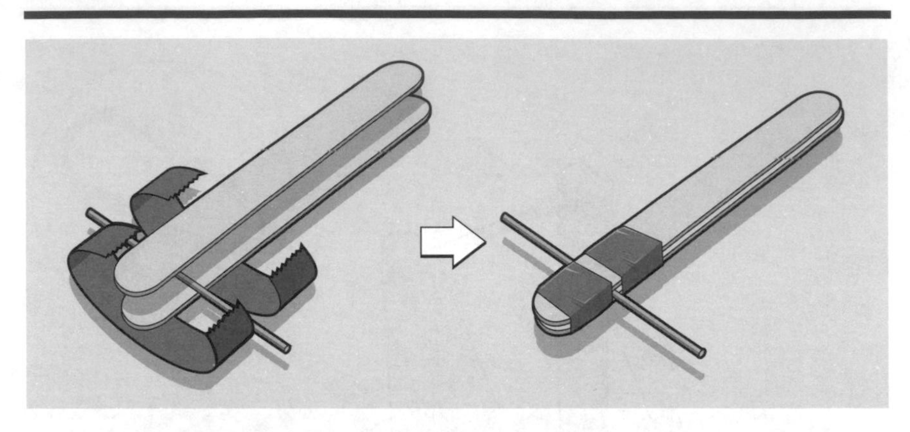

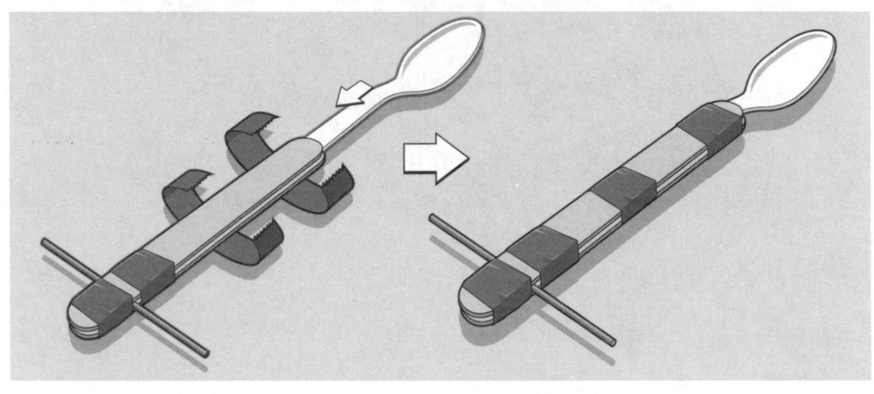

現在該來組合甩臂了。把第二段剪短的木籤置於剩下兩根壓舌板中間靠末端之處，居中放好。接著用膠帶綁好木籤兩側，把木籤夾住固定，如上圖所繪。

至於甩臂組件另一端，把一支塑膠湯匙塞入兩壓舌板之間，並且用膠帶纏繞壓舌板將它固定不動（如下圖所示）。

步驟6

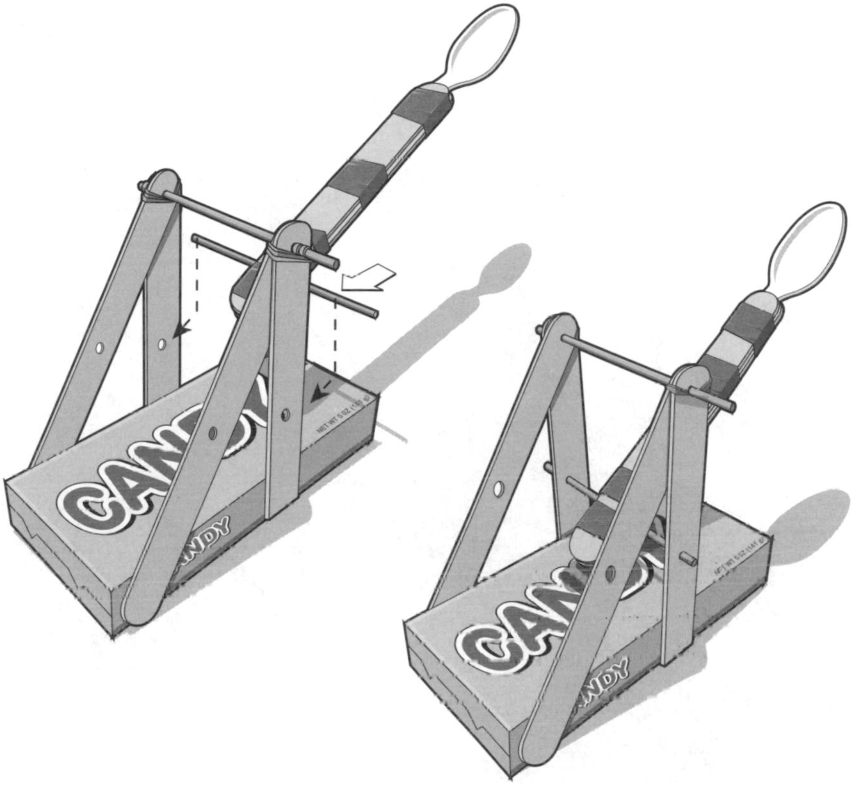

稍稍傾斜一個角度並將附於其上的木籤套入木質投石器框架下方開孔內，把甩臂組件裝到框架上。

甩臂應能擺動自如，而且甩臂底端不能碰到糖果盒的頂面。如果甩臂和糖果盒之間有阻力，就要調整甩臂的木籤位置。

步驟7

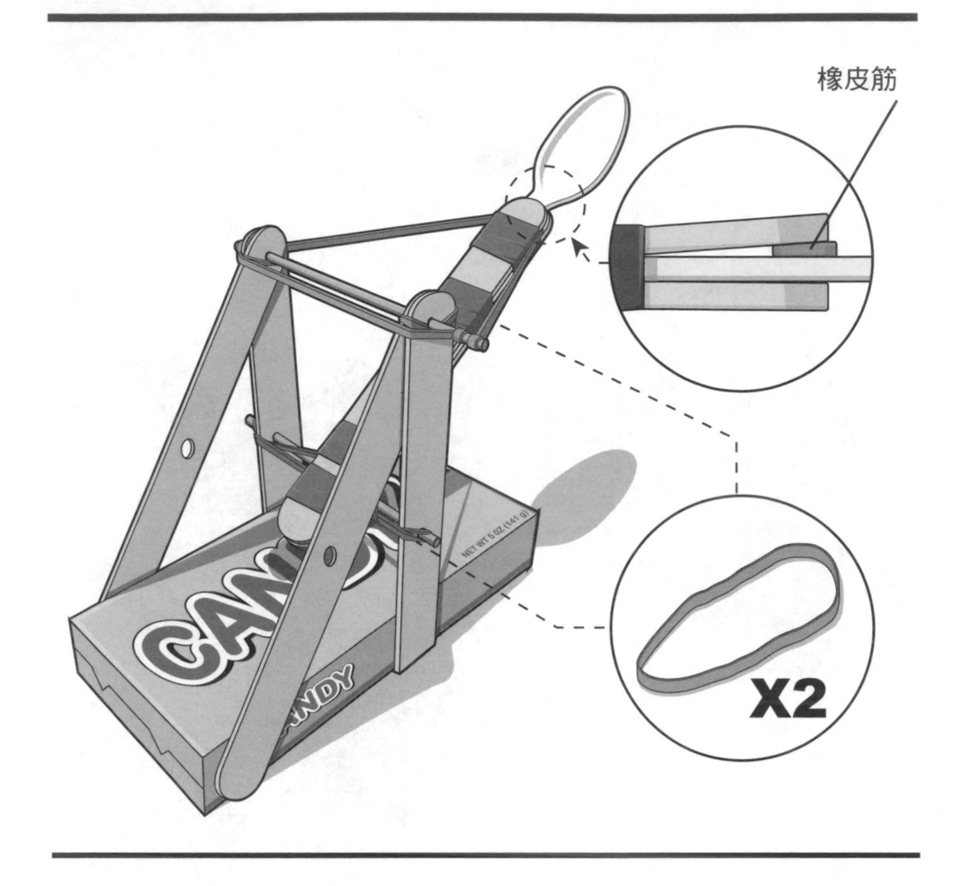

接著要為這座投石器加上彈性火力。方法如下：將一條橡皮筋塞入壓舌板和湯匙柄之間，然後把橡皮筋另一端繞過框架上方。依據橡皮筋的尺寸以及所想要有的緊度，你可能需要多繞幾圈。

最後一條橡皮筋套過下方木籤。如此做法可避免木籤滑出框架，並且提供額外支撐。

這會兒準備好就可以發射了。**要記得戴上護目鏡！別拿這投石器對著活物攻擊，而且只能用安全的彈藥。**軟喉糖、硬糖果、迷你的棉花糖都很不錯，而且你在步驟1把糖果盒切出的開口可用來在投石器的基底儲存額外彈藥。

原子筆與鉛筆投石器

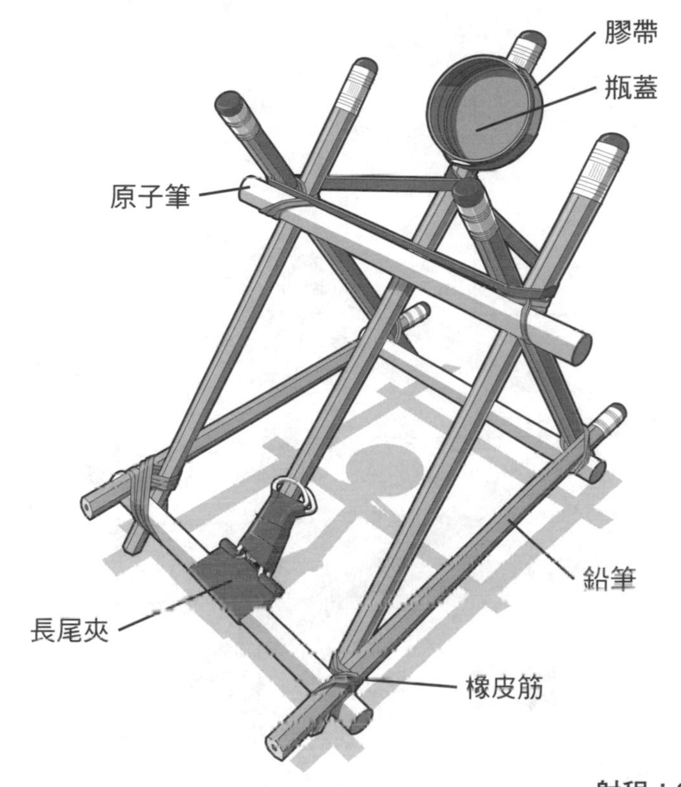

射程：3～6公尺

原子筆與鉛筆投石器具備超棒桌上型投石器的一切古典元素。用基本的辦公室用品製成，正是下雨天最佳攻城武器。你可以大方秀出這架武器，反對你的人將慘遭摧毀。

材料

7支鉛筆
13條橡皮筋
3支原子筆
1個塑膠瓶蓋
1個大的長尾夾（長度要大於瓶蓋直徑）
大力膠帶
1個小型或中型長尾夾
（19㎜或32㎜）

工具

護目鏡
鉗子

彈藥

1個以上的軟糖

步驟 1

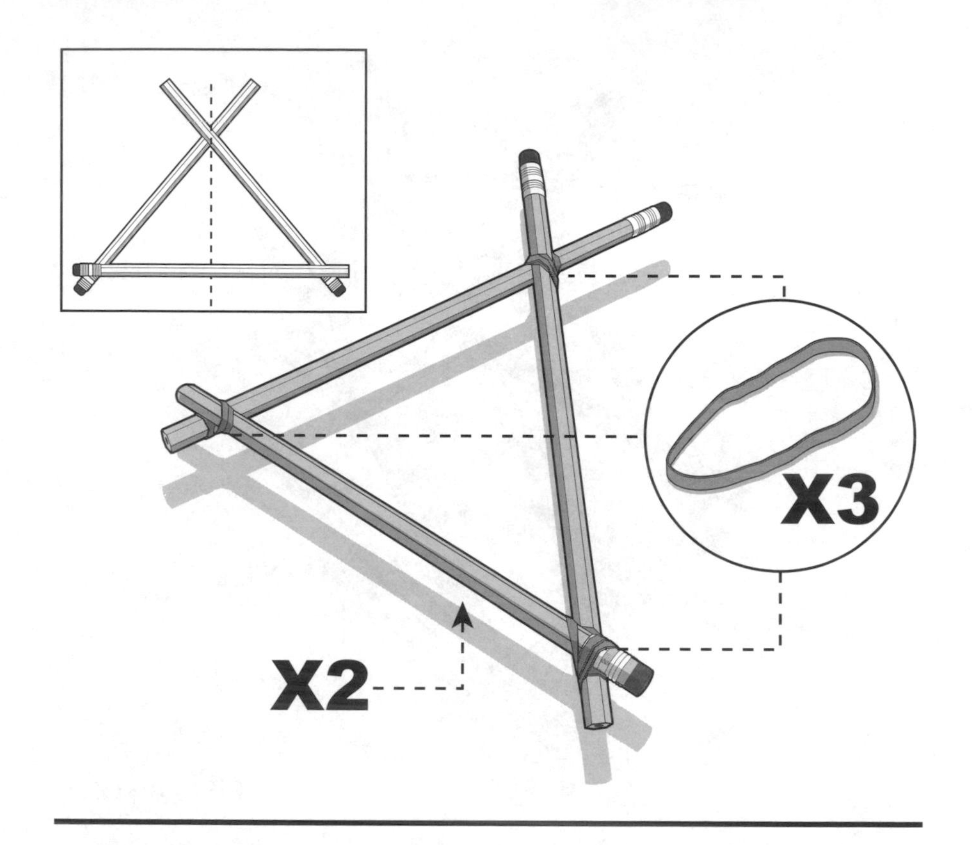

用三支鉛筆做成一個三角形的框架，用三條橡皮筋固定相接部位。完成的三角形應該大致等邊。鉛筆末端要凸出；這些部分會成為投石器的支腳。

拿另三支鉛筆重覆以上步驟，就可以做出兩個同樣的三角形。

步驟2

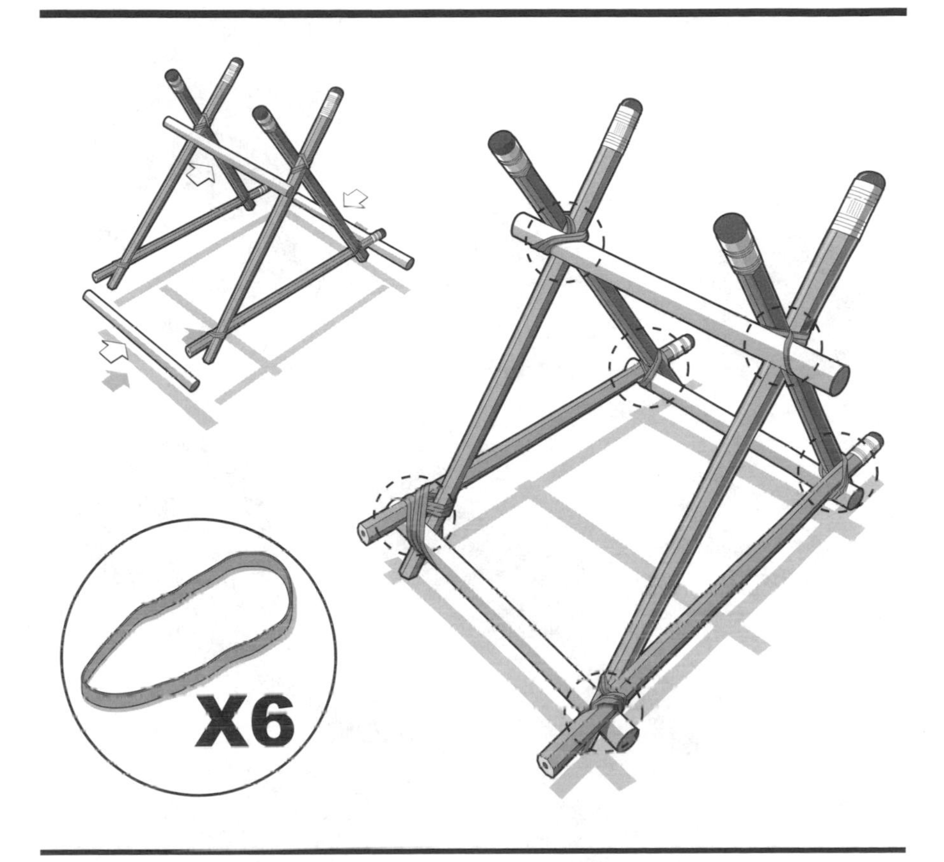

添加三支塑膠原子筆做為橫樑，把步驟1的兩個三角形組件結合起來成為單一框架。首先，將原子筆裡頭的筆芯移走（選用）。接下來每支原子筆連結至鉛筆組件的其中一個角，每個端點都用一條橡皮筋將它固定住。

繼續把原子筆固定至兩個三角形框架，在此同時要保持三角形彼此對齊。你可能需要扭一扭做成的框架，好將此設計拉直。

步驟3

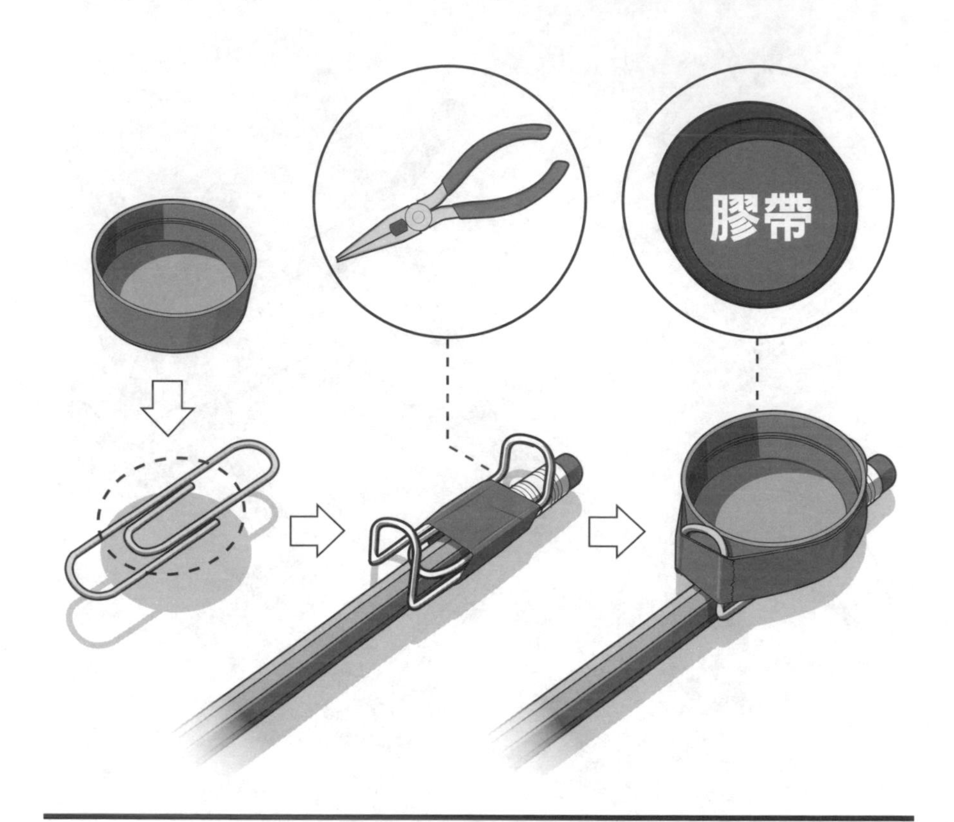

用鉗子把大迴紋針弄出兩個90度直角，利用瓶蓋為模子：兩個彎起之間的距離應該等於瓶蓋直徑。彎好的迴紋針將成為瓶蓋的支撐架，並且可以增加甩臂籃框的支撐力，這正是我們所需要的。

把改好的迴紋針用膠帶綁到一支鉛筆末端。一旦就定位，將塑膠瓶蓋夾入迴紋針彎折部分之間，並用膠帶固定。

步驟4

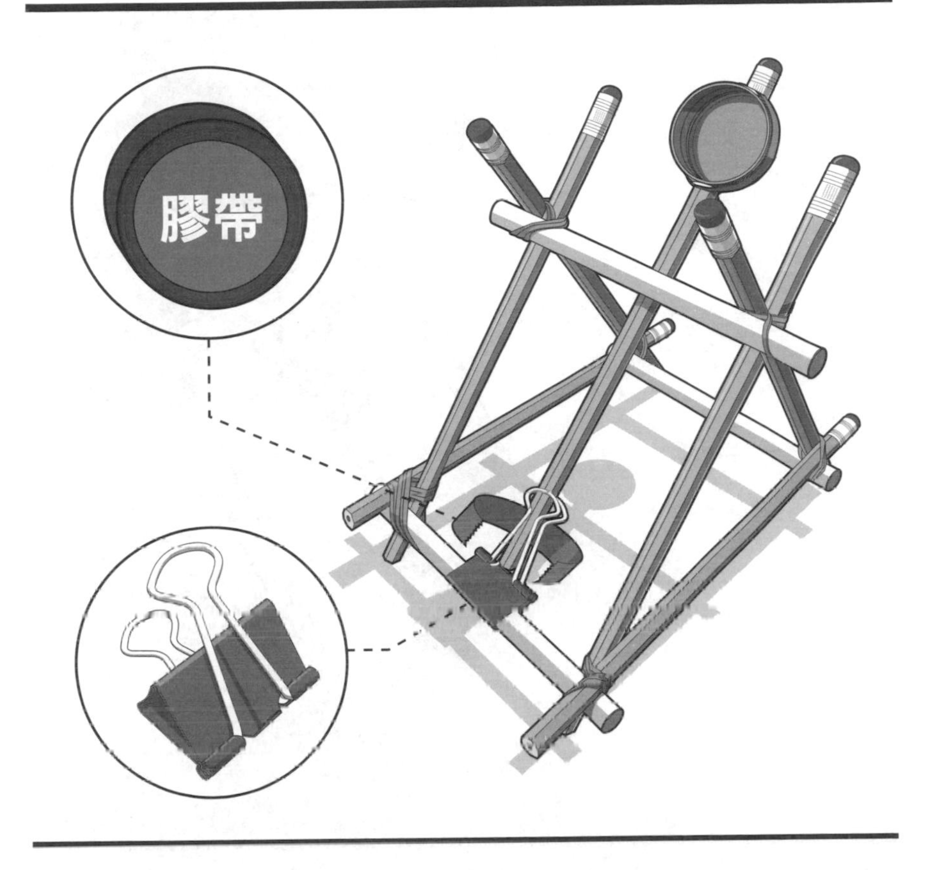

用一個小型或中型長尾夾，把甩臂組件夾到固定於三角形投石器框架最底部的那支原子筆中央。

一旦就定位，用膠帶把步驟3的甩臂組件連結至長尾夾的金屬把手，瓶蓋朝前。甩臂應能在兩支原子筆之間自由旋轉。

步驟5

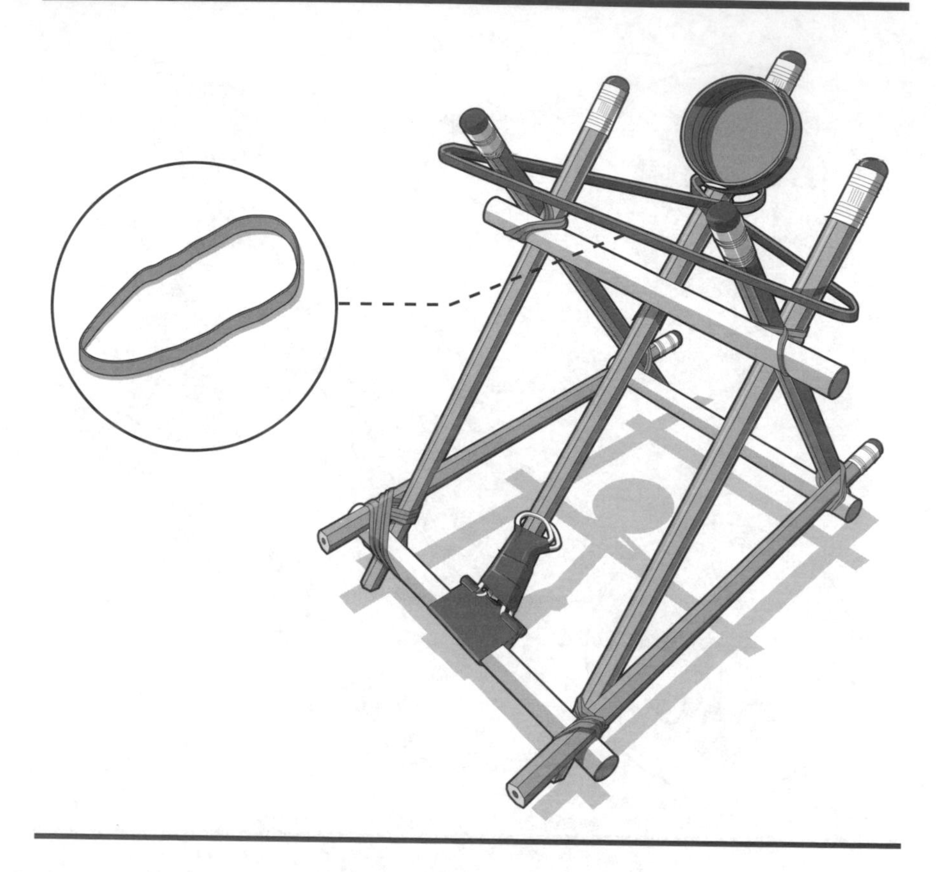

現在把最後那條橡皮筋套圈繞過甩臂組件脖子處，位置緊接在投石器籃子（瓶蓋）下邊。橡皮筋另一端套圈繞過投石器框架上方部分，如圖中所示。這件桌上投石器就完成了！

要記得戴上護目鏡！別拿這投石器對著活物攻擊，而且只能用安全的彈藥。軟喉糖和迷你的棉花糖都很不錯。

鐵絲衣架投石器

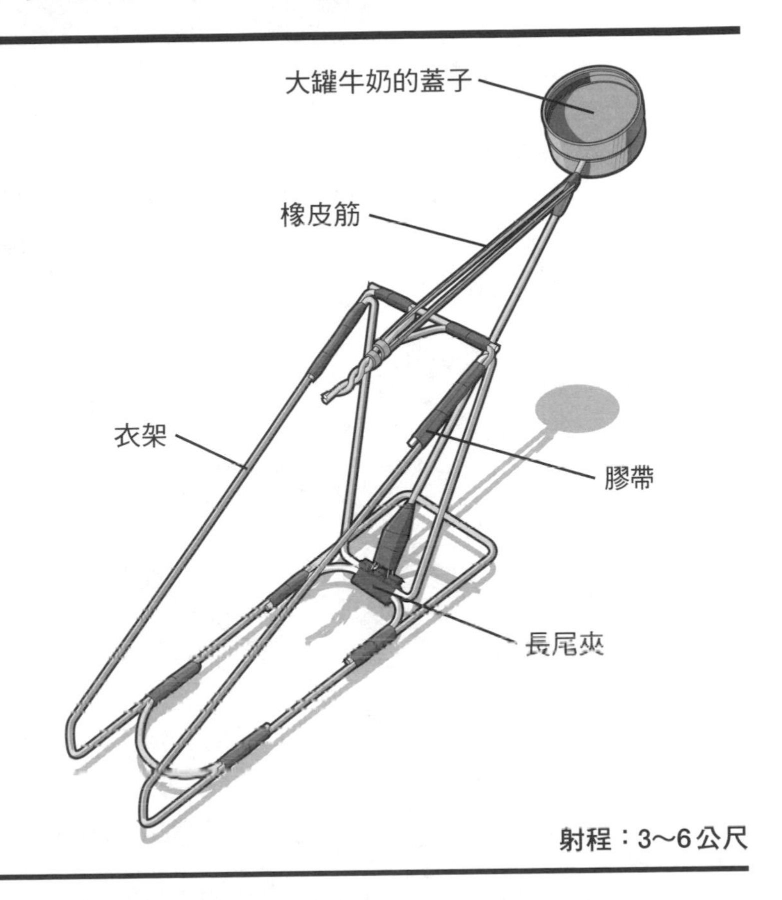

射程：3～6公尺

用彎折過的鐵絲衣架製作而成，金屬衣架投石器不會被你在圍城期間經常遇到的火焰武器燒成灰。這非比尋常的設計簡潔又堅固，直截了當的發射機關正適合轟炸敵方建築和領土。快速幾個步驟，你就能用這座鐵造機器搖擺邁向勝利。

材料

2個鐵絲曬衣架
大力膠帶
1個小型長尾夾（19㎜）
2個大罐牛奶的塑膠蓋子（或類似物品）
1條橡皮筋

工具

護目鏡
鉗子
剪線鉗
熱熔膠槍

彈藥

1個以上的軟糖

步驟1

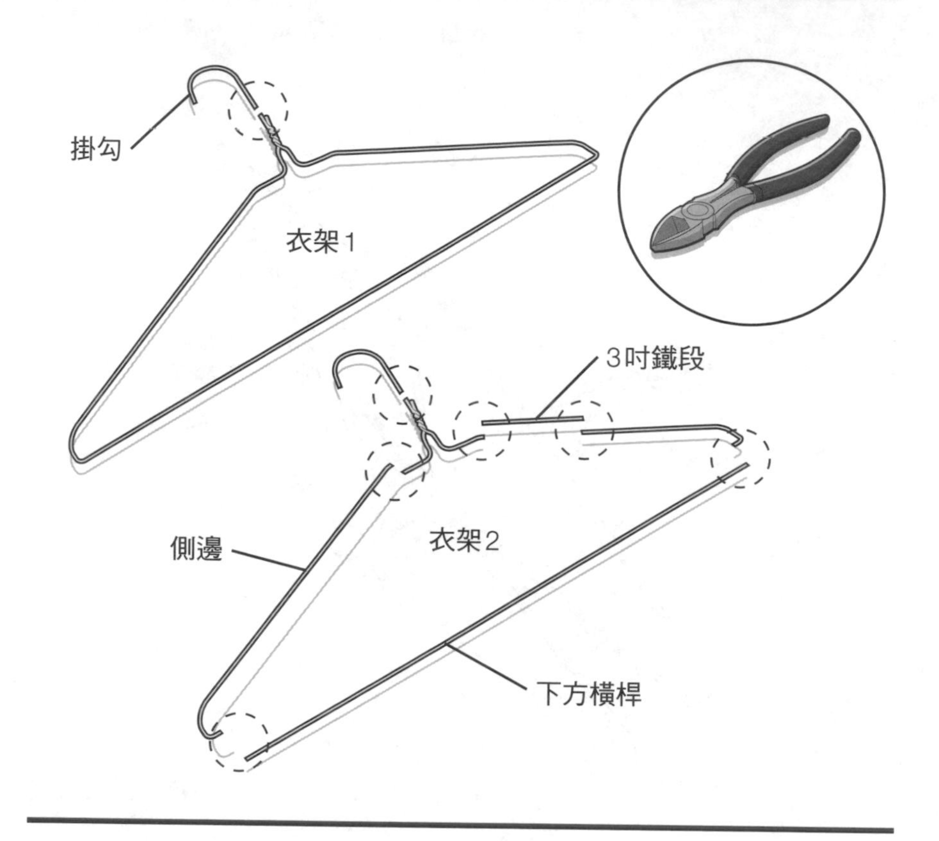

用一把鉗子或剪線鉗，把金屬衣架的掛勾端除去，如圖中所示。衣架1已準備完成。

至於衣架2，兩端剪斷移去下方橫桿，扭合脖子部位之下切斷移去衣架其中一邊，如圖中詳示。另一邊，移去一截3吋（7.62公分）長的段落。參考上圖的示範。

步驟2

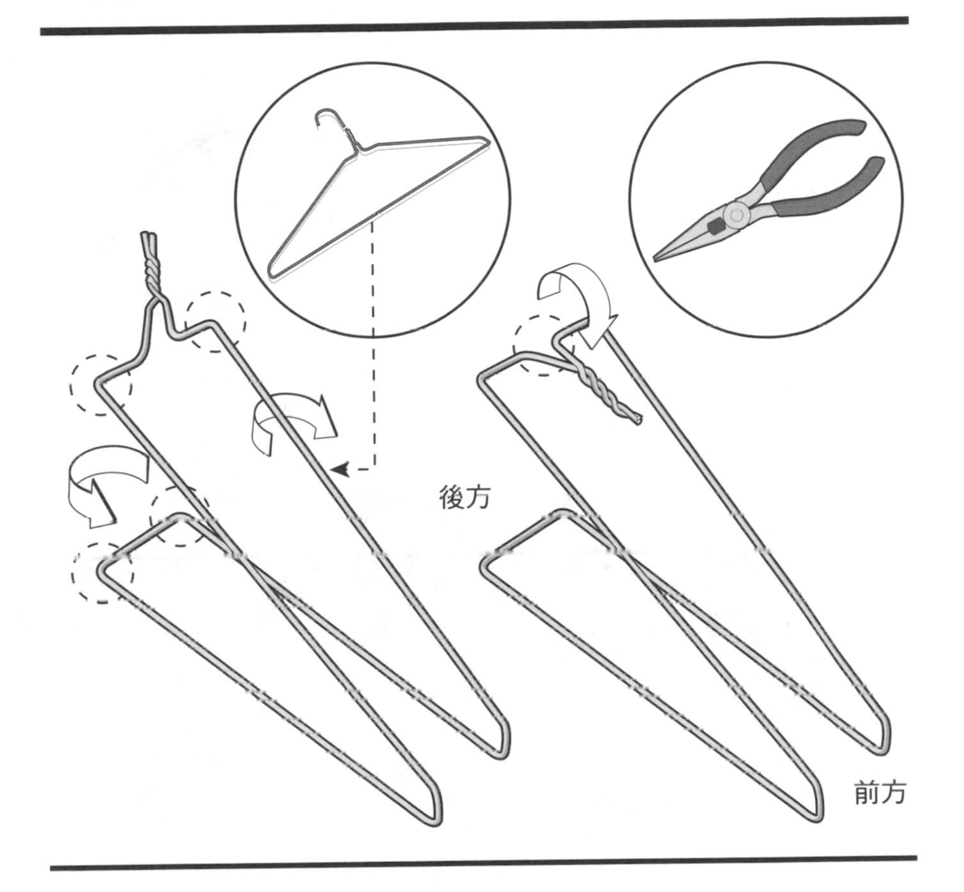

用鉗子彎折衣架1的四個位置，讓完成時改良的衣架可直立放著，約2吋（5.08公分）寬——大約就是移去掛勾部位的寬度。

接下來，彎曲扭合處，使其與衣架平行。

步驟3

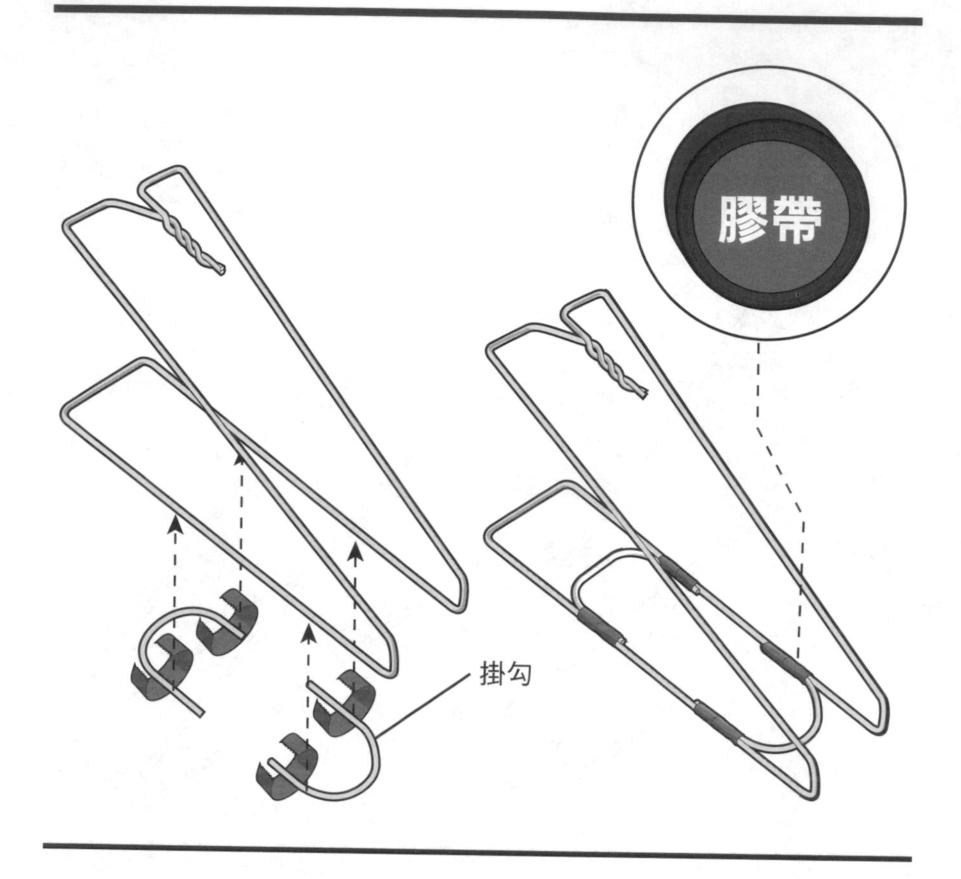

用膠帶把兩個移去的掛勾都連結至金屬框架底部。第一個掛勾應朝向框架組件前方放置，這位置只是一個大概。不過，第二個掛勾應置於往框架組件最後邊側邊緣大約1吋（2.54公分）。放置法請參考繪出圖示。

注意：一旦投石器完成，第二個掛勾可再經調整，以合乎發射人員的高度及射程偏好。

步驟4

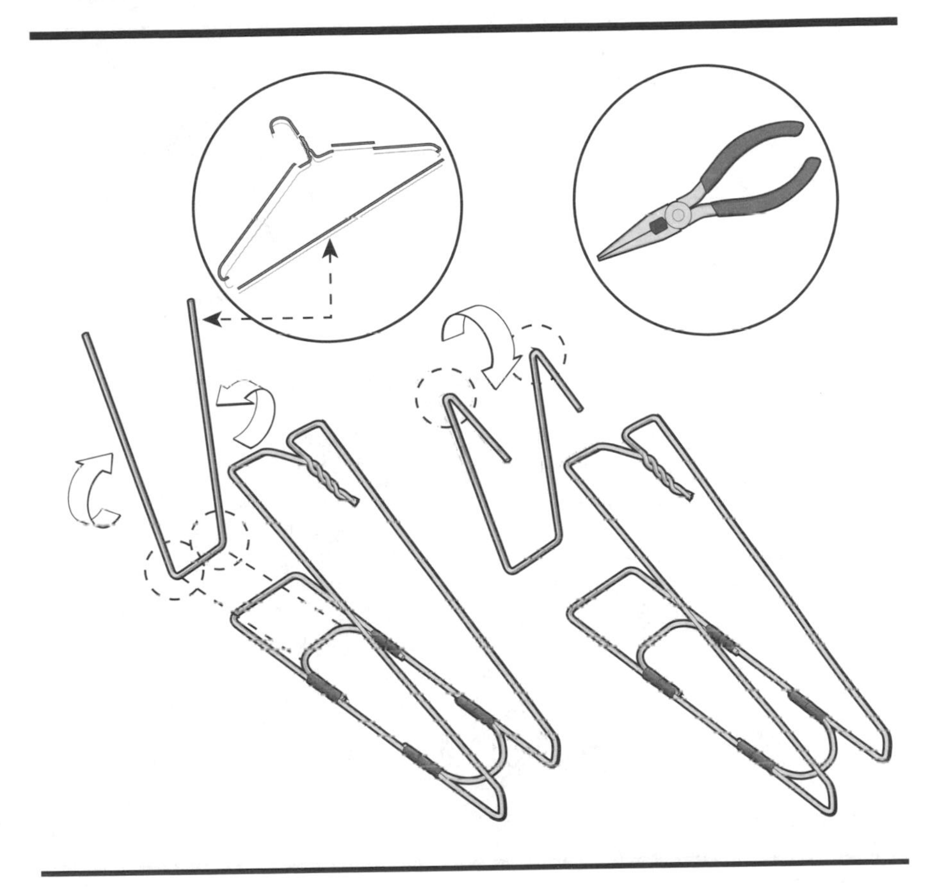

為了支撐鐵絲框架後方，把掛勾2移下來的直線橫桿彎折成如圖中所示的U形，U字彎曲的底邊約和框架組件寬度相同。

接下來兩彎折處是由框架組件的高度決定。用框架為準。接下來，用鉗子把U形的兩末端朝向前方彎折成超過90度。這個角度應和框架組件的角度對齊。

下個步驟要把這零件裝上，所以到時候如果有必要就得做些調整。

步驟5

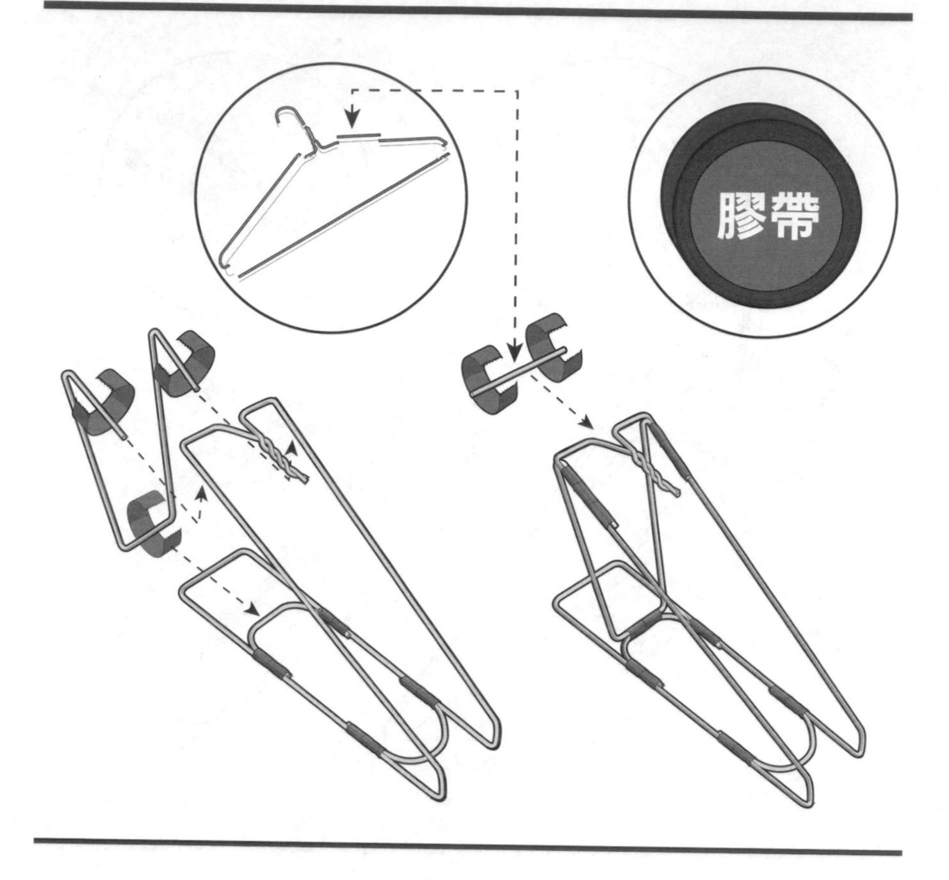

把調好的U形底端橫桿用膠帶黏上框架組件的後方。棍與棍相接的三個地方都要用膠帶纏好，兩處是在頂端一處是在底端。

接下來，用膠帶把3吋長（7.62公分）的鐵條黏上框架組件頂端後側。這根鐵條就是甩臂止栓，也可以擋住框架上原本的凹縫，藉以改善甩臂準確度。

步驟6

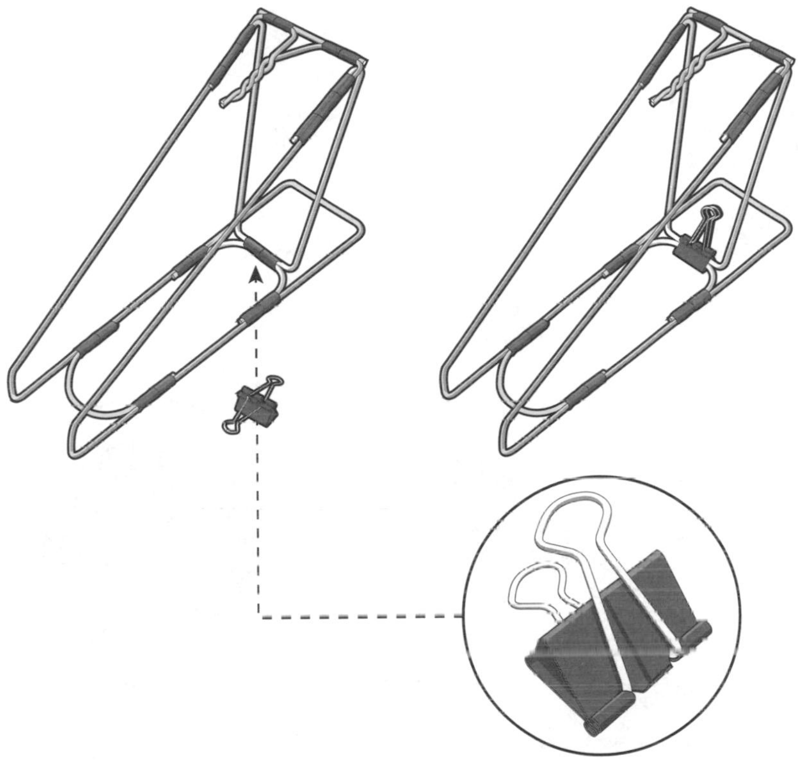

現在把一個小的長尾夾卡住框架組件中央橫樑底部，即後方掛勾與修改過U形相接的地方。一旦夾子扣上並且置中，把它兩個金屬把手往上打開伸出。

步驟7

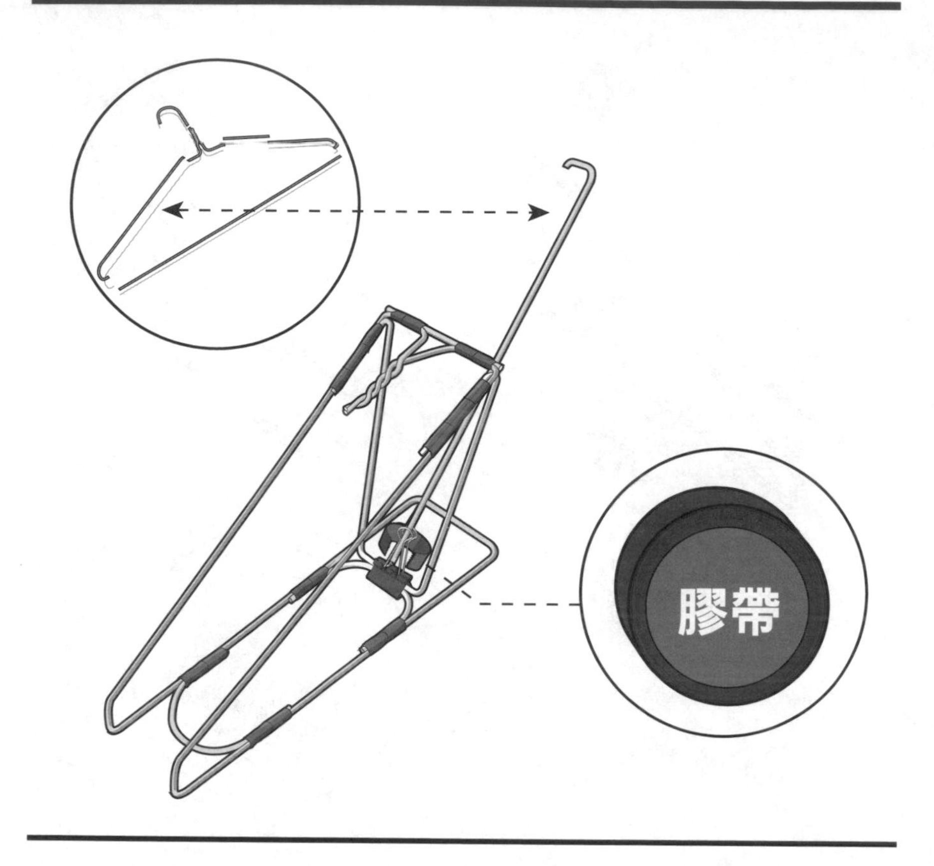

甩臂是用衣架2切下來剩餘的側邊做成。將此段鐵絲的直線末端用膠帶綁在扣上長尾夾兩金屬把手之間。要用很多的膠帶，避免甩臂在發射期間變鬆。

步驟8

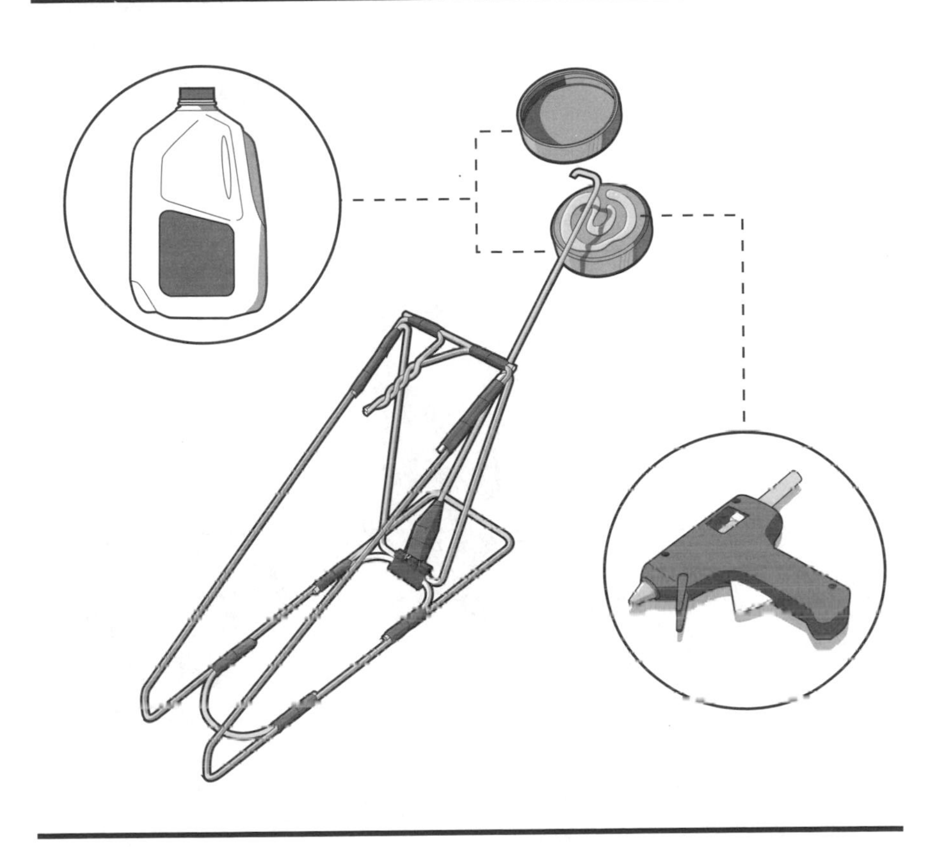

投石器籃子——也就是彈藥放置發射的地方，要用兩個大罐牛奶的塑膠瓶蓋製成。

用熱熔膠，小心把平滑面相對的兩個瓶蓋包著甩臂金屬尖端夾住。為什麼要用兩個瓶蓋呢？一對黏合在一起的瓶蓋可以避免籃子脫落和彈藥一起發射出去，如果你只使用一個瓶蓋的話這很有可能會發生。

步驟9

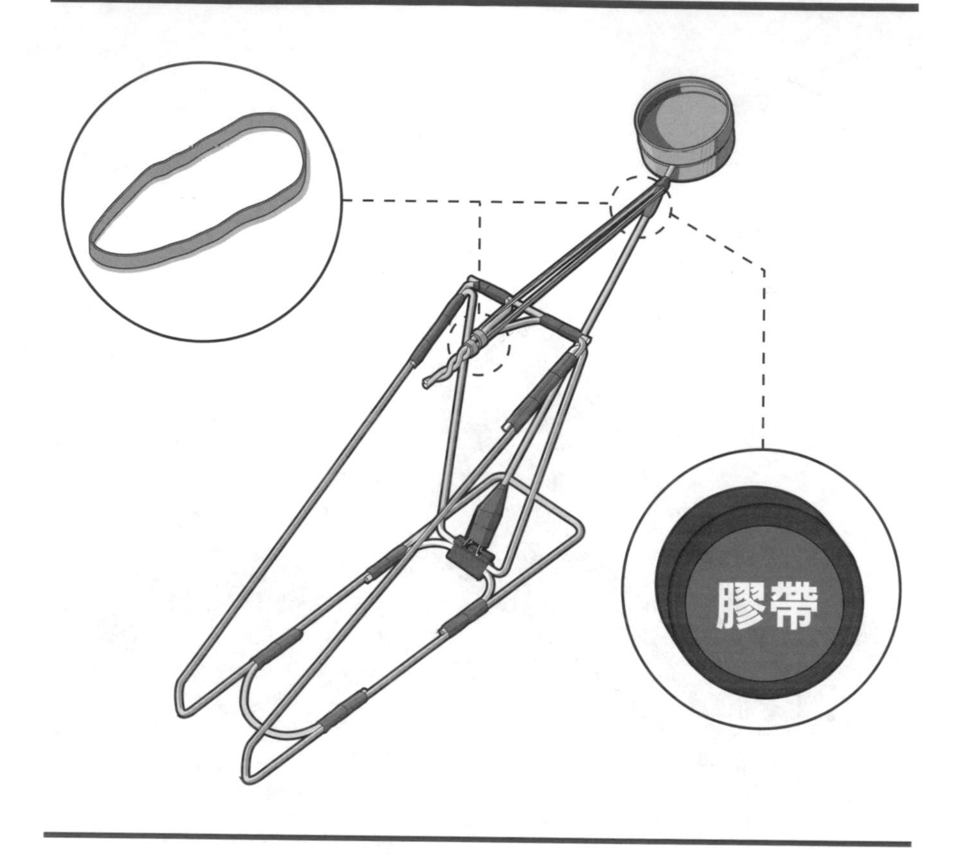

將橡皮筋環圈套過甩臂脖子，緊接塑膠瓶蓋下邊。用膠帶把橡皮筋固定，以避免順著甩臂下滑。

橡皮筋另一端繞過步驟2的彎曲。若有需要可添加膠帶以避免脫落。

上戰場之後，要記得安全為重。**一定要戴上護目鏡！別拿這投石器對著活物攻擊，而且只能用安全的彈藥。**軟喉糖、硬糖果、迷你的棉花糖都很不錯。

裝甲投石器

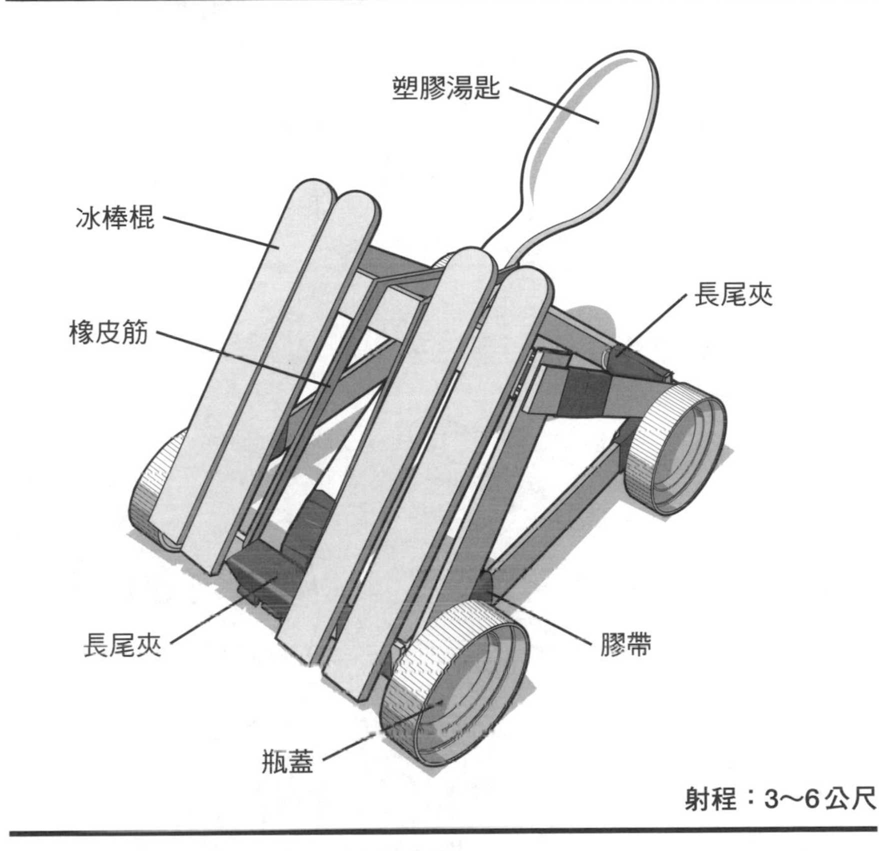

射程：3～6公尺

風笛手醒醒！擴張王國領土的時間到了！混亂的攻勢當中，裝甲投石器可以為長弓手和其他發射武器的兵力提供掩護。鋪上木板鑲成的裝甲，它的設計就是要讓你能在城堡射程範圍內確保安全，就可以放出各式各樣摧毀城牆的投射物。

材料

6個大型長尾夾
12根冰棒棍
大力膠帶
1個小型長尾夾（19㎜）
1個塑膠湯匙
1條橡皮筋
4個塑膠瓶蓋

工具

護目鏡
鉗子
大剪刀
熱熔膠槍

彈藥

1個以上的軟糖

步驟 1

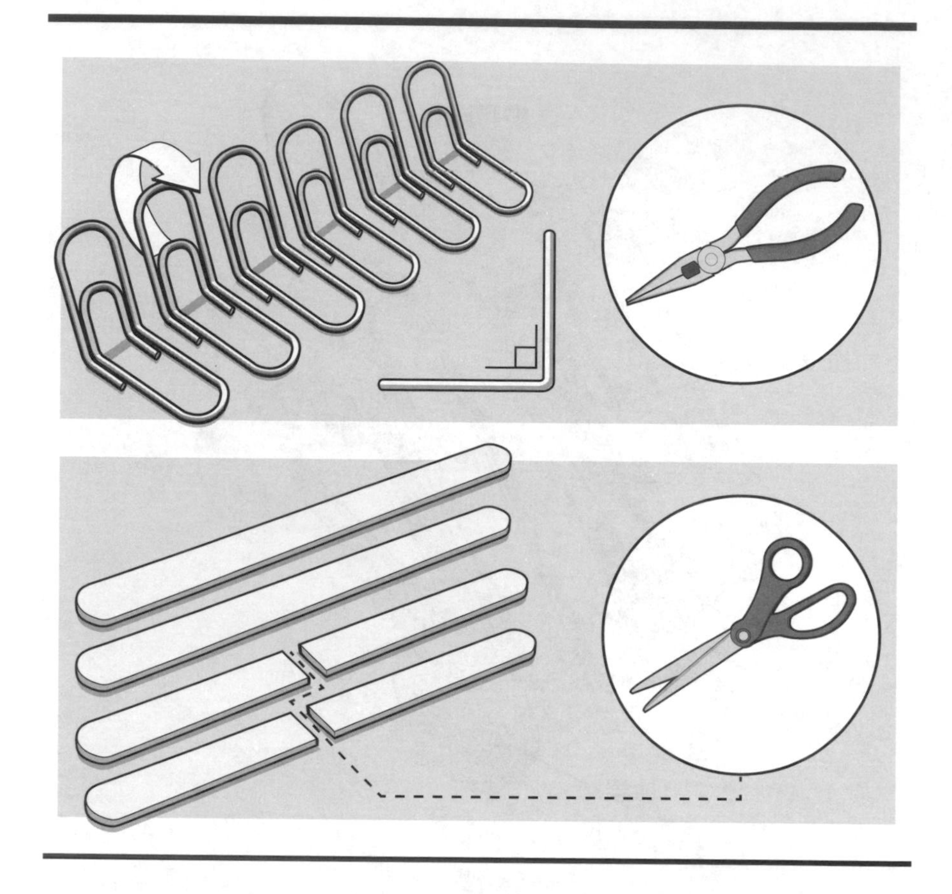

用鉗子，把六個大型迴紋針從中央彎折成90度。其中四個迴紋針會在步驟2用到，其他的留到步驟4。

接下來，準備四根冰棒棍來製造底座組件。用大剪刀把這些冰棒棍小心切成兩半。其中一根切斷的冰棒棍留到步驟4使用。

步驟2

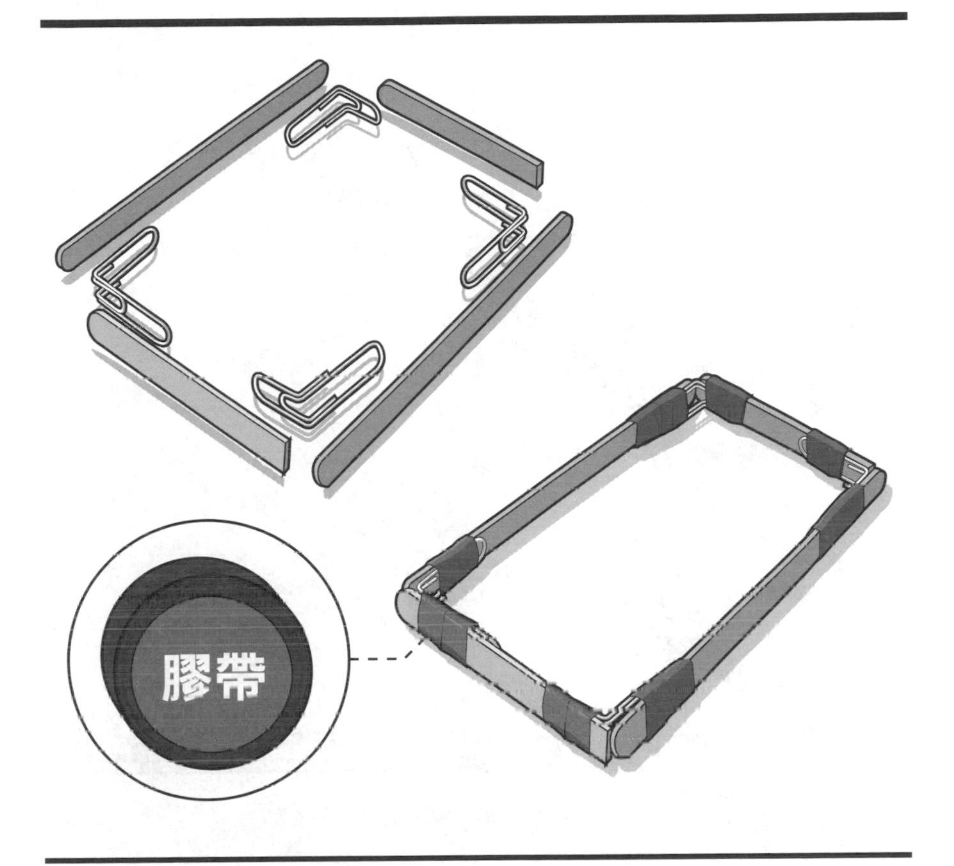

用兩根全長冰棒棍以及兩根切成一半的冰棒棍圍成一個四方形盒子。把4個90度的迴紋針放在盒子角落內側，將冰棒棍結合在一起，然後用八條膠帶綁緊這個組件，如圖中所示。

步驟3

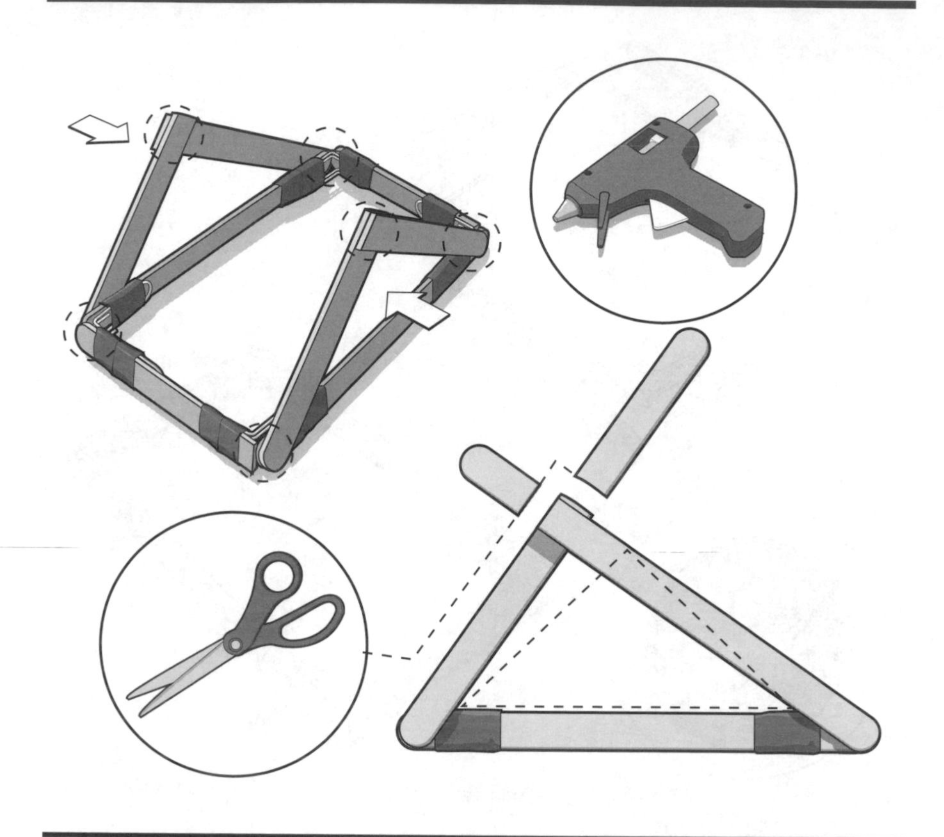

盒子框架完成後，用四根未經切割的冰棒棍做出垂直框架。開始先做一邊，用熱熔膠把兩根冰棒棍小心黏合至框架上頭，以做出如圖所示的三角形——三邊均不等長。對側重覆這個步驟，三角形要對齊。

垂直框架完成後，用大剪刀把兩三角形頂端多餘部分切除，如圖中所示。

步驟4

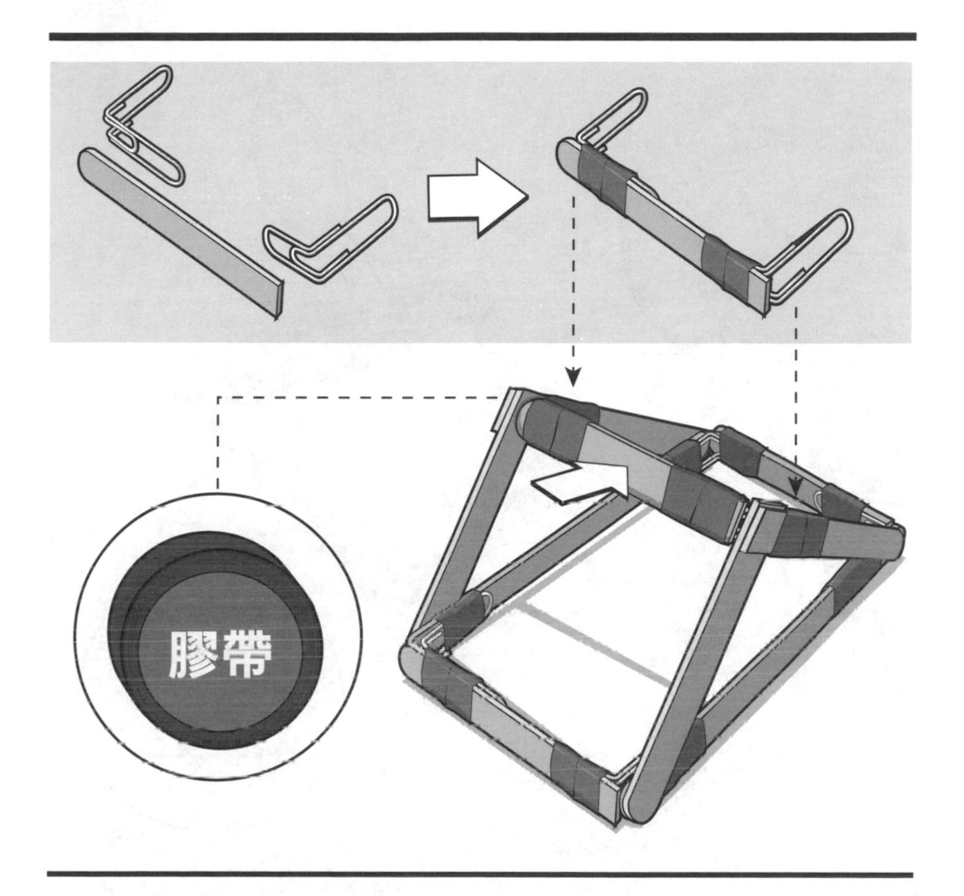

和步驟2的框架搭建法類似，把兩個90度的迴紋針固定於一根切成兩半的冰棒棍兩端（在步驟1切好），以製成橫樑。

將此橫樑套入三角形框架頂部之間，並且用膠帶固定好。現在框架已經完成了。

步驟5

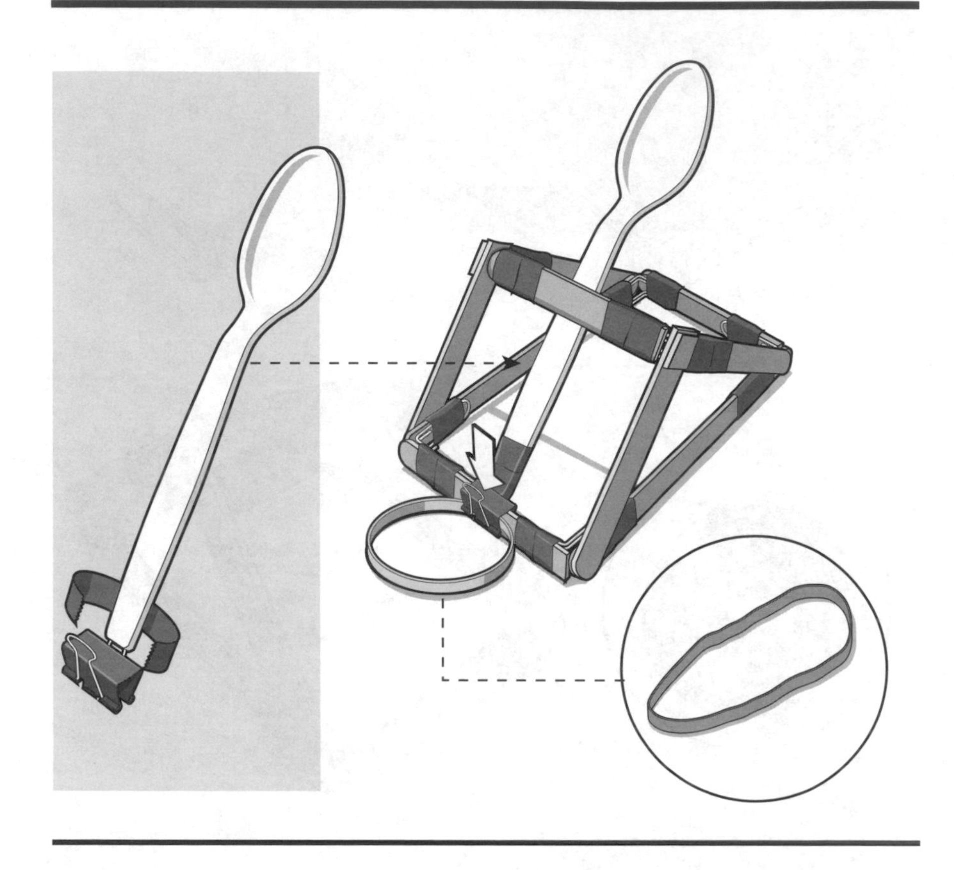

用一個小型長尾夾還有一支塑膠湯匙，就可以製造出塑膠甩臂。

一開始，把長尾夾的一個金屬把手用膠帶固定至塑膠湯匙後側，如左圖所示。（不要把這夾子的第二個把手移走）甩臂就做好了。

接下來，把甩臂組件夾到框架的下方冰棒棍。一旦對正橫樑中央，取一條橡皮筋套到長尾夾下，如圖中所示。接著把這長尾夾的前方金屬把手移除。

步驟6

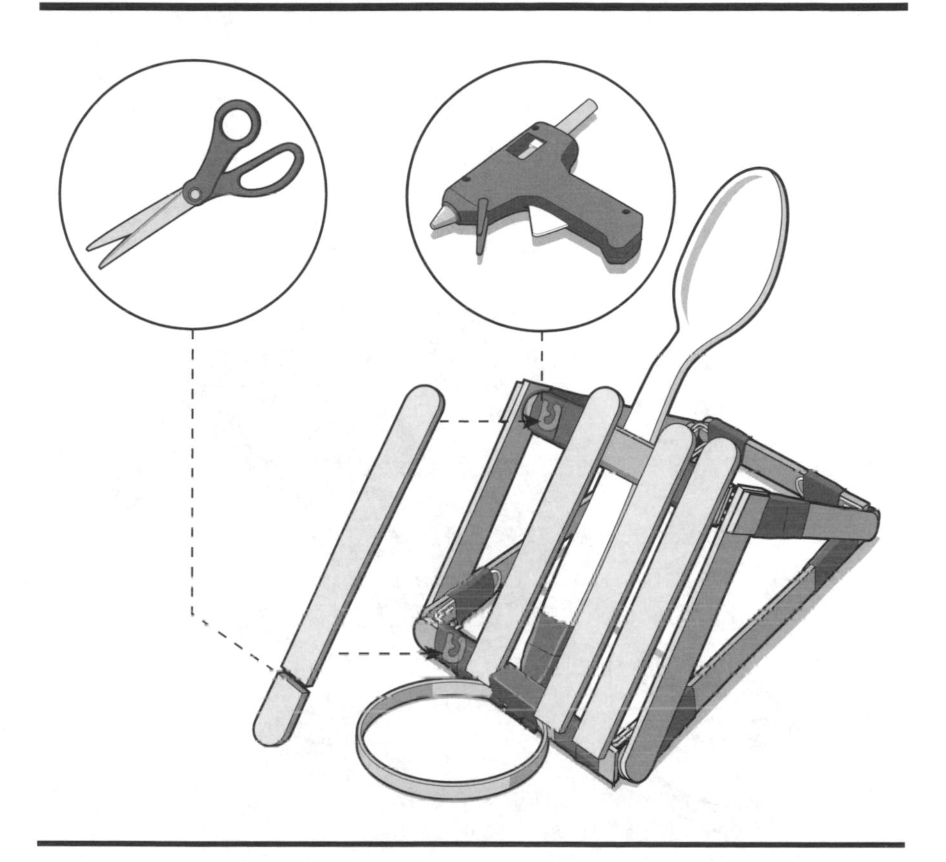

這時該要加些防護裝甲了！用大剪刀切去四根冰棒棍底部的圓滑末端，然後用熱熔膠小心地把四根冰棒棍全都黏到投石器框架的兩根橫樑上。

步驟7

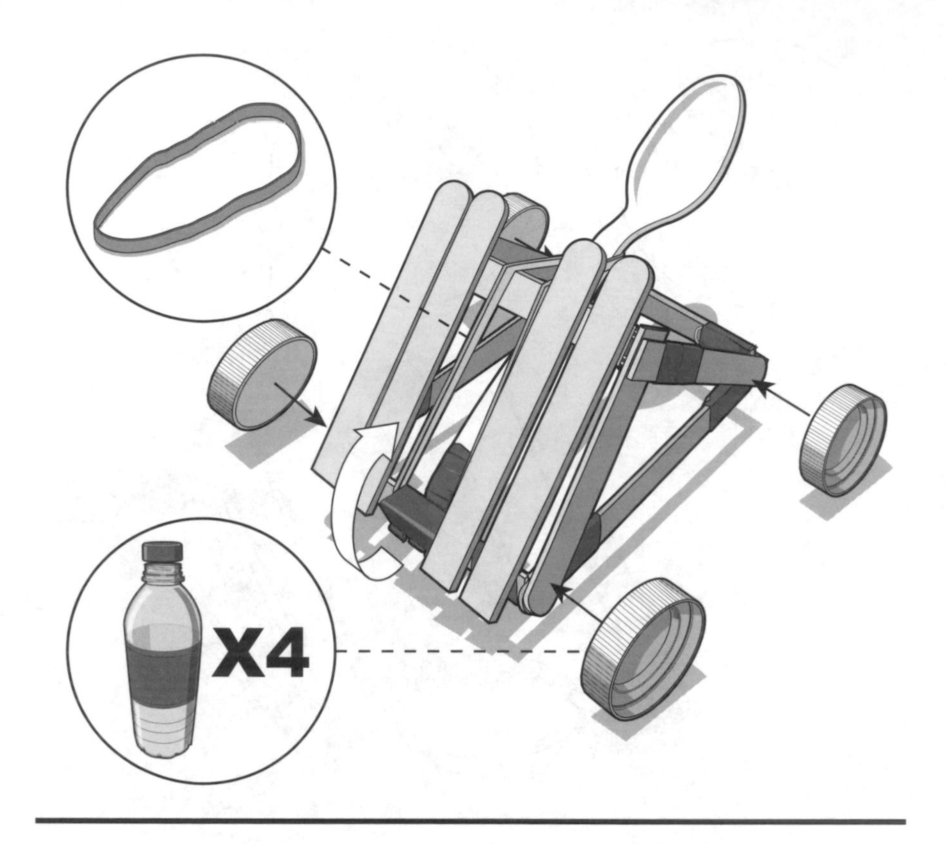

小心用熱熔膠把四個塑膠瓶蓋黏至投石器框架的角落，假裝是輪子，讓這件桌頭複製品多些真實感。這也是將投石器抬高的簡便迅速方法。如果你想要讓這架投石器有模有樣，還可以隨你高興訂做。說不定你還可以用巧克力牛奶罐的棕色瓶蓋，看起來更像是原本的木頭輪子。

要記得戴上護目鏡！別拿這投石器對著活物攻擊，而且只能用安全的彈藥。軟喉糖、硬糖果、迷你的棉花糖都很不錯。

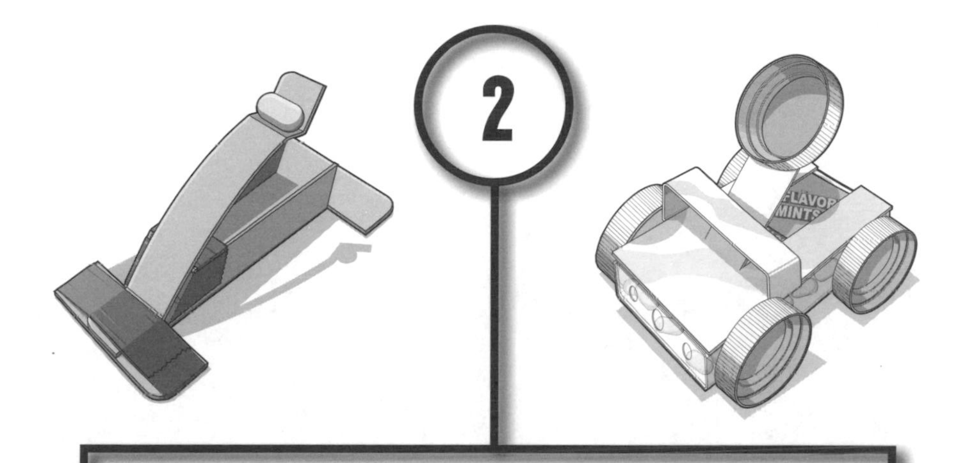

不用橡皮筋的投石器

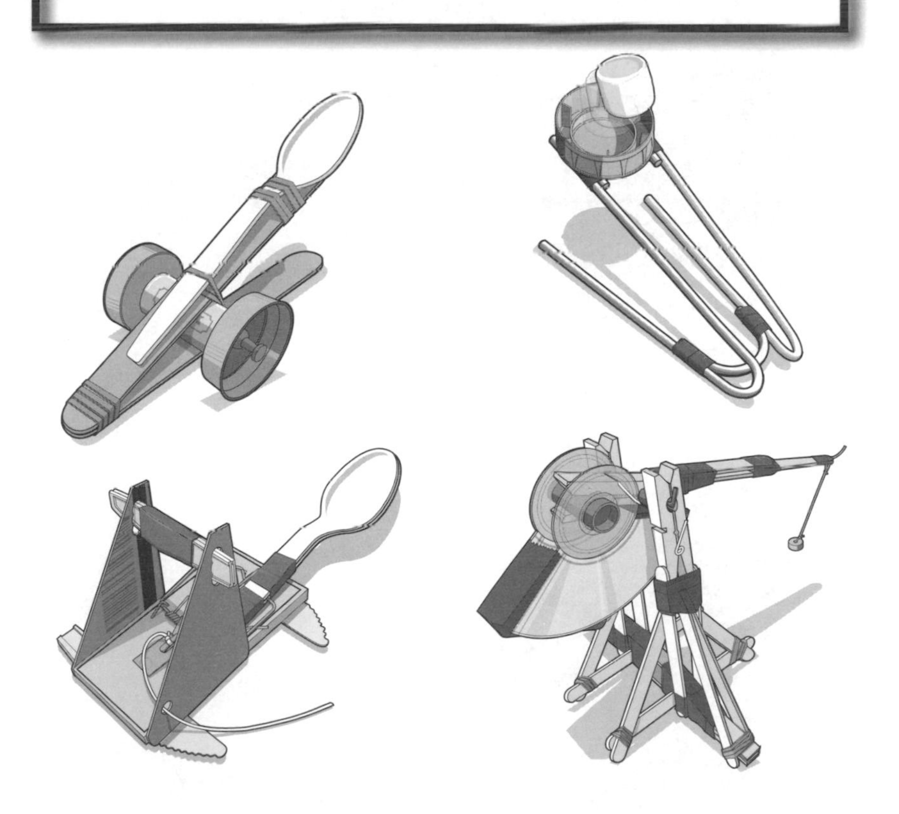

儲值卡投石器

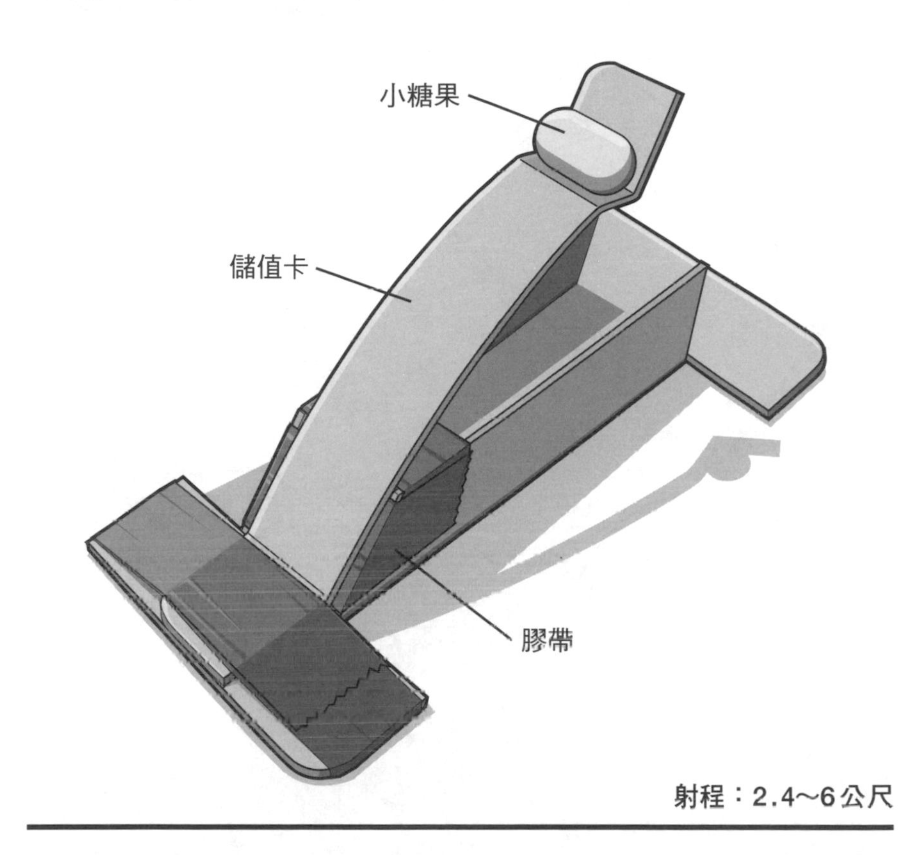

射程：2.4～6公尺

以用完的儲值卡製造而成，這件迷你兵器極為隱密。因上繳貢品被榨乾的軍閥們，見了儲值卡投石器如此簡單又看到它丟擲投射物的能力，一定會口水直流。再加上，組成這個攻城武器只需膠帶和剪刀即可。

材料

1張過期或用光點數的塑膠儲值卡
大力膠帶

彈藥

1個以上的軟糖

工具

護目鏡
剪刀
麥克筆

步驟1

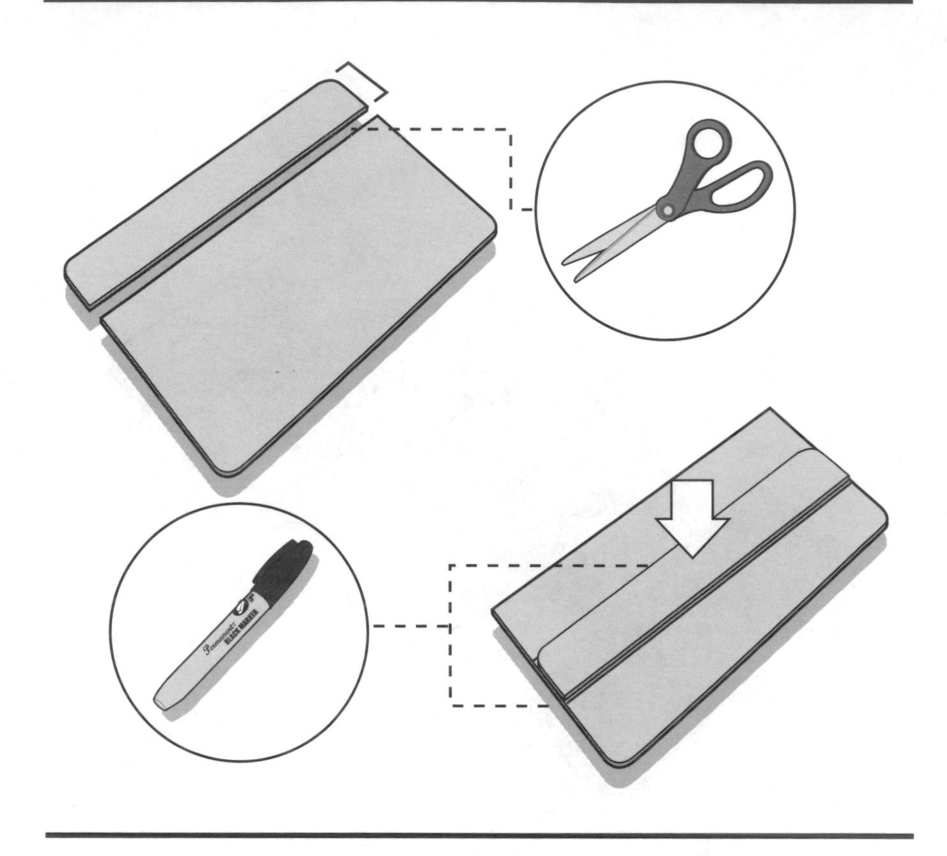

用剪刀，把一張舊的儲值卡切出½吋（1.27公分）左右的長條。

接下來，把這個1公分多的長條放在剩下儲值卡上頭置中，如右圖所示。用一支麥克筆，順著置中的較小那個長條兩側邊緣劃線。

步驟2

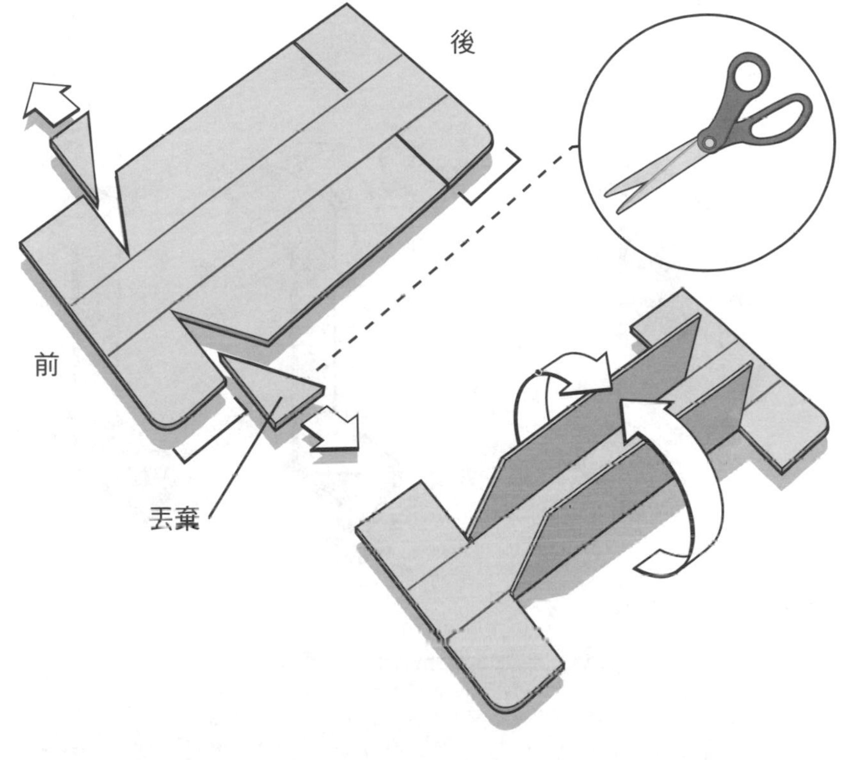

在較大那片上頭剪好幾個小切口，用來製造框架。首先，切4小條直線直達麥克筆畫出指導線。這幾個切口距卡片前後均應為½吋（1.27公分）。接下來，在卡片前方朝後切出一個¼吋（0.64公分）的楔形，再把移除的楔形丟棄。

接下來，照著導線把卡片中間往上折90度，形成平行的兩個壁面。

步驟3

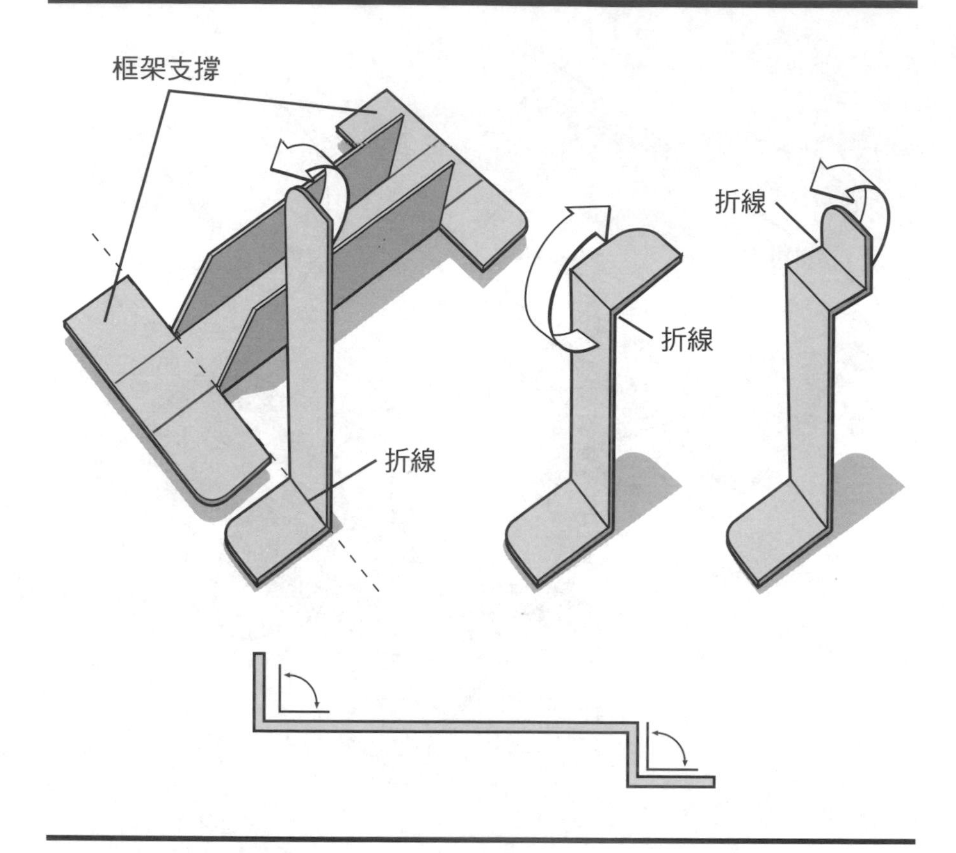

投石器甩臂是用步驟1切下的½吋（1.27公分）長條製作而成。在這步驟會把這長條折三次，好讓甩臂能正常運作。

第一個90度彎折出框架支撐的寬度。在長條另一端做出下一個90度彎折，距底邊¾吋（1.91公分）。最後，在甩臂¾吋那段的中央做最後一次90度彎折，與主甩臂平行。

可參考所繪出的下圖。注意，完成的彎折會形成90度的台階狀。

步驟4

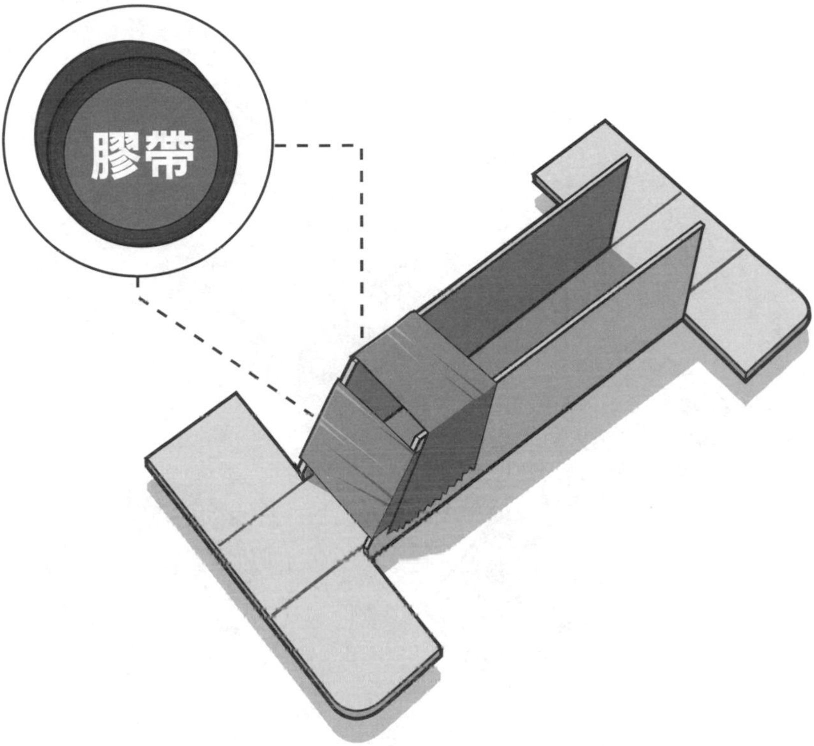

膠帶

取兩小條膠帶，蓋過框架的前方斜角支撐以及前方頂面。膠帶會成為甩臂的止檔，讓下一個步驟加進來的塑膠甩臂能夠後彎然後往前彈，以發射出拋體。

步驟5

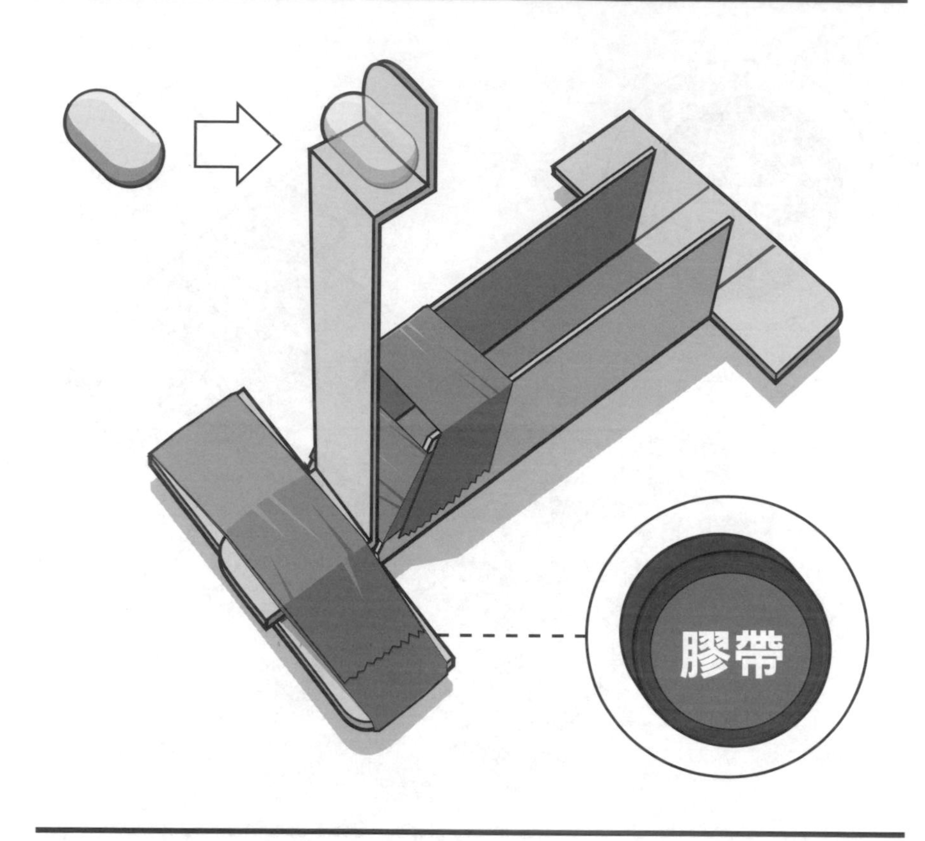

現在該來組合投石器了。把甩臂單折90度那一邊置於框架前支撐上方，如圖中所示。接著用膠帶纏繞前支撐並蓋過甩臂，以固定甩臂。

在甩臂的台階狀細部放一顆小糖果，試試你這座儲值卡投石器。當你拉低甩臂然後發射的時候，這個代用的籃子可將彈藥固定不動。

要記得戴上護目鏡！別拿這投石器對著活物攻擊，而且只能用安全的彈藥。軟喉糖、鉛筆尾橡皮擦、迷你的棉花糖都很不錯。

Tic Tac 重型投石器

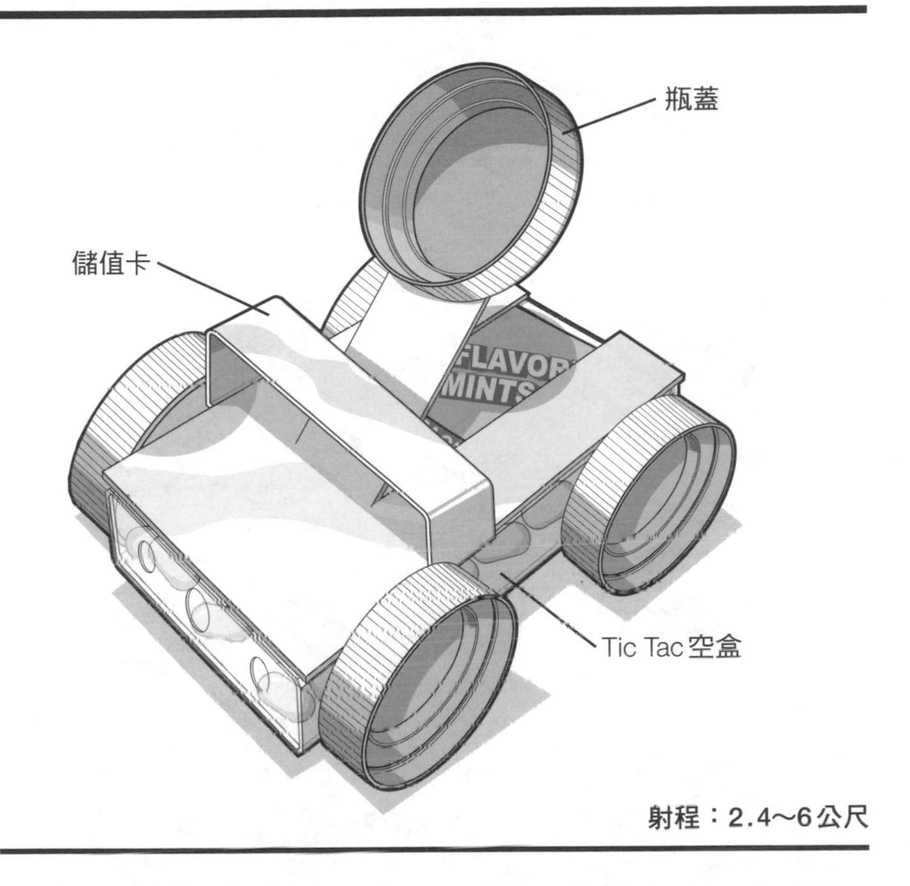

射程：2.4～6 公尺

設計取材自羅馬帝國軍團，Tic Tac 重型投石器是座威力十足的小巧投石器，動力來自一支充足彈性的甩臂，而不像原本老大哥那樣是靠扭轉的繩索，如此製造起來就容易得多了。堅固的框架構造可撐過桌上進行的激烈作戰。

材料

1 個 Tic Tac 空盒

1 個過期或用光點數的儲值卡

5 個塑膠瓶蓋

工具

護目鏡

剪刀

熱熔膠槍

彈藥

1 個以上的小型硬糖，或迷你棉花糖

步驟1

把一個Tic Tac空盒放在一張過期或用光點數的儲值卡上。對準一角，用剪刀把多出來的卡片材料全都切掉。

切下的碎片不要丟掉；長條切片要在步驟3拿來做成投石器的橫樑。

步驟2

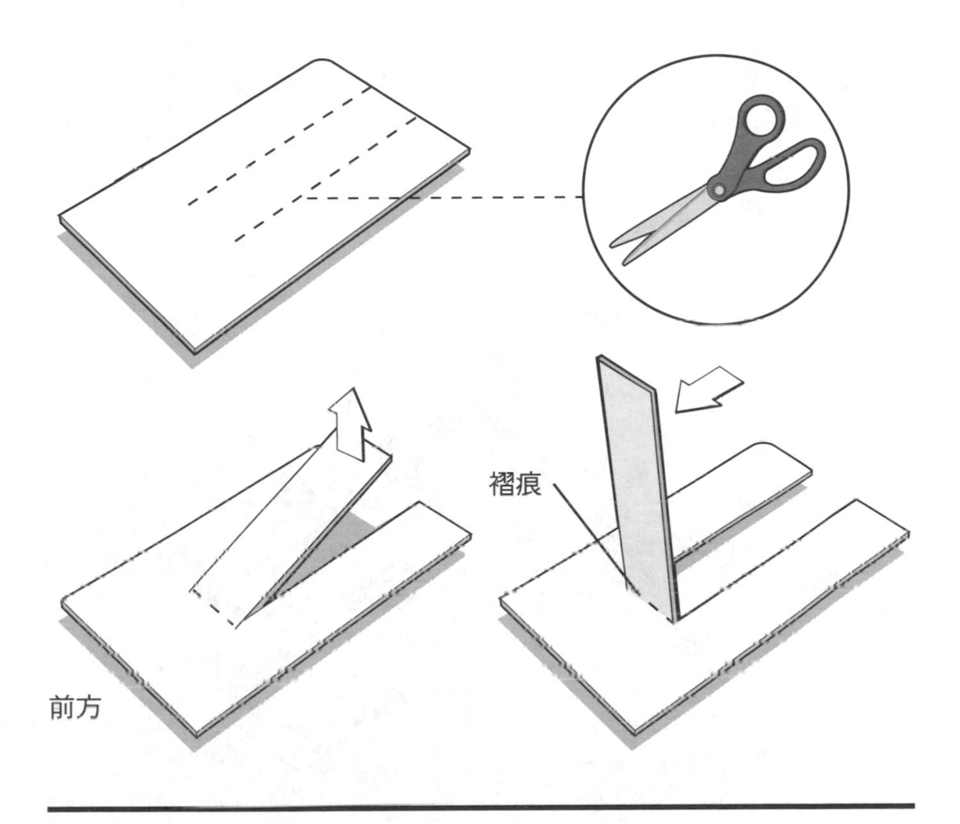

用剪刀往卡片中間切出兩條直線，距離各邊都差不多½吋（1.27公分）。每條切線都應在距卡片前方¾吋（1.91公分）的地方停下。

現在把切線中間部分的卡片折起90度，並在塑膠上做出褶痕。這一塊翻片就是給投石器用的彈簧裝置。

步驟3

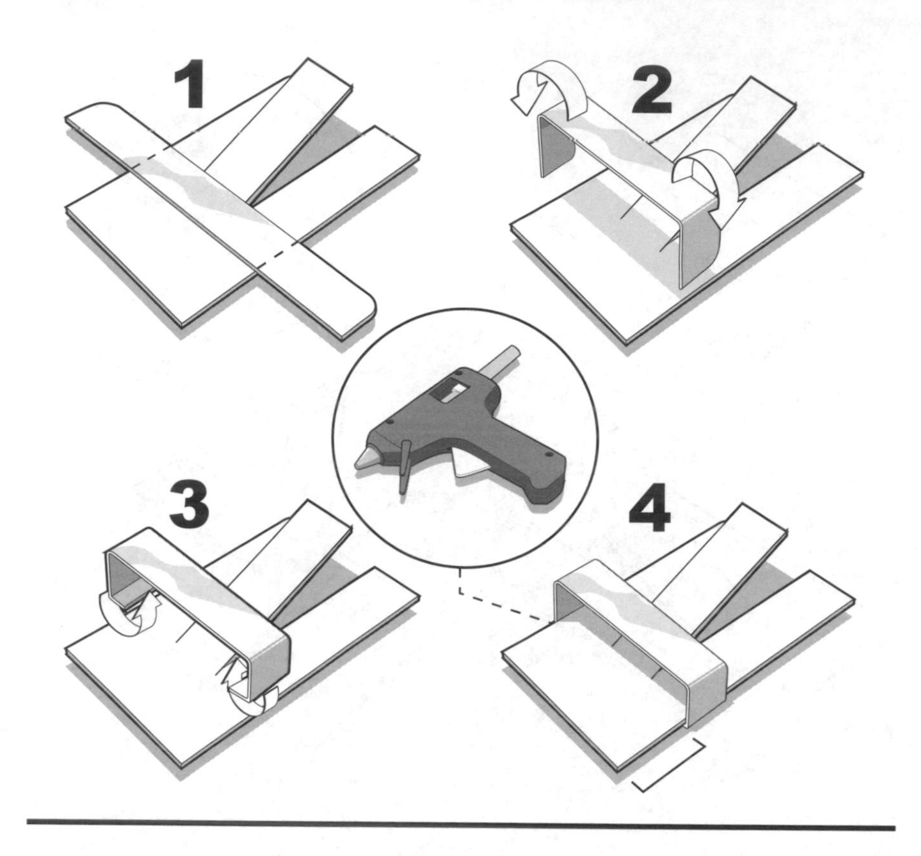

切下的卡片長條放在儲值卡上置中，如圖1所示。接下來，長條突出卡片的部分彎折出兩個90度。現在，折好的長條應和下方儲值卡寬度相同，圖2。

再多折出兩個90度，距彎折長條的兩端都各約¼吋（0.64公分），圖3。把彎折好的長條置於距卡片前方約¾（1.91公分）之處，對齊並且懸於切線之上，然後用熱熔膠把小折片小心黏在儲值卡的底面，如圖4。加上這個細部可以擋住甩臂讓它停下，有助於發射體。

步驟4

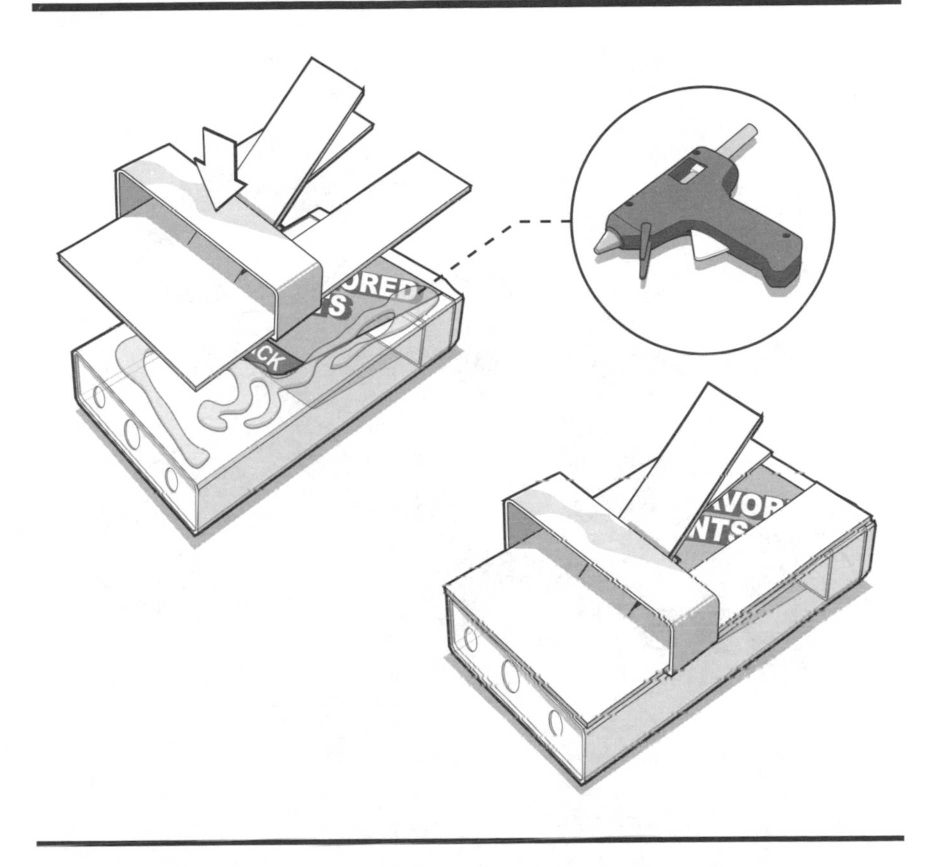

儲值卡組件放到Tic Tac空盒之上。甩臂應和糖果盒的開口同側。用熱熔膠小心將此組件與空盒黏在一起，不過**可別**把甩臂也黏起來了。

步驟5

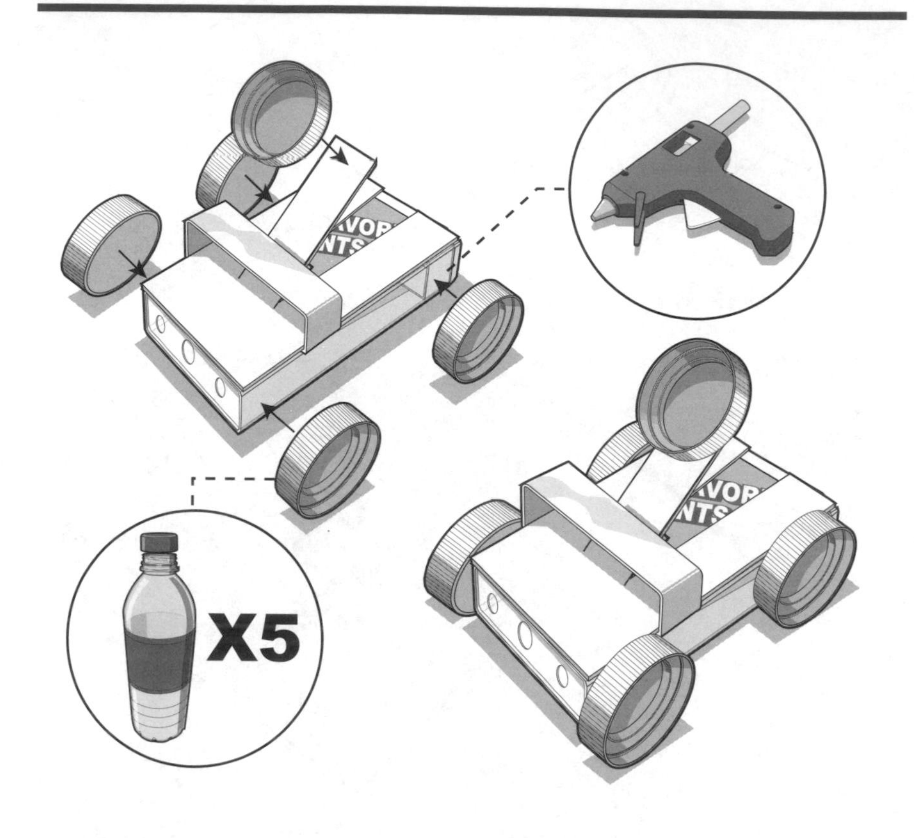

最後步驟，裝上四個輪子以及投石器的籃子。小心用熱熔膠把四個塑膠瓶蓋黏上Tic Tac空盒。雖然這幾個輪子並不能轉動，但可增添這座投石器的真實感。（如果你想要讓這架投石器模型更威風，不妨加些與眾不同的設計。）

現在把剩下的塑膠瓶蓋黏至甩臂頂端。如果沒法取得第五個瓶蓋，可將Tic Tac空盒的蓋子拆下，黏在甩臂上，效果也差不多。

發射時，**要記得戴上護目鏡！別拿這投石器對著活物攻擊，而且只能用安全的彈藥。**硬糖和迷你的棉花糖都很不錯。

壓舌板湯匙投石器

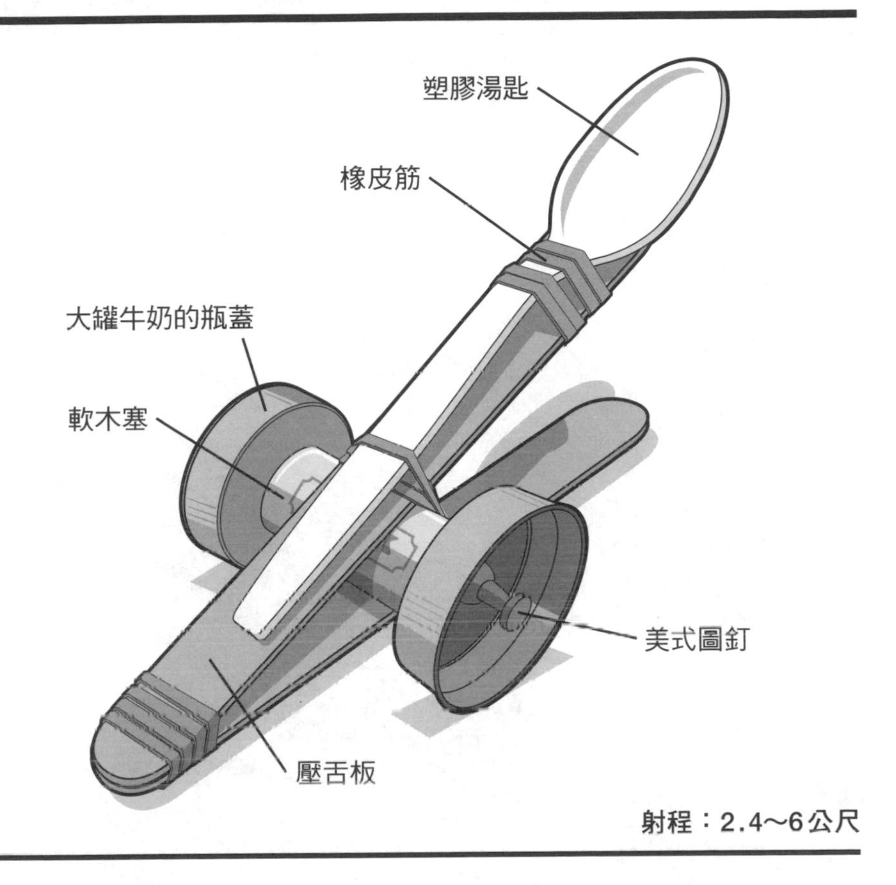

射程：2.4～6公尺

可別給這個毫不起眼的小裝置騙了。雖然只需花費幾秒就能做好，壓舌板湯匙投石器是天生的破壞者。它的設計直截了當，最適合大批製造供應給大軍使用。此外，並不需要用到工具！

材料

2片壓舌板
3條橡皮筋
1個軟木塞
1個塑膠湯匙
2個大罐牛奶的塑膠蓋（選用）
2個美式圖釘（選用）

工具

護目鏡
熱熔膠（選用）

彈藥

1個以上的棉花糖

步驟 1

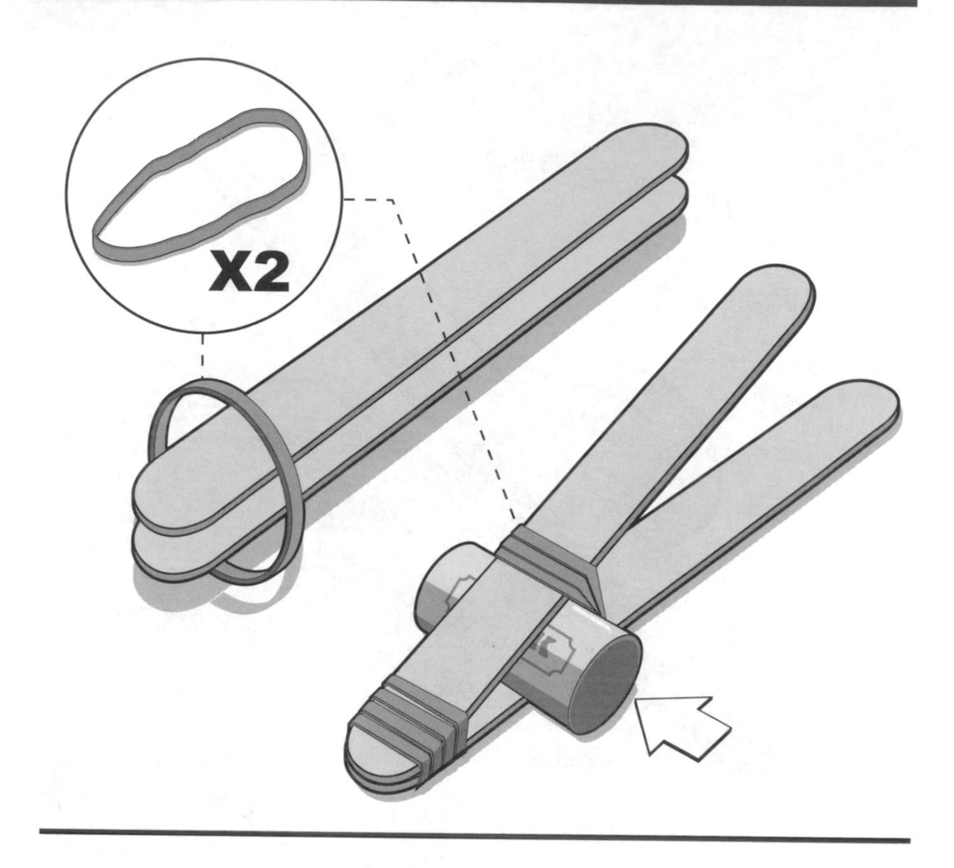

兩片壓舌板疊在一塊，末端用一條橡皮筋綁起來。接下來，取一個軟木塞夾入兩片壓舌板之間，儘量靠近繫在上頭的橡皮筋。壓舌板的張力會逼迫往外掉出，所以要另取一條橡皮筋，靠在軟木塞旁纏繞兩根壓舌板，避免此事發生。

步驟2

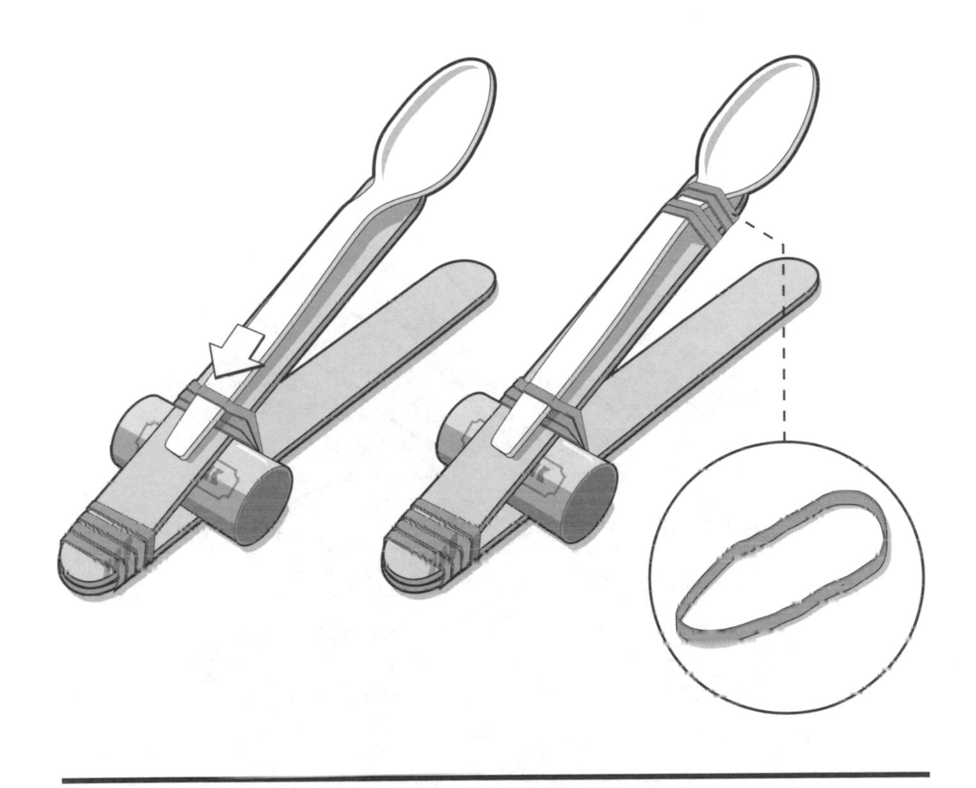

取一支塑膠湯匙，塞進位於軟木塞後方的橡皮筋。接著再添一條橡皮筋纏繞湯匙柄的末端，把它固定在壓舌板上方。

現在要來測試這座投石器了：一手放在下方壓舌板上穩定裝置，接著把上方甩臂往下拉，發射！

步驟3

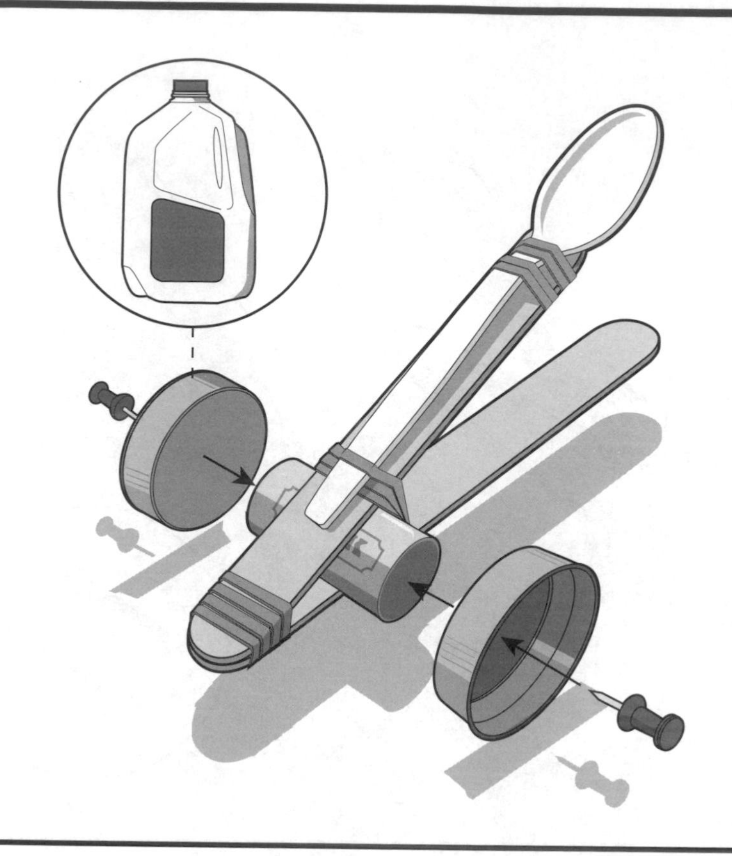

加上輪子（選用），兩個美式圖釘對準兩個大罐牛奶的塑膠瓶蓋中心，刺穿瓶蓋壓入軟木塞固定，把兩個輪子裝上。為加強兩邊的連接，若有需要可以在輪子背面小心加上熱熔膠。如果物資供應不足，或者你覺得小朋友用圖釘會有安全顧慮，便不需要放輪子。

要記得戴上護目鏡！由於其仰角設計，這座投石器特別擅長射高，所以這件小兵器發射的時候可別向前靠得太近。**千萬別拿這投石器對著活物攻擊，而且只能用安全的彈藥。**迷你棉花糖就很不錯。

棉花糖投石器

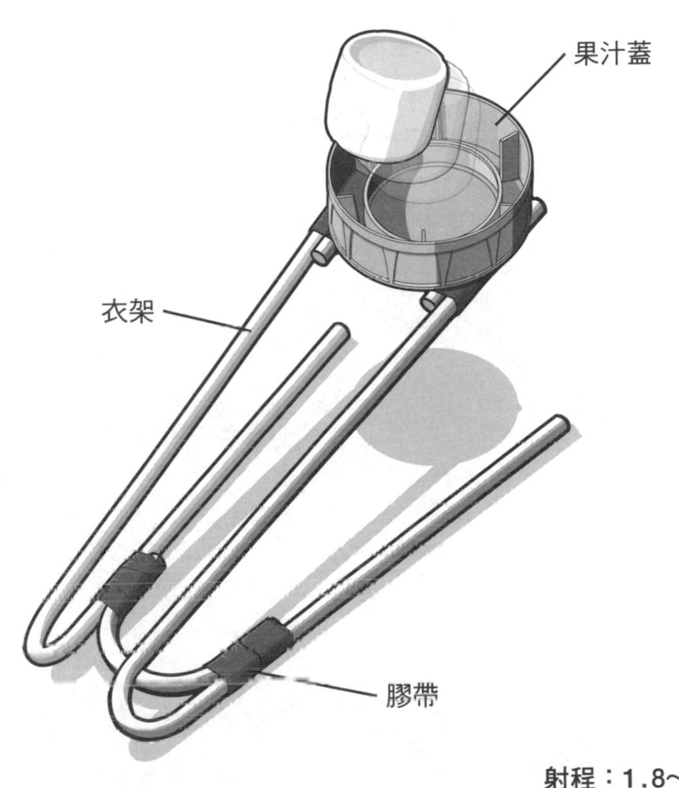

射程：1.8～6公尺

是的，這座投石器的設計就是要發射大型、膨鬆的棉花糖——多了不起！這是用兩個塑膠衣架以及一個果汁罐塑膠瓶蓋製造而成，所以組裝起來只是一瞬間的工夫。用柔軟的彈藥作武器，這件信手拈來的攻城武器最適合在室內使用。搭配本書後文介紹的突擊隊標靶（259頁）練習。

材料

2個塑膠衣架
大力膠帶
1個果汁罐塑膠瓶蓋（或類似物品）

工具

護目鏡
鉗子或剪線鉗
熱熔膠槍

彈藥

1個以上的大型棉花糖

步驟1

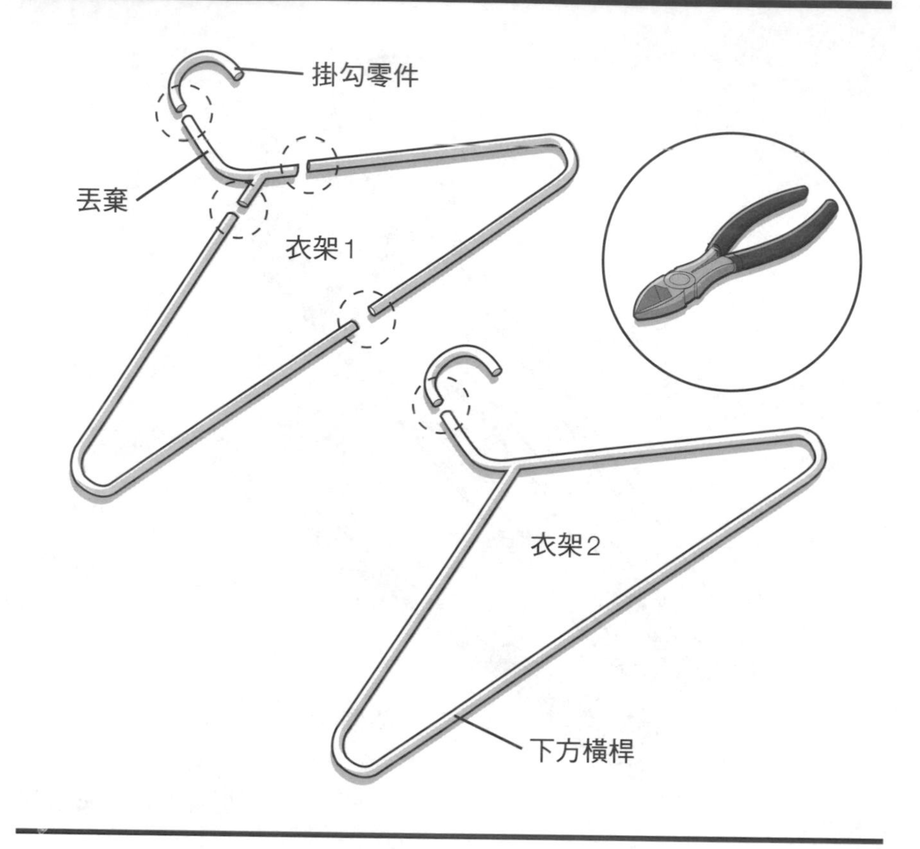

用鉗子或剪線鉗，把兩個塑膠衣架的掛勾移除，如圖中所示。

把衣架1下方橫桿的中央切斷，把它一分為二，頸部再多切兩下。衣架1的頸部丟棄不用。

衣架2僅用到其掛勾細部。衣架2剩下的材料可以留下來，用於製作塑膠衣架弓（119頁）或木尺弩（143頁）。

步驟2

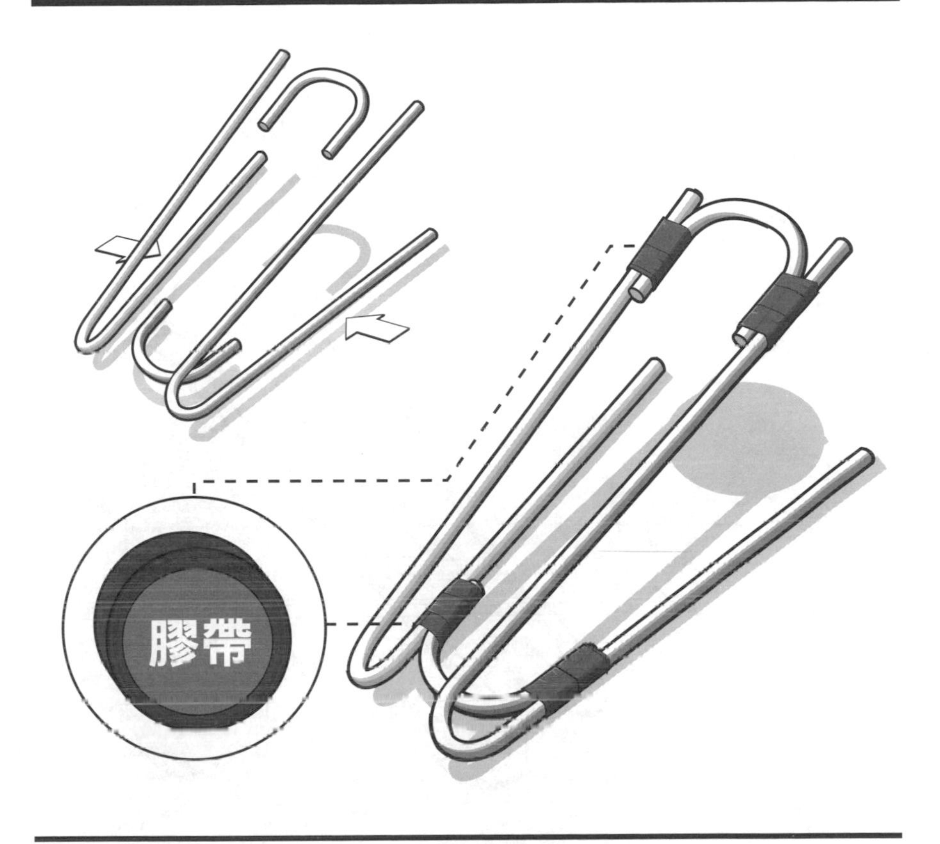

掛勾零件要做成橫樑，把兩半衣架組在一塊形成框架。做法如下：把第一個掛勾零件用膠帶連接到底座靠近前方的位置。第二個掛勾零件應該用膠帶連接到框架的後上方，如圖中所示。

步驟3

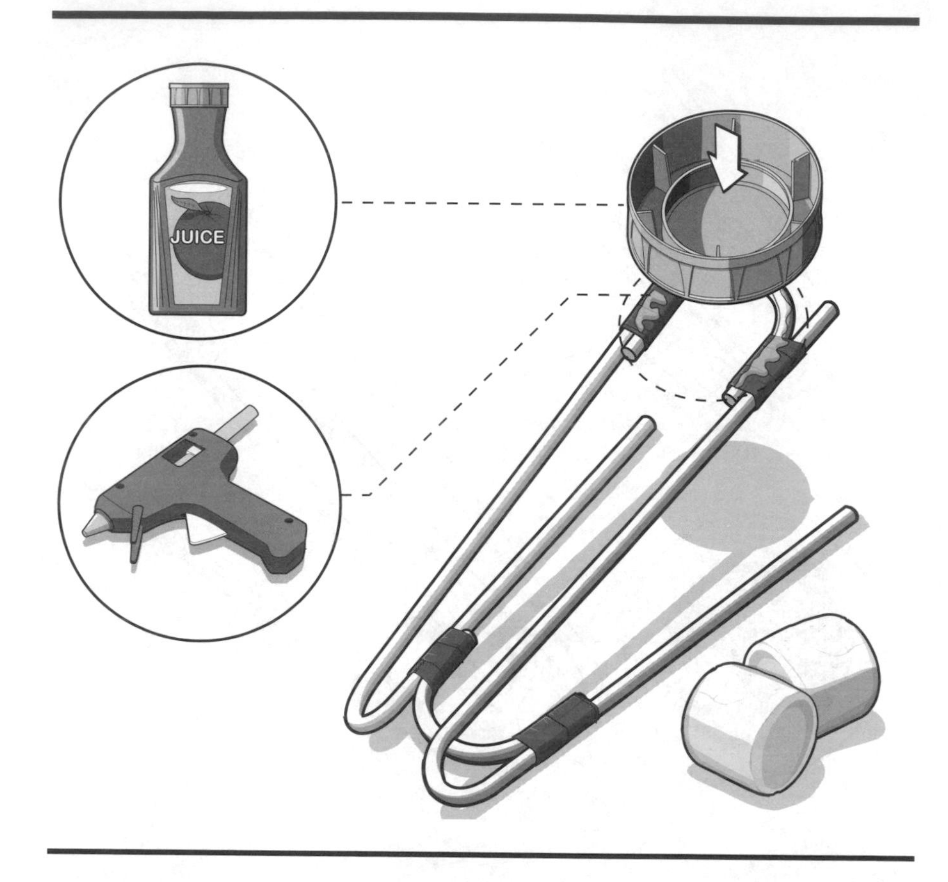

本件投石器所用的籃子，是用果汁罐塑膠瓶蓋做子，因為它的直徑夠大，達2 ½吋（6.35公分）。選好瓶蓋洗淨晾乾。雖然也可用其他尺寸差不多的瓶蓋代替，**可別用危險材料製成的瓶蓋**，如果想要發射可食用的東西更得注意。用熱熔膠小心把平滑面固定到框架的上方掛勾零件，讓膠乾透。

要記得戴上護目鏡！發射的時候，一手扶住下方框架，同時另一手裝填彈藥並將甩臂往後拉。重要的是發射時要喊出最響亮的口號。

棉花糖柔軟好用，不過也可以不經公告就換用彈藥！**千萬別拿這投石器對著活物攻擊，而且只能用安全的彈藥。**

捕鼠夾投石器

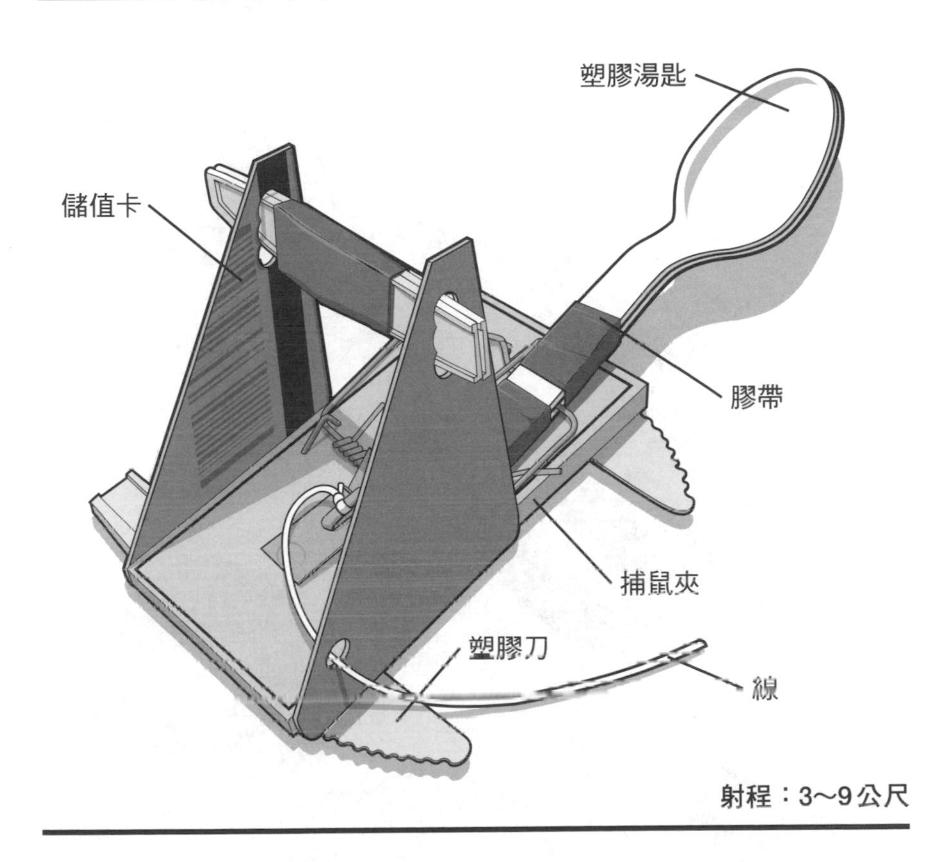

射程：3～9公尺

備有現成的彈簧機構，捕鼠夾投石器稱得上是中世紀迷你戰鬥所用投石器當中最具有威力的項目，一聲令下，它可以奮力彈出任何的拋射體。敵人只能束手就擒。

材料

1個捕鼠夾（沒用過）
2把塑膠湯匙
1個過期或用光點數的儲值卡
2把塑膠刀
大力膠帶
線

工具

護目鏡
熱熔膠槍
剪刀
單孔打孔器

彈藥

1個以上的軟糖或鉛筆尾橡皮擦

步驟1

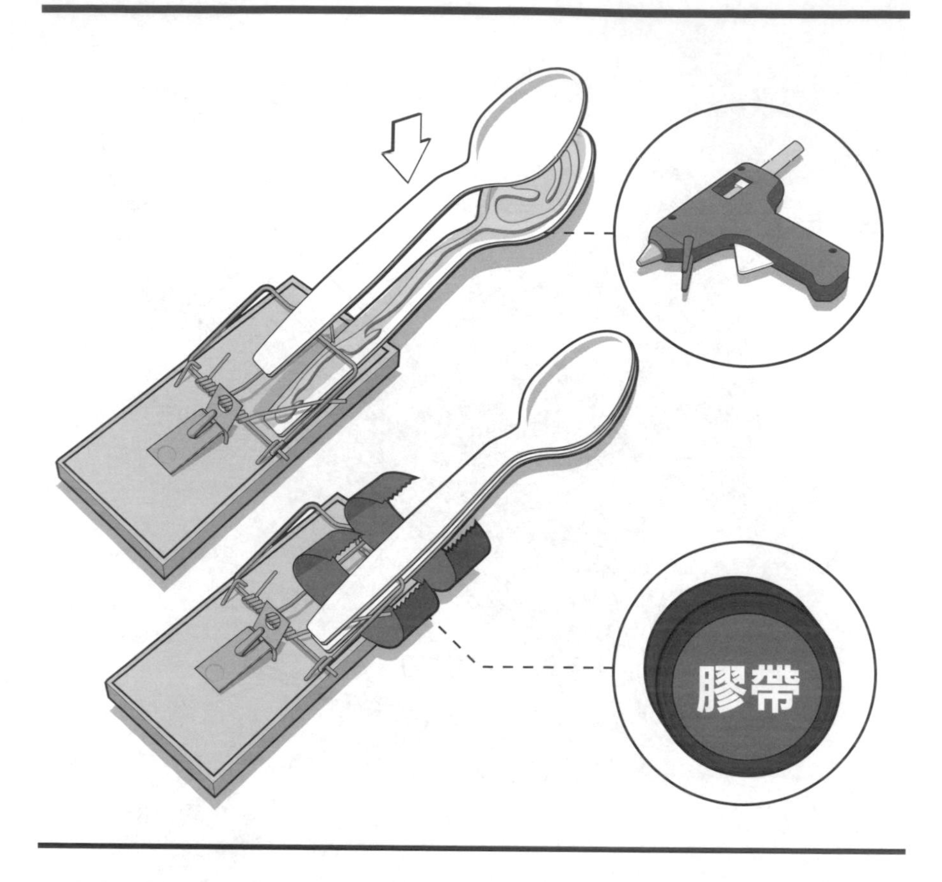

捕鼠夾緊緊固定於安裝位置，以免彈起關上，取一個塑膠湯匙置於捕鼠夾的橫桿之下，不過要偏一邊。然後小心用熱熔膠把第二支湯匙直接黏在上頭，捕鼠夾橫桿夾在中間。等膠乾的時候要把整組裝置固定在一塊。接下來用膠帶纏繞兩湯匙，加強投石器的甩臂。

步驟2

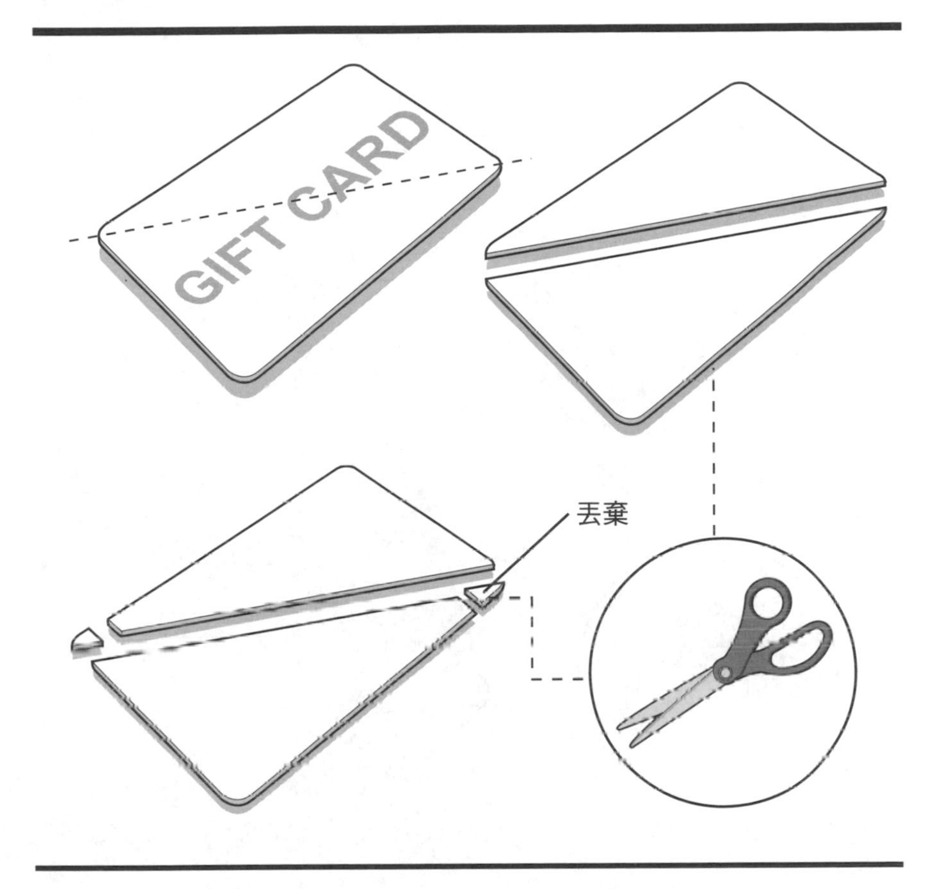

用剪刀斜角切開一張舊的儲值卡，從上方右角剪到下方左角，成為兩片三角形（上圖）。

為安全起見，兩個三角形的尖銳頂角切去大約¼吋（0.64公分）（下圖）。丟棄切下的尖角。

步驟3

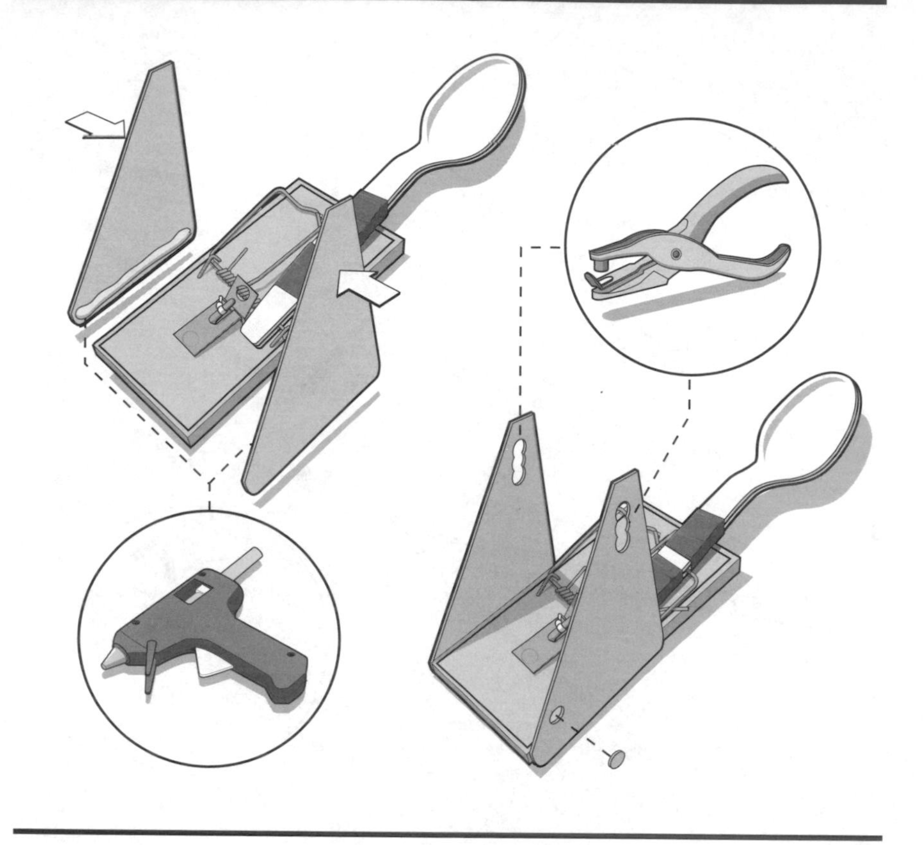

用熱熔膠小心把兩個三角形卡片黏至捕鼠夾框架側邊。兩個三角形皆應斜向前方，並且和捕鼠夾框架的前端及其底座切齊。

接下來，用一個單孔打孔器在各個三角形卡片上打出好幾個孔。第一孔要靠近三角形卡片的頂端。打出第一孔之後，再打兩孔與第一孔相疊，做出一個大型開口（右圖）。另一張卡片也重覆相同步驟。

最後在卡片下方角落打一孔，釋放鈕前方的位置。

注意：上圖繪出的捕鼠夾是設於安裝位置，不過在這個步驟並不需要設於安裝位置。

步驟4

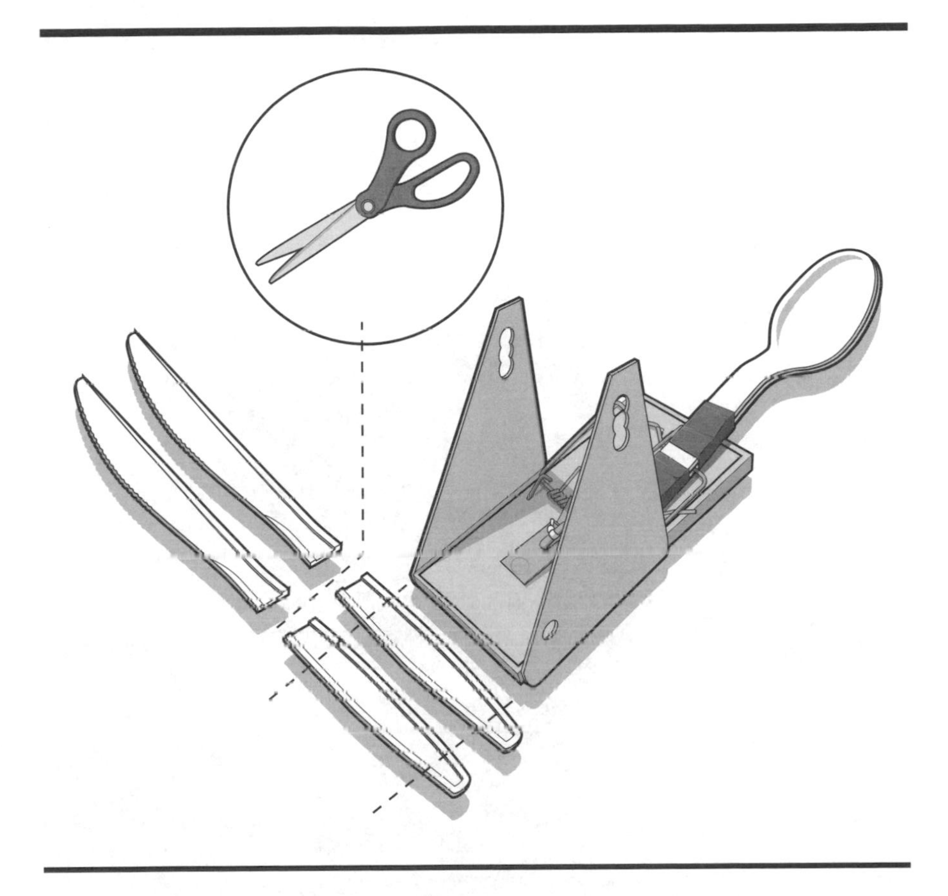

取2個塑膠刀平行於捕鼠夾框架放置，如圖中所示，並且用剪刀將刀刃與刀柄切斷分開，刀柄部分比框架長1吋（2.54公分）。不要把打下的刀刃丟掉。

注意：上圖繪出的捕鼠夾是設於安裝位置，不過在這個步驟並不需要設於安裝位置。

步驟5

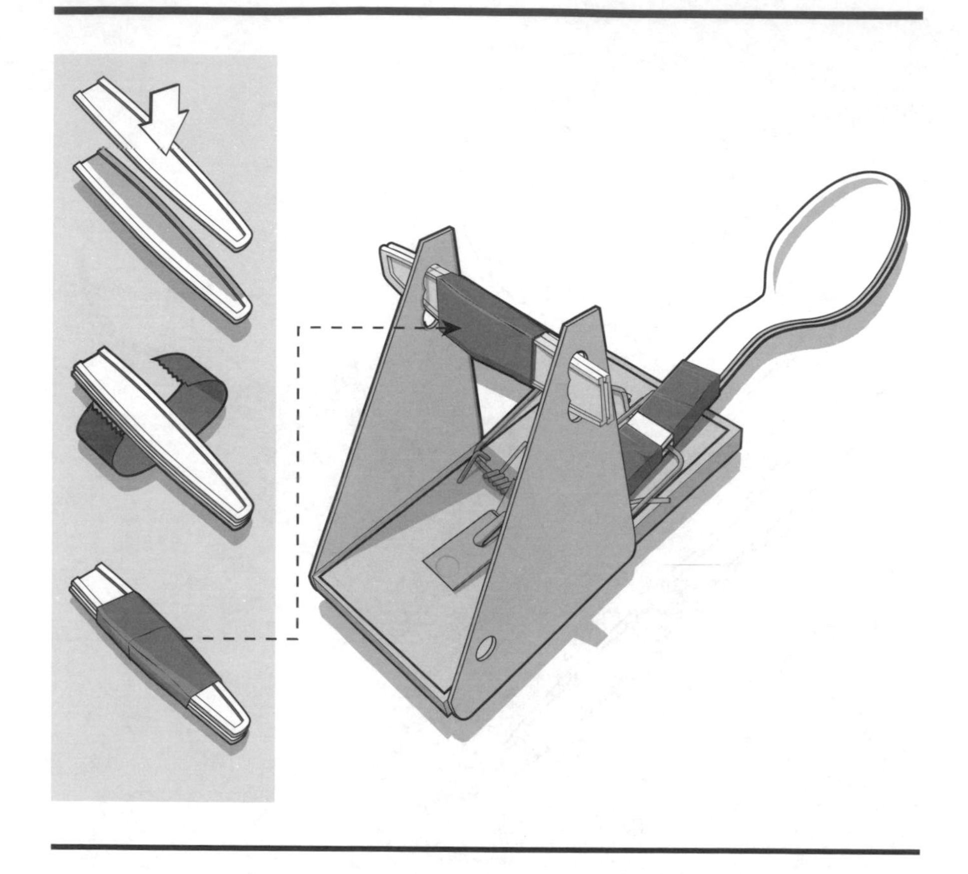

如圖中所示，將塑膠刀切下的刀柄部分疊在一起。用膠帶固定整個組件。

把此疊刀柄塞進三角形卡片頂端做出來的那個大孔。最好能夠緊緊卡住，避免被甩臂撞上的時候整捆刀柄脫落。若這捆刀柄沒法套入，可用打孔器調整。

步驟6

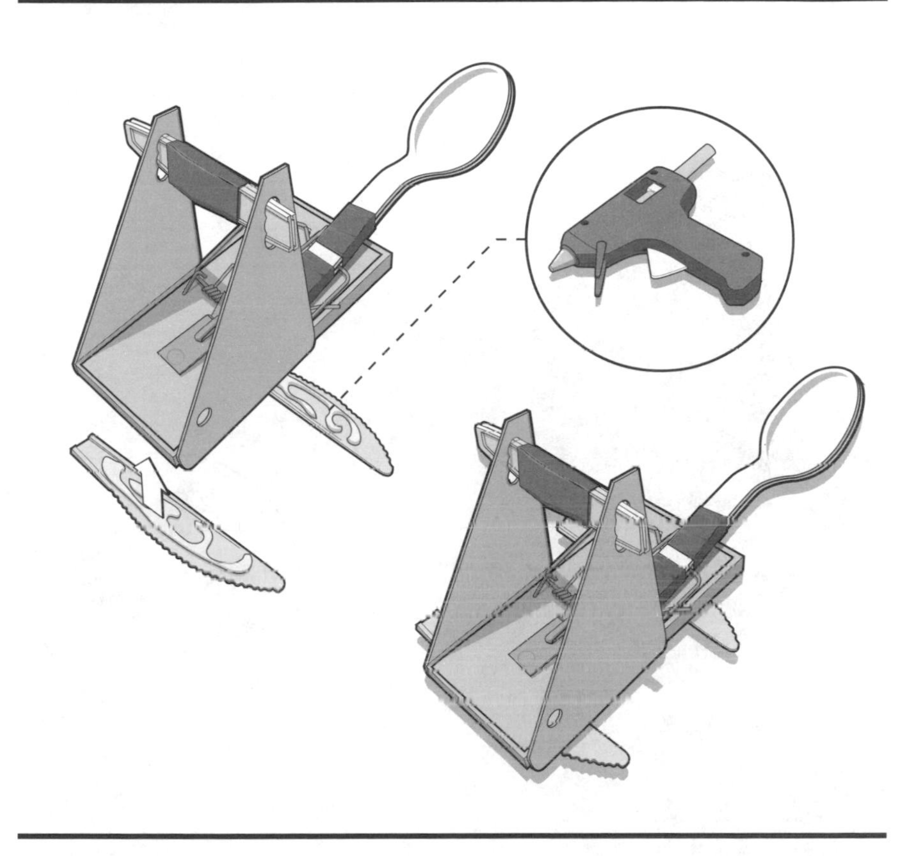

框架需要加上底座支撐，以在發射時平衡投石器。小心用熱熔膠把塑膠刀刃（取自步驟4）黏至捕鼠夾框架底面的相對兩端，增加支撐。

步驟7

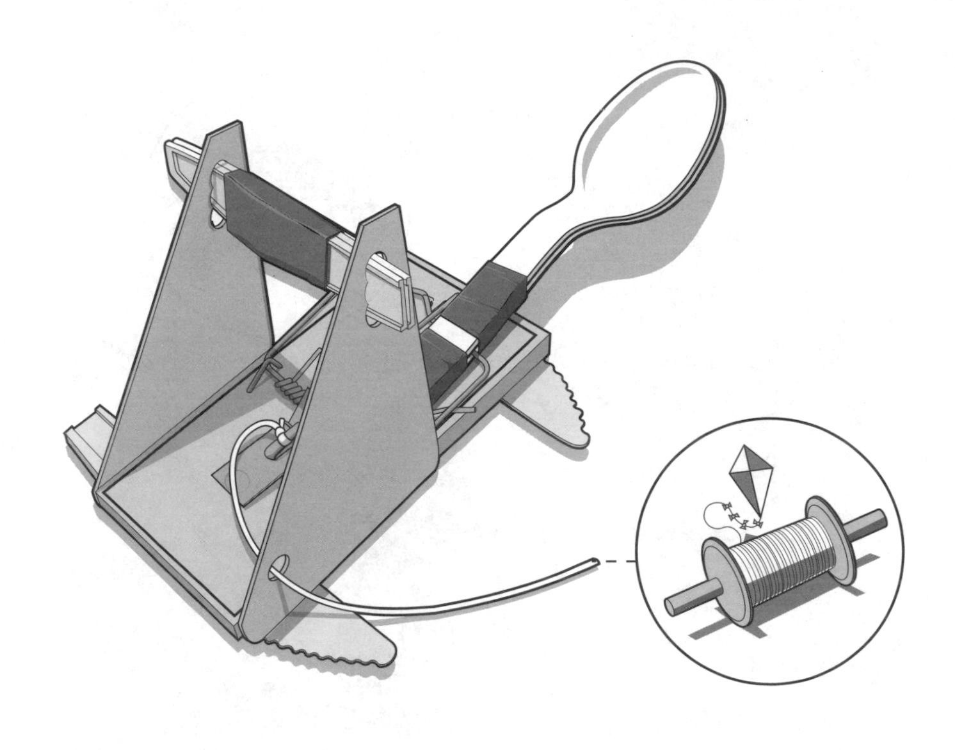

最後一個步驟，取一條至少6吋（15.24公分）長的線打結綁在釋放裝置上。一旦牢固繫緊，讓線穿過塑膠框架下方所打的孔。

若想發射這座捕鼠夾投石器，小心設好捕鼠夾然後把彈藥裝進塑膠湯匙內。用一隻手，穩住框架兩側，而另一手拉線。如果投石器的力量要讓它從手中脫出，就用橡皮筋把投石器綁在厚重的書上。

要記得戴上護目鏡，特別是這種彈簧動力的發射器！由於捕鼠夾投石器裝有彈簧，什麼事都有可能發生。**千萬別拿這投石器對著活物攻擊，而且只能用安全的彈藥。**

光碟拋石機

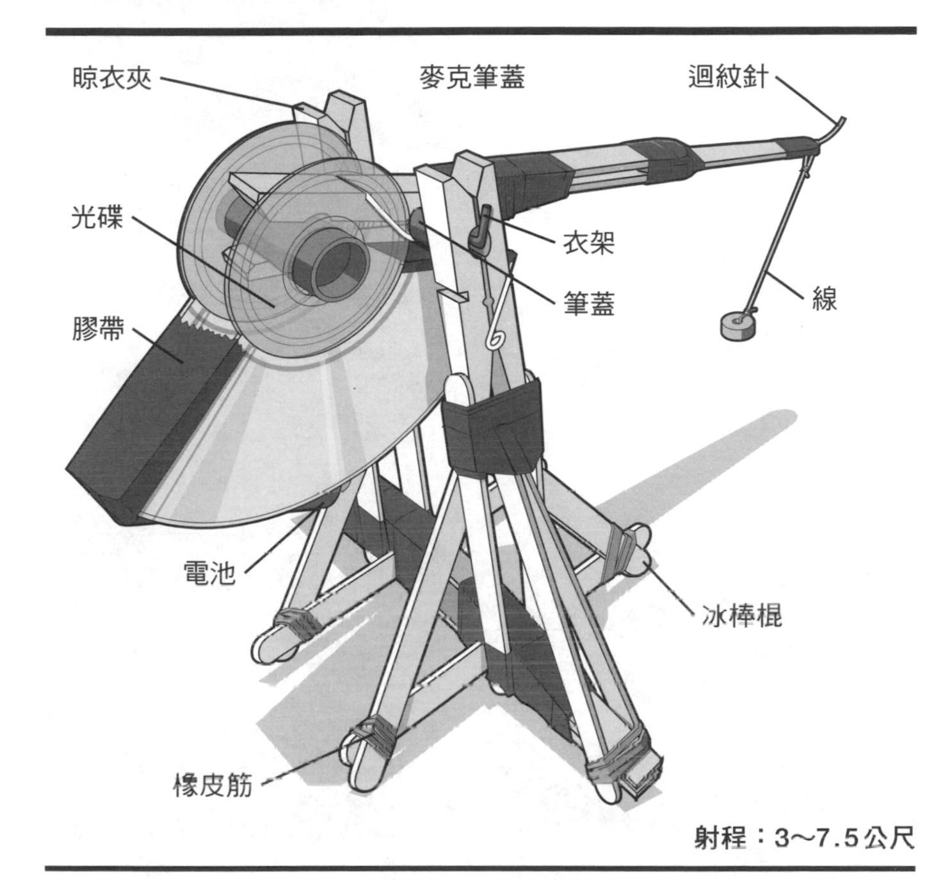

射程：3～7.5公尺

拋石機足以列名黑暗時代最具威力的投石器，它能夠把四、五十公斤的投射物丟進敵方堡壘，破壞力無窮。這件光碟拋石機不論是功能或外觀都完美摹擬原物，真是精巧的小模型！

材料

19根冰棒棍
10條橡皮筋
5個晾衣夾
大力膠帶
1個小型長尾夾
2個不要的光碟或影碟
5個AA電池（不具腐蝕性）
1支標準的筆克筆含蓋
1個塑膠原子筆蓋
1個金屬衣架
粗捻線或風箏線

工具

護目鏡
大剪刀或美工刀
熱熔膠槍
鉗子或剪線鉗

彈藥

1個以上的環狀糖果

步驟1

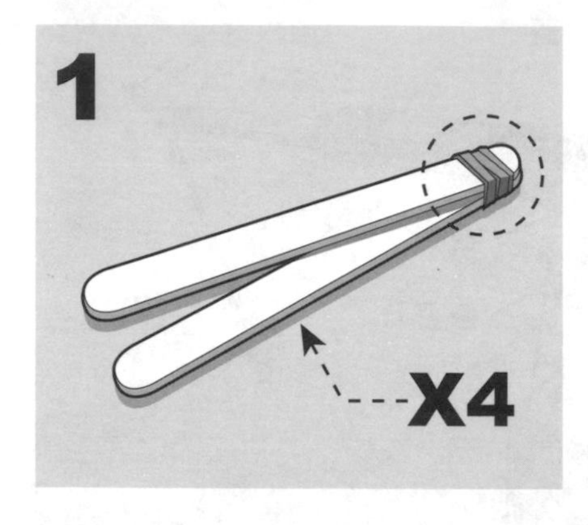

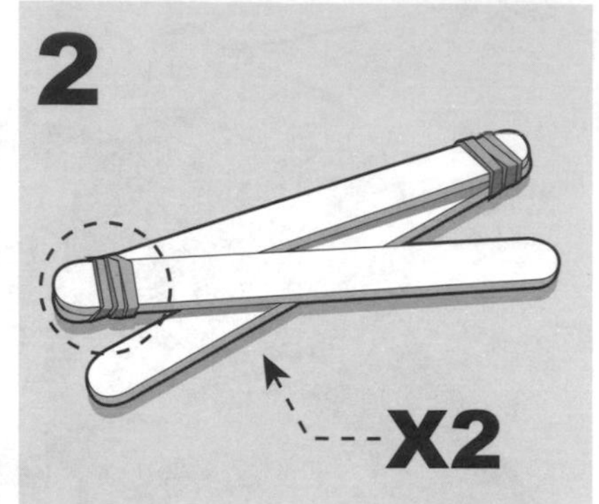

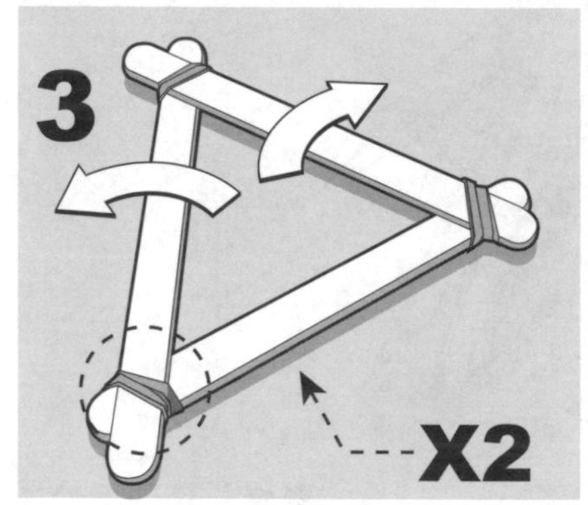

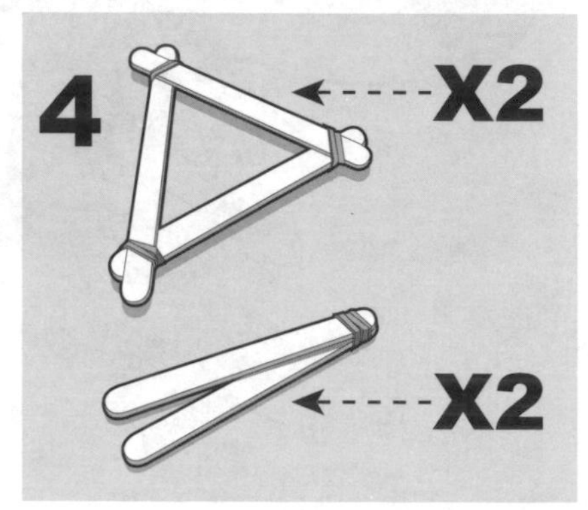

將八根冰棒棍分成四疊；每一疊都是兩根。用一條橡皮筋把每一疊的末端紮起綁好（圖1）。把兩疊綁好的冰棒棍放到一旁；會在步驟4派上用場（91頁）。

剩下兩疊，用橡皮筋再加上另一根到其中一疊冰棒棍的末端（圖2）。

兩根鬆動的冰棒棍彼此再用另一條橡筋綁在一起，構成三角形框架（圖3）。

做好之後，應有兩個三角形的冰棒棍組件，以及兩組雙份冰棒棍組件。

步驟2

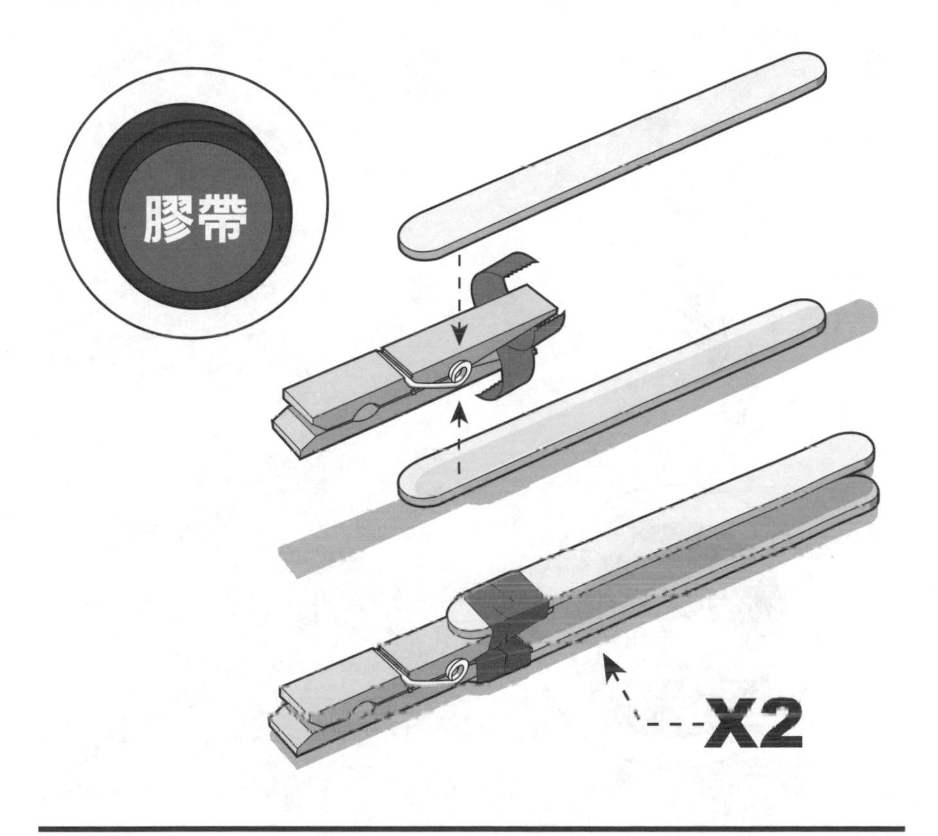

現在要做拋石機用的兩根甩臂撐架，要用到四根冰棒棍以及兩個晾衣夾。每個晾衣夾都用膠帶把一根冰棒棍大約1吋（2.54公分）固定至叉腳的背面，如圖中所示。重覆這個步驟，直到做好兩個組件，如下圖所示。

步驟3

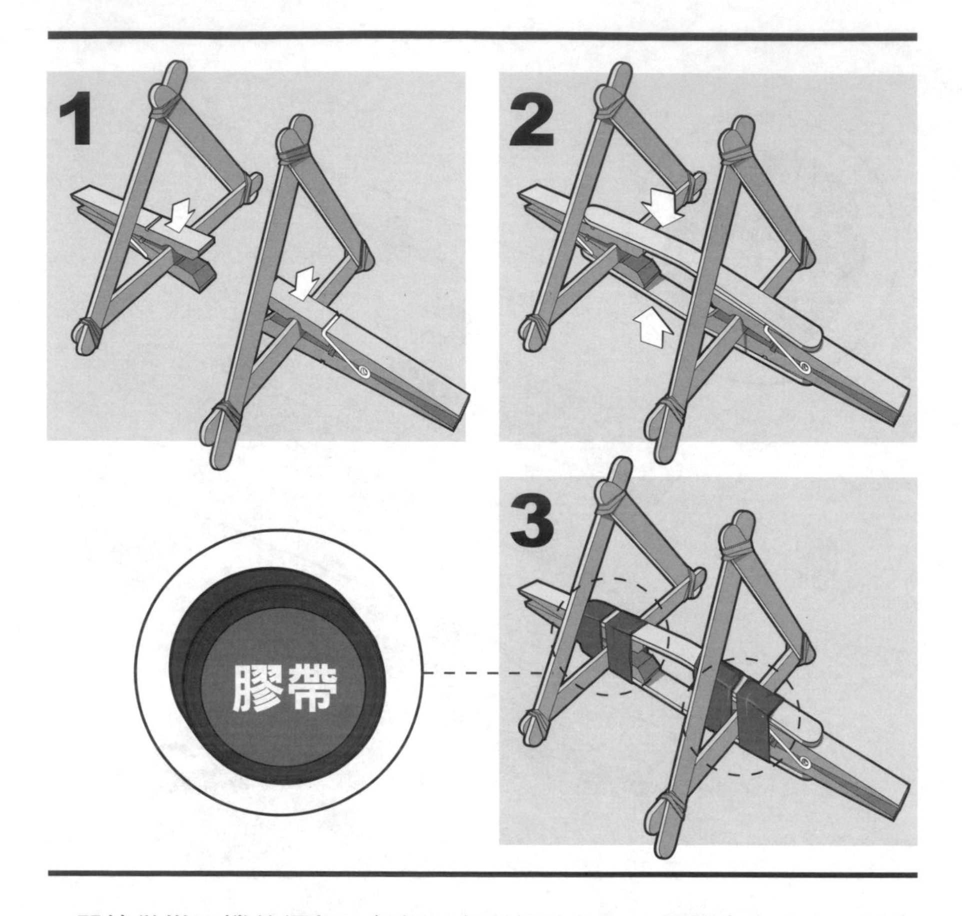

開始做拋石機的框架。每個三角形組件各取一個晾衣夾夾上。晾衣夾應置中並且形成90度固定好。兩三角形框架都重覆這個步驟。完成的組件應能直立站好（圖1）。

兩組件相對，彼此距離約2又½吋（6.35公分），然後放1根冰棒棍到所附晾衣夾的上方以及下方（圖2）。

為支撐此組件，用四條膠帶緊緊綁牢；參考圖示的配置（圖3）。

步驟4

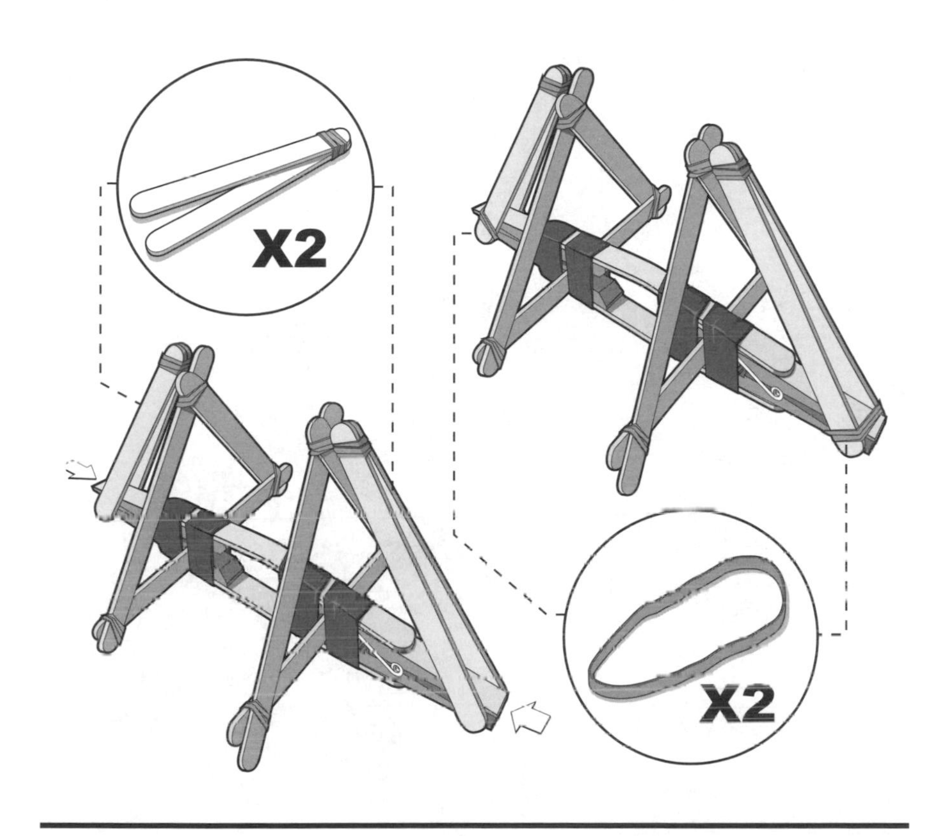

取來你在步驟1放在一旁的兩疊冰棒棍，做成拋石機框架的支撐。將沒有綁上橡皮筋那邊卡進所附晾衣夾的末端，連結在一塊，如左圖所示。讓這疊冰棒棍往三角形框架傾斜一個角度，如圖中所示。

一旦就定位，每邊各用一條橡皮筋把冰棒棍固定至晾衣夾。下一個步驟要添加額外的支撐，以固定框架。

步驟5

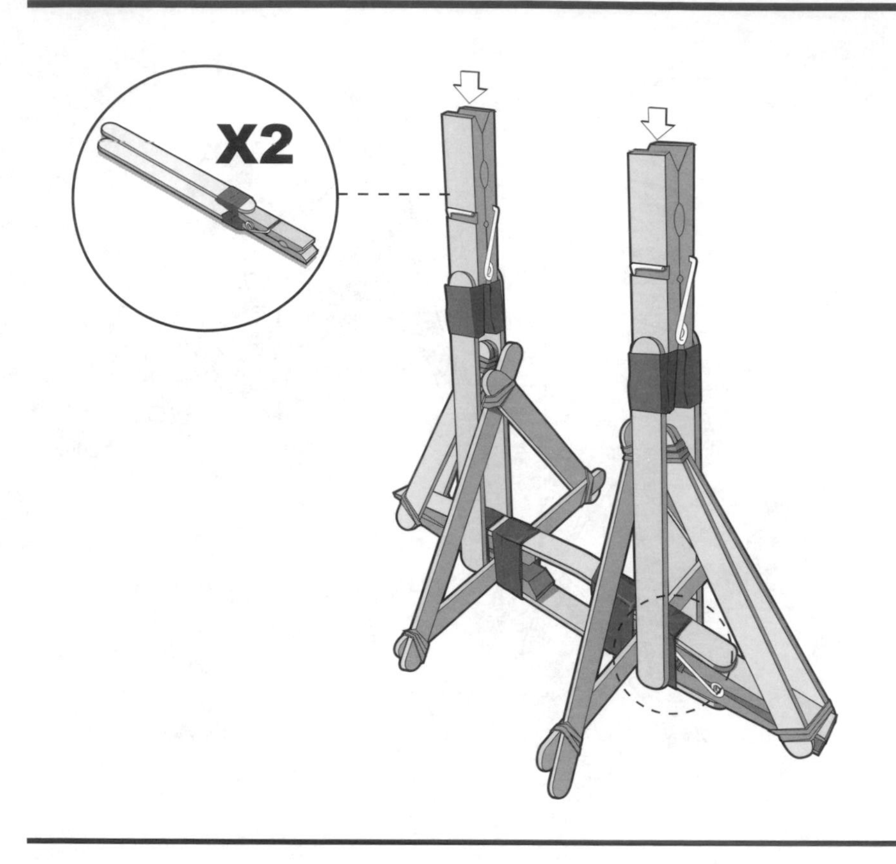

接下來，把兩甩臂撐架（取自步驟2）全都直立套上框架組件。它們應該要放在三角形支撐的外側，夾住下方框架如圖中所示。而且，此時你在步驟4添加的45度樑皆應靠在兩甩臂撐架之下，介於晾衣夾的斜角叉腿之間。

步驟6

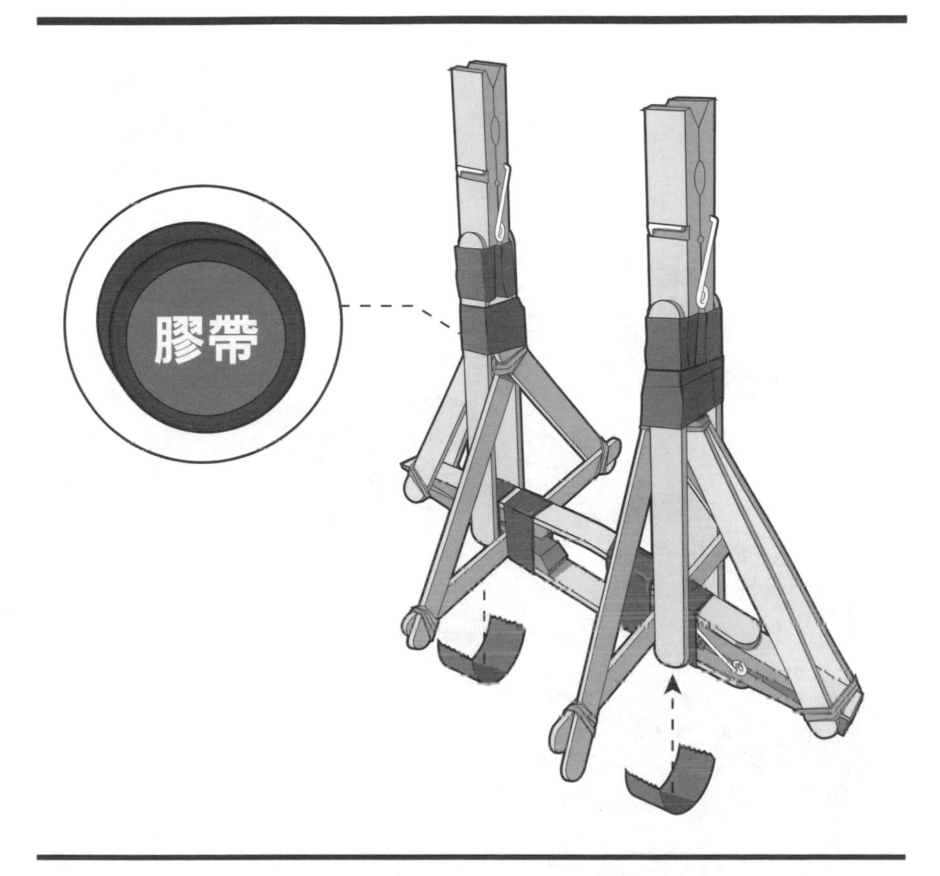

兩甩臂撐架皆對齊90度角，然後用膠帶緊緊纏繞甩臂撐架、三角形以及傾斜樑，如圖中所示固定框架。

接著在下方組件加膠帶。這麼一來可避免框架在發射期間移動。加上了膠帶，拋石機框架應該堅實穩固。如果不穩，可加更多膠帶或支撐。

步驟7

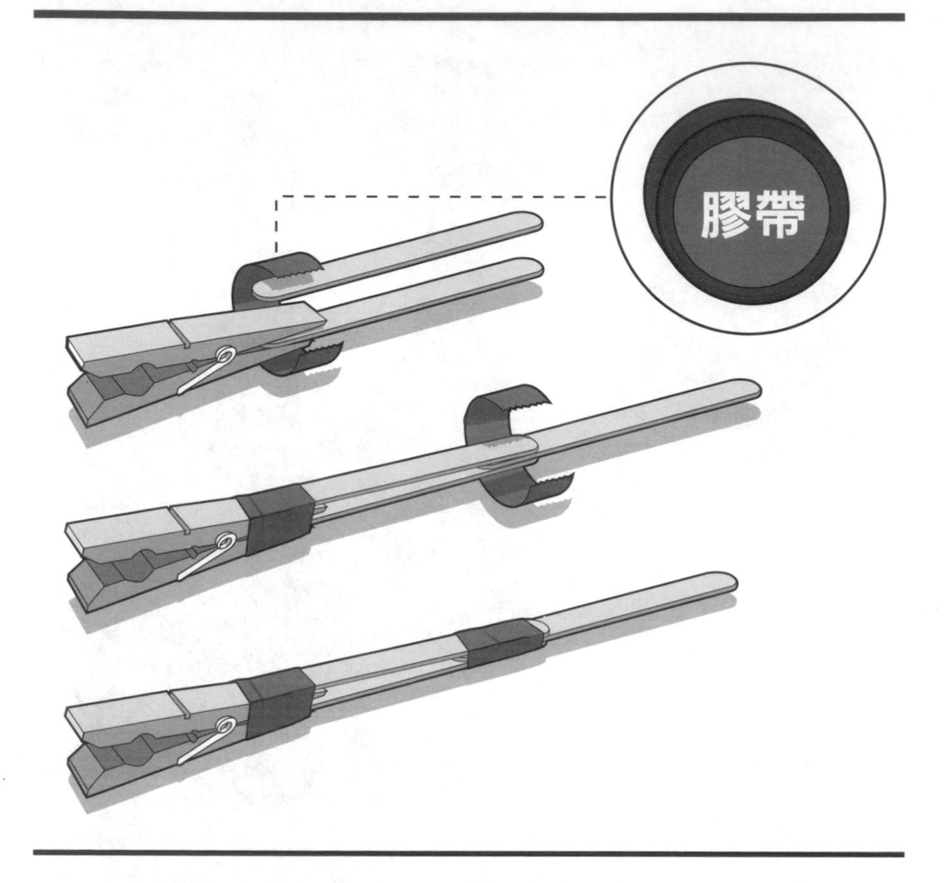

把拋石機放到一旁；現在該來做拋石機的甩臂了。這個步驟要用到一個晾衣夾和三根冰棒棍。

第一根冰棒棍放在晾衣夾後叉腿之間，插入差不多1吋（2.54公分）深。接著把另一根冰棒棍直接放在斜叉上與第一根冰棒棍成一直線。用膠帶稍稍纏繞兩冰棒棍固定（上圖）。

接下來，最後一根冰棒棍置入重疊的冰棒棍組件下方，重疊部分大約1吋（2.54公分）。用膠帶把全部三根冰棒棍固定在一塊。

步驟8

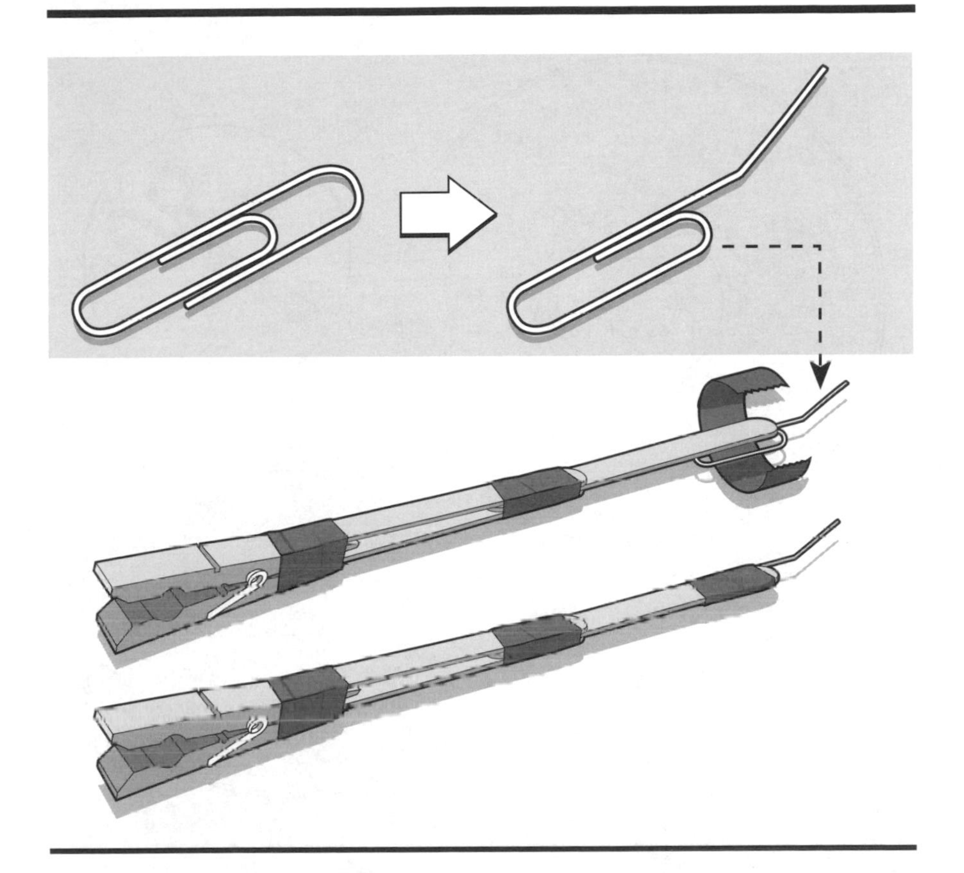

加一個勾狀扳機，甩臂組件就算完成了。它會撐住並且發射拋體。把一根迴紋針的末端拉直，如圖中所示，略往上彎曲。

接下來，把改好的迴紋針用膠帶綁到甩臂組件末端，迴紋針拉直的那一端從冰棒棍往外伸出。若要調整拋石機的射程，你可以在完成之後另行調整迴紋針的角度。

步驟9

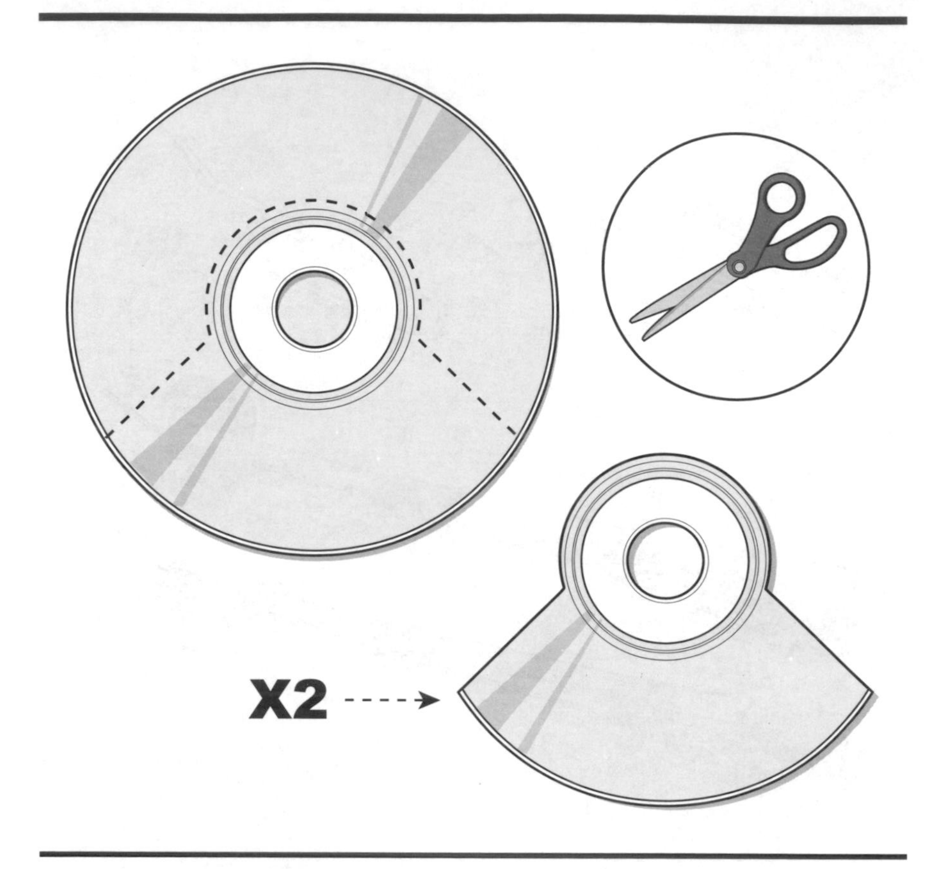

這件攻城武器最特別之處在於它是用重力提供能量，和許許多多的扭力供能拋石器不同。作戰時，放下已被舉高的配重，轉動相連的甩臂然後把拋體射向目標。

用兩個不要的光碟做成配重框架。用大剪刀或美工刀，小心依圖中所示切割兩片光碟。完成時，兩張光碟皆應如同下方圖像那番模樣。注意：用剪刀切光碟是個細活。如果急躁的話，光碟就可能裂開。最好是慢慢移動材料多剪幾刀，而不要試著快速一刀搞定。

步驟10

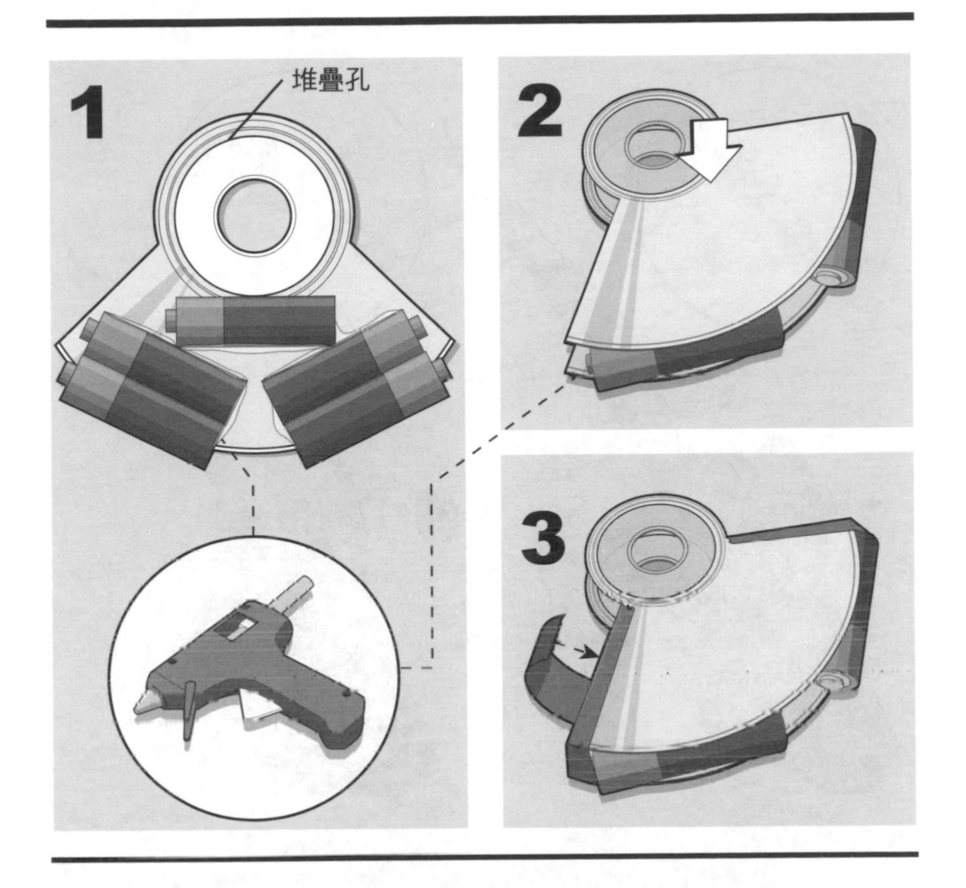

此時該加配重了！用熱熔膠小心把五個或更多用過的AA電池（或類似物品）黏至其中一片修改過的光碟。電池應放在中央圓圈之外，也就是所謂的堆疊孔或塑膠轂區域（圖1）。

一旦膠乾透，用熱熔膠把第二張改過的光碟黏至已黏妥的電池之上，外緣和內圈到要對齊（圖2）。為求美觀，用膠帶貼住光碟零件不要讓人看見電池（圖3）。

我們建議用AA電池，因為它們的寬度和晾衣夾差不多。然而，**若AA電池已有破損，千萬別用！**可用別種電池、硬幣或其他重物代替。增加重量會造成不一樣的效果，建議這次可以多做實驗。

步驟11

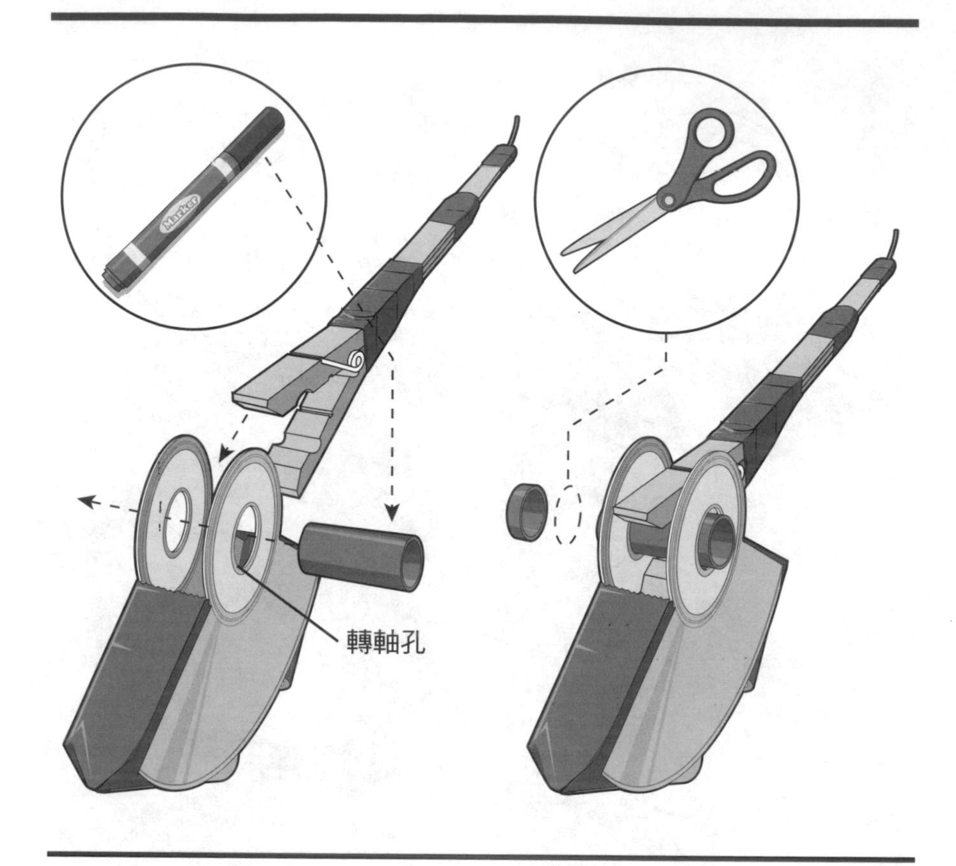

用上個步驟做好的配重，現在就可以用標準麥克筆的筆蓋把甩臂組件裝上。首先，預先把麥克筆蓋套入配重組件（即轉軸孔）。筆蓋應能自在轉動。如果順利，就用大剪刀或美工刀小心把筆蓋切短，只比配重組件略寬。

現在，麥克筆蓋已置入配重組件內，把附著的晾衣夾卡入光碟之間咬住麥克筆蓋，把甩臂連接上去。若組裝妥當，甩臂應能毫無阻礙自由來回旋轉。

步驟 12

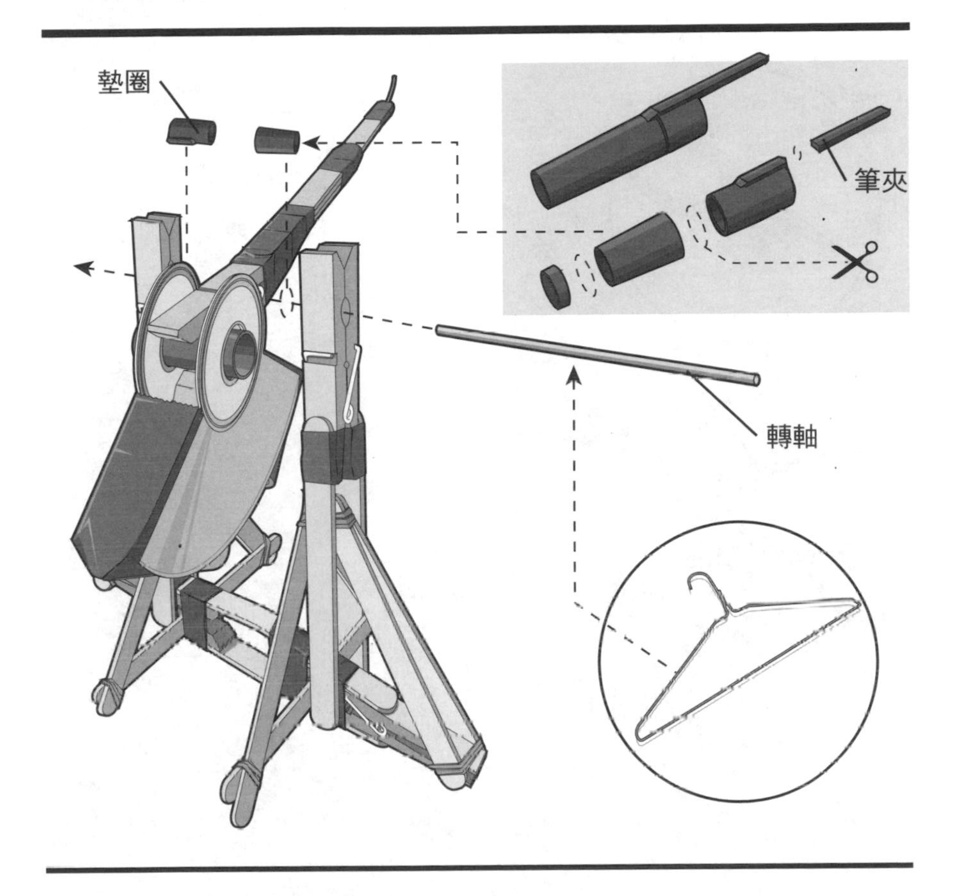

這步驟要備妥兩個不同組件，用來把甩臂組件支撐並安裝到框架上。開始之前，先找出一支塑膠原子筆蓋還有一個金屬衣架。

用鉗子或剪線鉗，從金屬衣架切出一段筆直鐵絲，約比框架支撐之間的寬度更長1又½吋（3.81公分）。這根鐵絲就是甩臂的轉軸。

接下來，用大剪刀或美工刀把塑膠筆蓋的筆夾部分切除（右上圖），然後把筆蓋一切為二，做出兩個等長的錐體；這些都要拿來做甩臂的墊圈。

將衣架做成的轉軸穿入框架上所安裝第一晾衣夾的隙縫。接著加一個筆蓋墊圈至轉軸，並將此軸穿過甩臂零件上的甩臂晾衣夾，穿過第二個墊圈，最後穿過框架上所裝的另一個曬衣架的隙縫。

步驟13

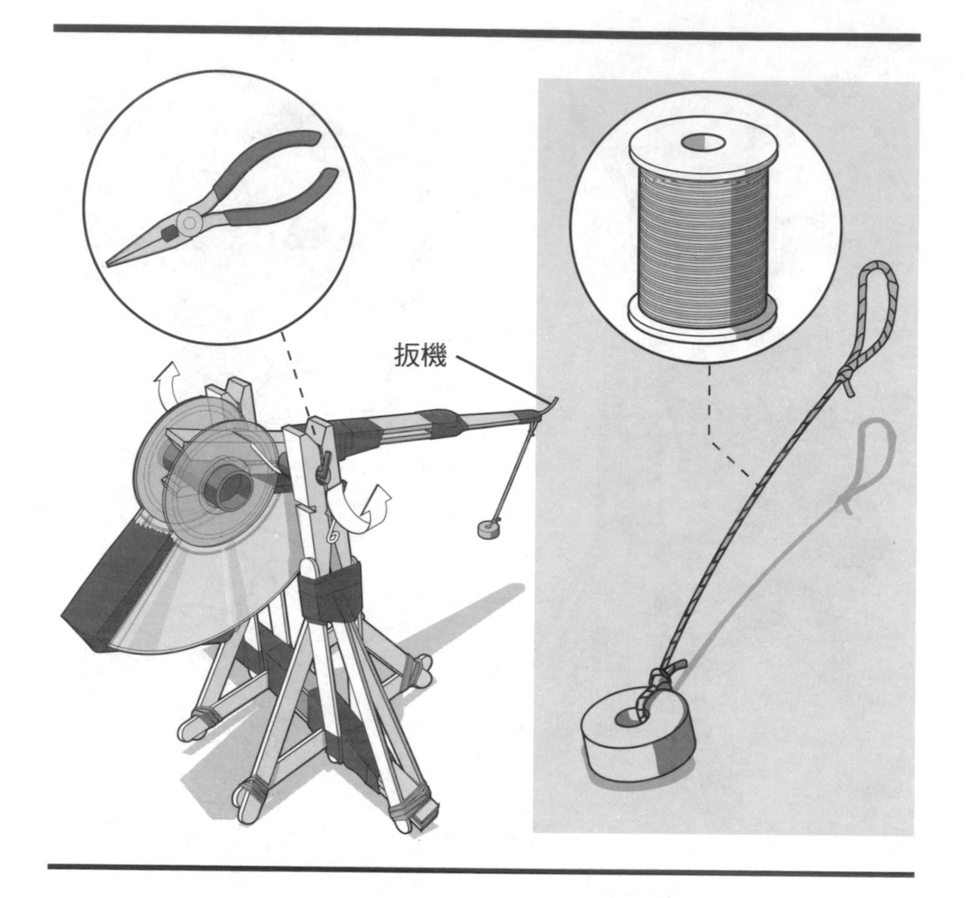

用鉗子或剪線鉗，在衣架轉軸的兩個末端都做出90度彎折，讓它鎖定於此位置。現在甩臂應能自在來回擺動（左圖）。

最後，要來造彈藥了。因為這些拋體真的很能飛，最好在攻擊之前多做幾個。開始先取1段5吋（12.7公分）長的風箏線。一端綁個圈，另一端穿過一個環狀糖果（或繞過鉛筆取下的橡皮擦）。

發射時，把甩臂往下拉並且把線圈套在甩臂的掛勾扳機上。一旦掛好，把彈藥放在框架之下。扶住框架並且釋放甩臂。調整扳機角度以達成不同效果。

仔細研讀ix頁的安全守則！甩臂有一個小的勾狀扳機（迴紋針），可能會突然轉動而且前後搖擺。

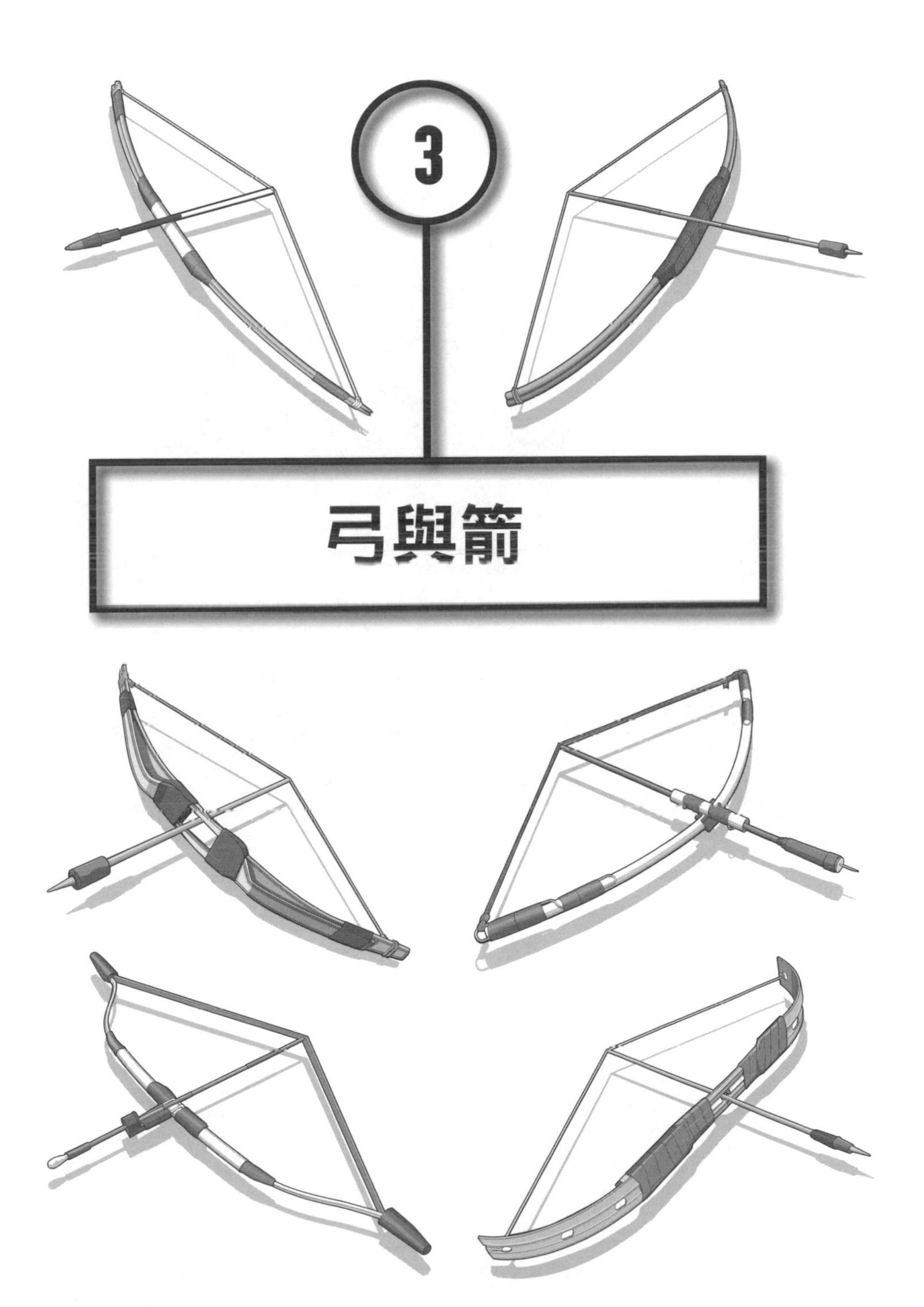
3
弓與箭

雙股木籤弓

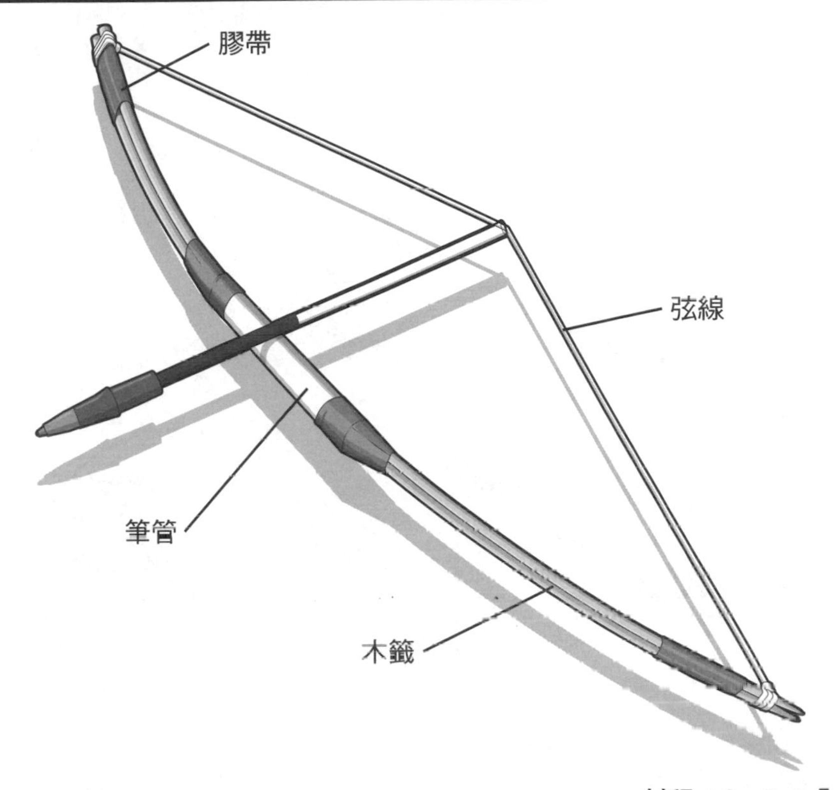

射程：3～7.5公尺

要想成為神射手，初學射箭術的弓手得先研究箭術的基本原理。這件雙股木籤弓是最佳工具，想要熟練弓、箭使用的農民都能人手一支。用日常隨手可得的材料製成，這件雙重強化木製直弓可很快組合完成供人練習。

材料

1支塑膠原子筆
2根木籤
大力膠帶
弦線

工具

護目鏡
大剪刀或美工刀

彈藥

1個以上的原子筆芯

步驟1

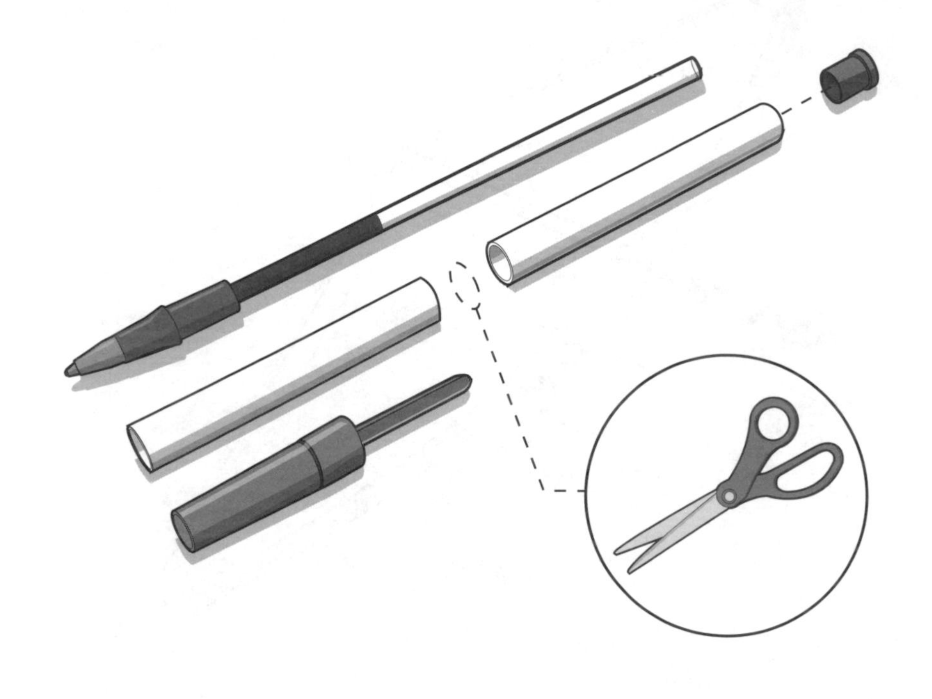

把王國境內的單筒塑膠原子筆全都搶來。把筆折成零件。依原子筆有所不同，你可能需要拆下筆管後塞。大剪刀、美工刀或小鉗子應能派上用場。

接下來，用大剪刀或美工刀把筆管一分為二。這個步驟你只會用到其中一個半邊，不過你可以把另一半筆管保留下來，可用於製做塑膠衣架弓（119頁）。筆芯會拿來當作做這件作品的箭。

步驟2

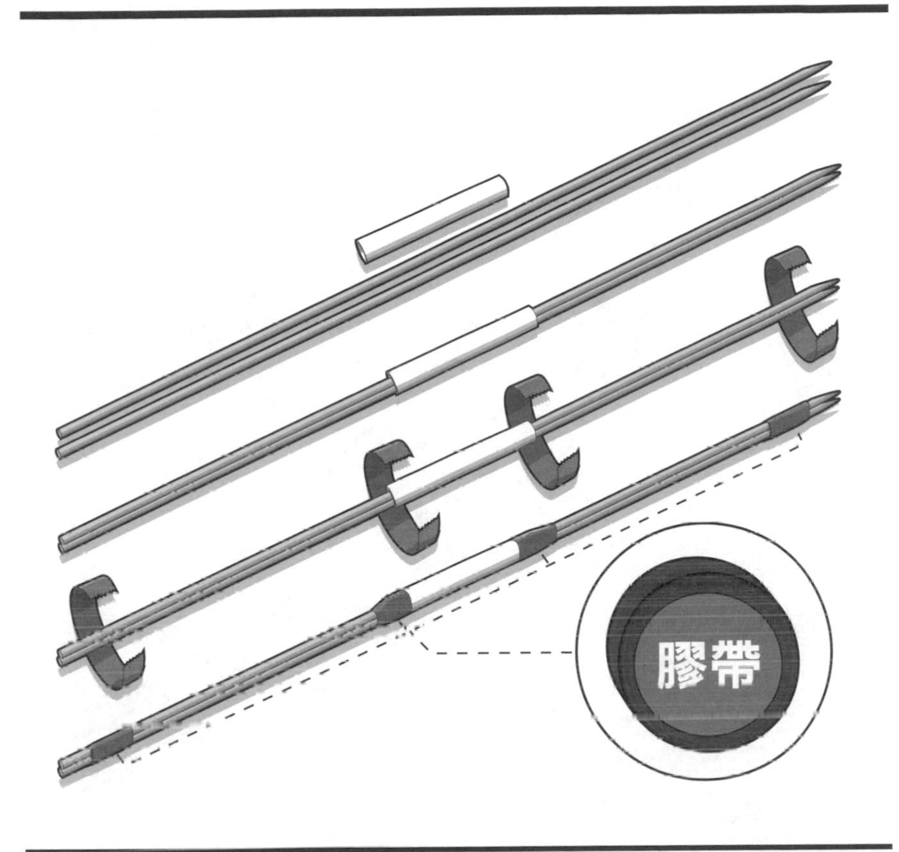

把半截筆管套過兩支木籤，直到它位於木籤正中央，然後用膠帶把筆管黏好固定。再取另兩條膠帶用於木籤兩端，距尖端約¼至½吋（0.64至1.27公分）的地方。

步驟3

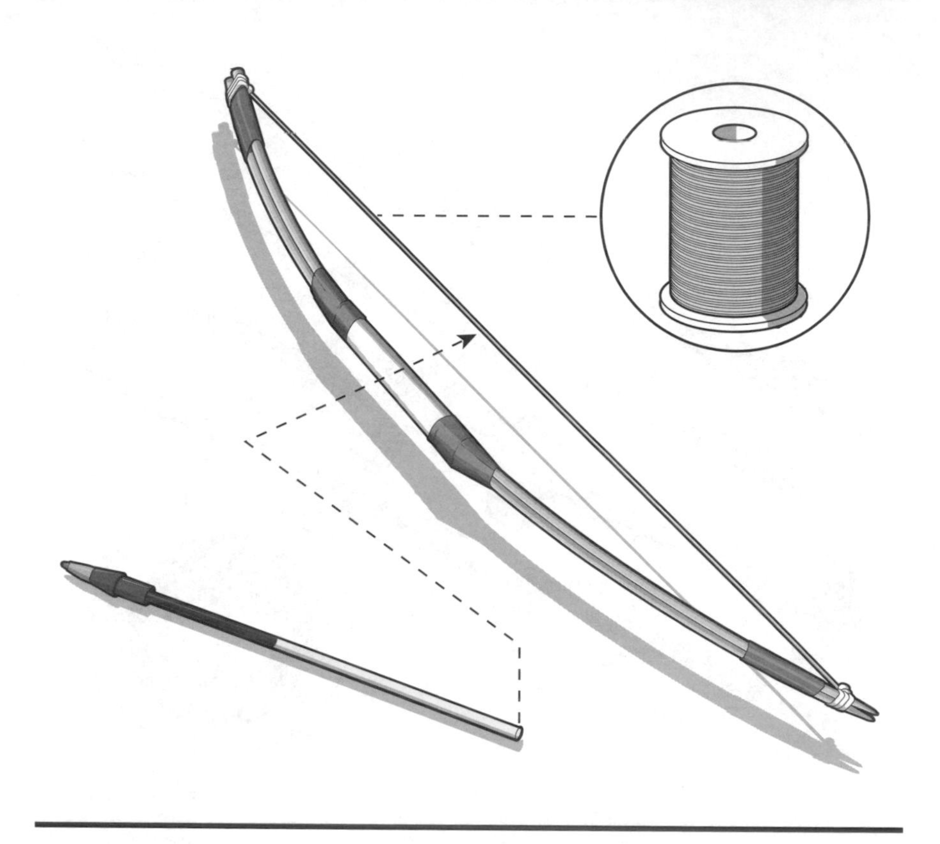

用線綁在弓組件的尖端。打好幾個結，利用兩木籤之間的楔形構槽將線固定不動。稍稍彎曲弓身，然後用好幾個結綁在另一端。切除多餘的線。

雙重木籤弓這就完成了——該試射看看囉！將原子筆芯放在筆管上，如103頁所示，然後緩緩握緊弓與箭。一旦弓拉滿，瞄準然後放箭。**如果你怕筆芯可能會受力爆開，**換用書裡找得到的其他替代品。

要記得戴上護目鏡！箭飛得很快，而且箭頭頗尖。**迷你小兵器不應對著活物攻擊。**一定要遠離觀眾而且在控制之下發箭。自製武器難免發生故障。

筷子弓

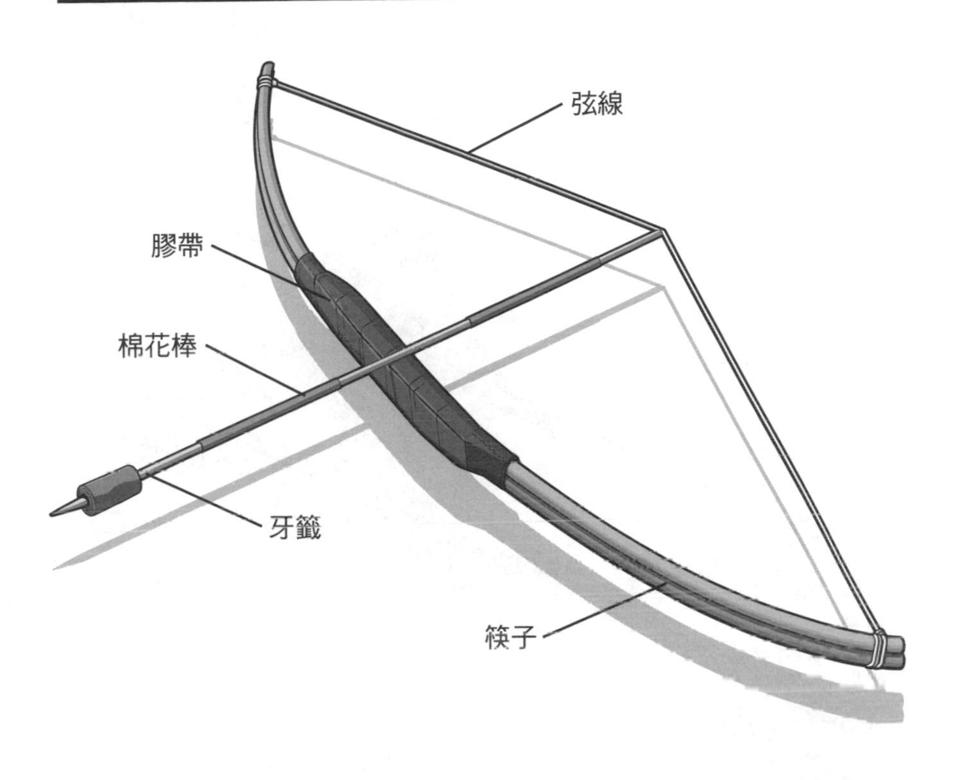

射程：3~7.5公尺

本件的設計和日本武士所用的和弓十分類似，是用傳統的木筷製成，中央加固。其射程要看使用者的手勁如何。練習弓道（即日本箭術）的時候要掌握它的強大張力。

材料

2副木筷
大力膠帶
弦線

彈藥

2根以上的塑膠管棉花棒
3根以上的牙籤
透明膠帶

工具

護目鏡
一碗熱水（選用）
剪刀

步驟1

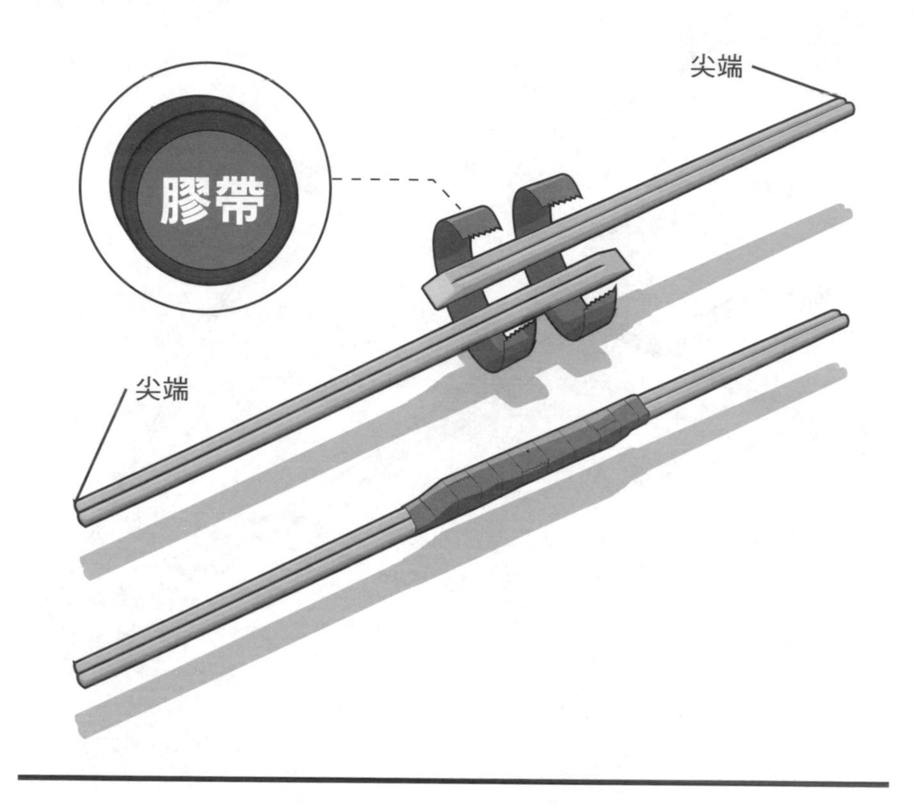

取兩副筷子，尾端相對交疊。這個交疊區域應有大約3吋（7.62公分）長。一旦把筷子對齊放好，就用膠帶緊緊纏繞在一塊以做成弓身。

這弓身是直的。不過，在組裝之前有辦法彎曲筷子製成彎曲的弓。做法如下：把筷子浸入熱水中，至少60分鐘或更久，以軟化木質。把筷子從水中取出，緩緩彎成弧形，然後讓筷子乾燥以維持弧形。在用膠帶黏合之前，筷子應完全乾透。

步驟2

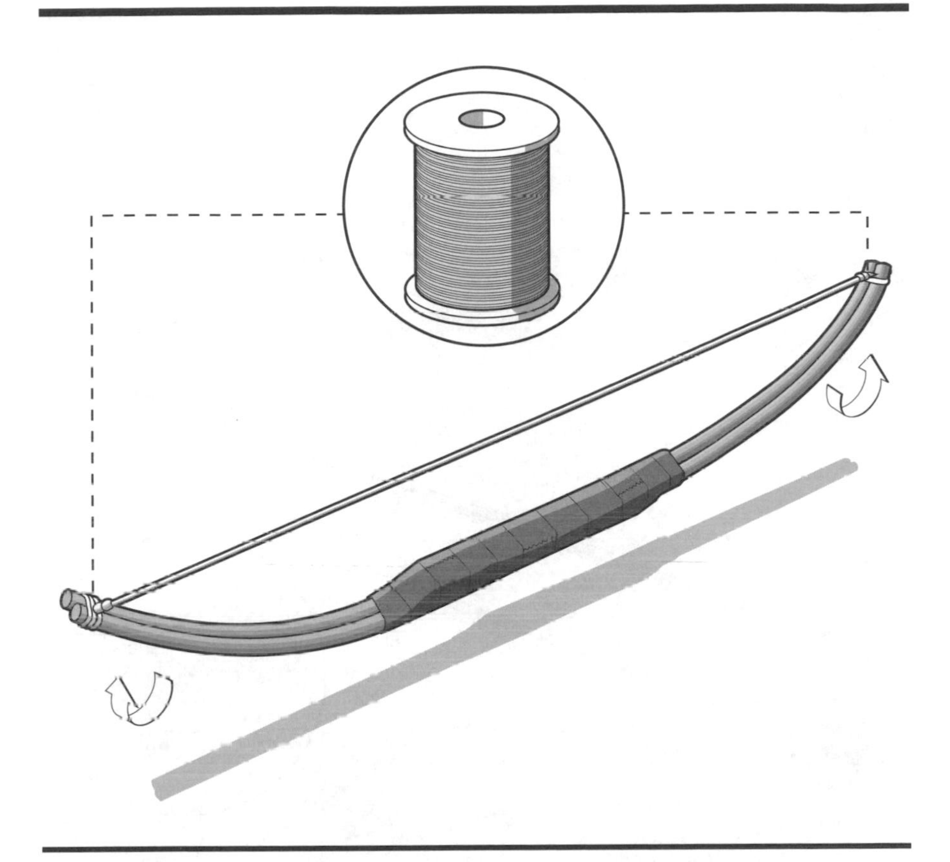

筷子框架的一端，用單結或雙套結繫上一條線，把線放在筷子之間以便固定。接下來緩緩彎折弓身，撐住這個形狀同時以同樣強度打結綁在對側。

注意：依據筷子的製造方式，木質密度和強度會有所變化，因此過度彎折可能會導致斷裂。

步驟3

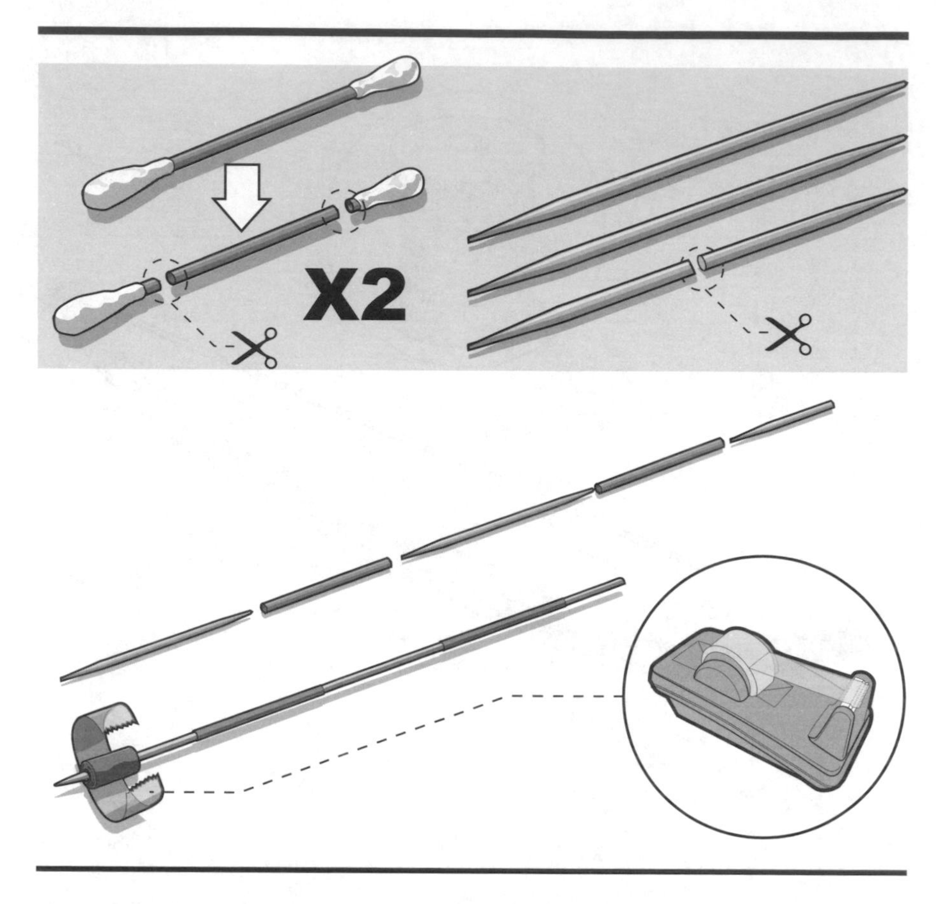

每一支箭都是用兩根塑膠管棉花棒以及三根牙籤做成。

將棉花棒的兩端都切除，如圖中所示。接著把其中一根牙籤切成兩半，如圖中所示。把一根圓桿牙籤插入棉花棒的塑膠空管，然後反覆這個步驟，用以下順序把更多牙籤和棉花棒接合成一串：牙籤－棉花棒－牙籤－棉花棒－半截牙籤。組合起來就是一支箭；另半截牙籤要刻出凹槽（箭尾）。

為增加弓的準確度，要在箭頭增加重量。取一條12吋的透明膠帶順著距箭頭約½吋（1.27公分）的位置緊緊纏繞。你可能會需要增加或減少膠帶的份量，直到你得出一個適當平衡。你也可以用這本書裡的其他投射物代替箭。

仔細研讀ix頁的安全守則！箭飛得很快，而且箭頭頗尖。

塑膠料弓

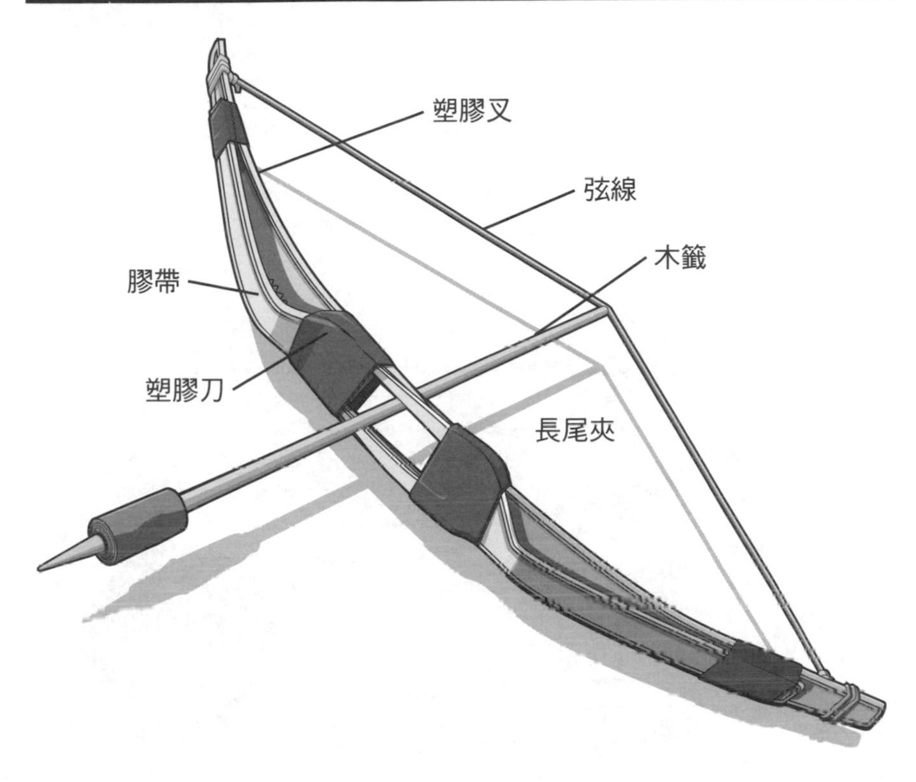

射程：3~7.5公尺

用塑膠餐具製成，塑膠料弓一定可以在朝廷上讓人刮目相看。即便是愛耍寶的弄臣也會看它幾眼。它的框架造形獨特，有點像是反曲弓，增添額外張力，射出的箭更能呼嘯而過。

材料

2支塑膠叉
大力膠帶
2個大型長尾夾
2支塑膠刀
弦線

工具

護目鏡
小鉗子或剪線鉗（選用）
電鑽（選用）
剪刀

彈藥

1個以上的木籤
透明膠帶

步驟 1

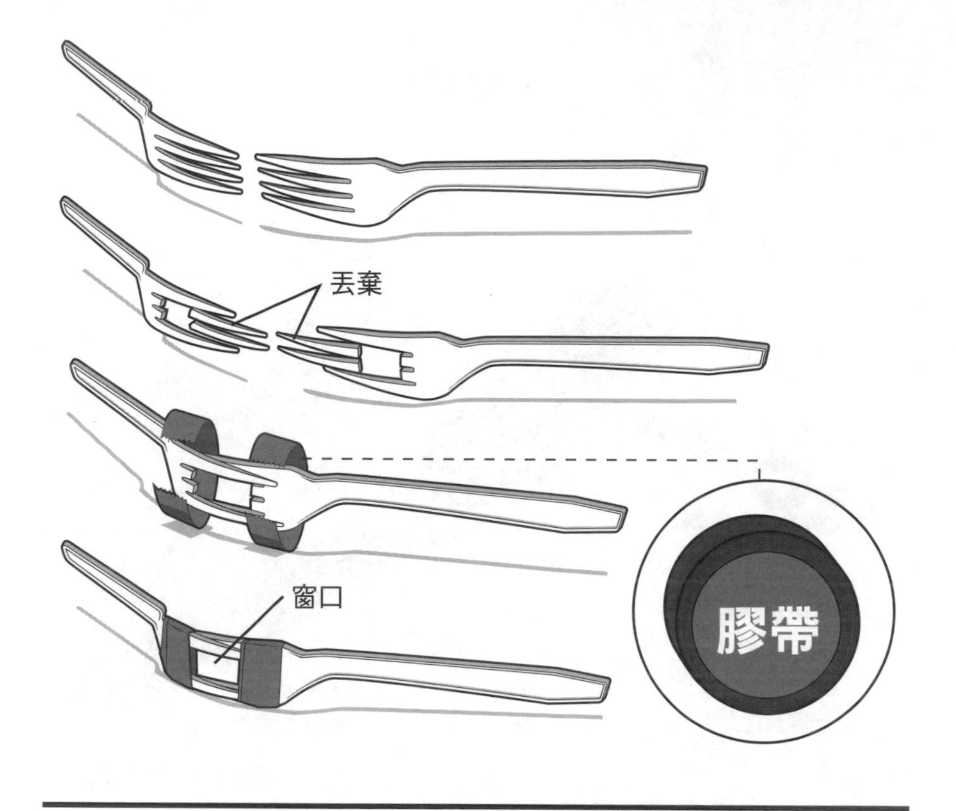

先處理兩支塑膠叉。用手指把兩叉子中央兩支叉尖都扳下，依據塑膠的厚度，你可能需要用到小鉗子或剪線鉗才能除去叉尖。把移除的叉尖丟棄。

兩根叉子的叉尖彼此相對，重疊，形成一個小小窗口。用膠帶緊緊纏繞叉子，把兩根叉子結合在一起，但不要用膠帶蓋住開口。

步驟2

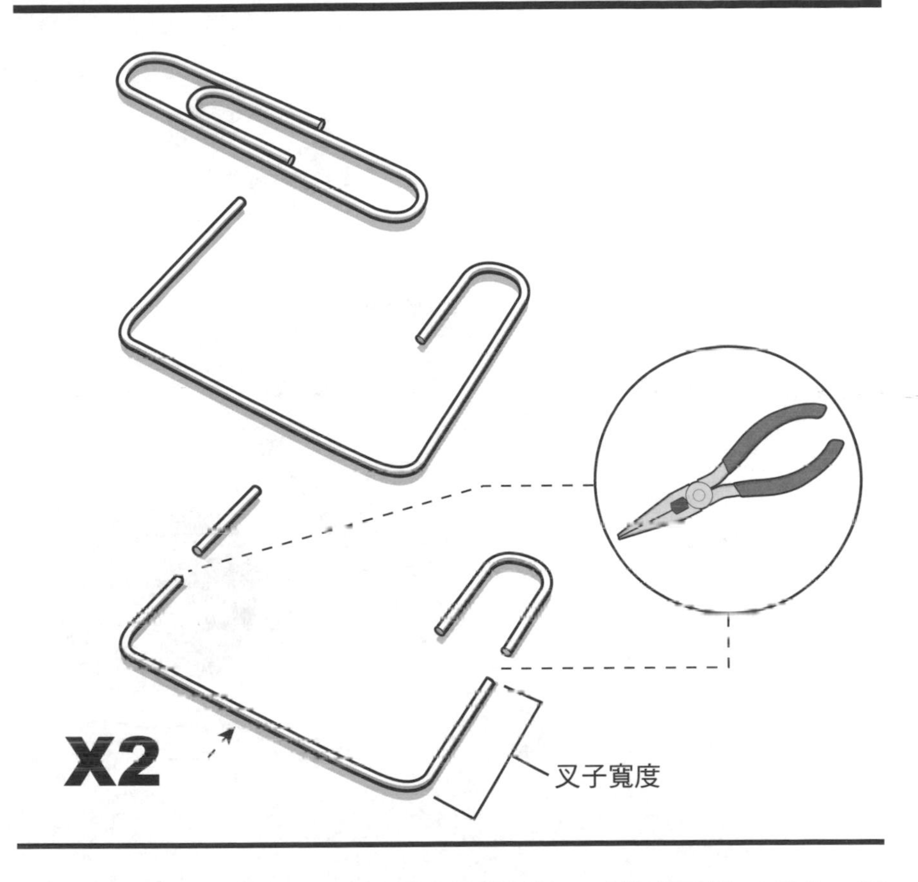

接下來，彎折一個大型迴紋針的相對兩端，以做出兩個90度角，製成一個大的U形框。用鉗子或剪線鉗修整迴紋針，和塑膠叉子的寬度相符。重複這個步驟，最後得到兩個U形框。

步驟3

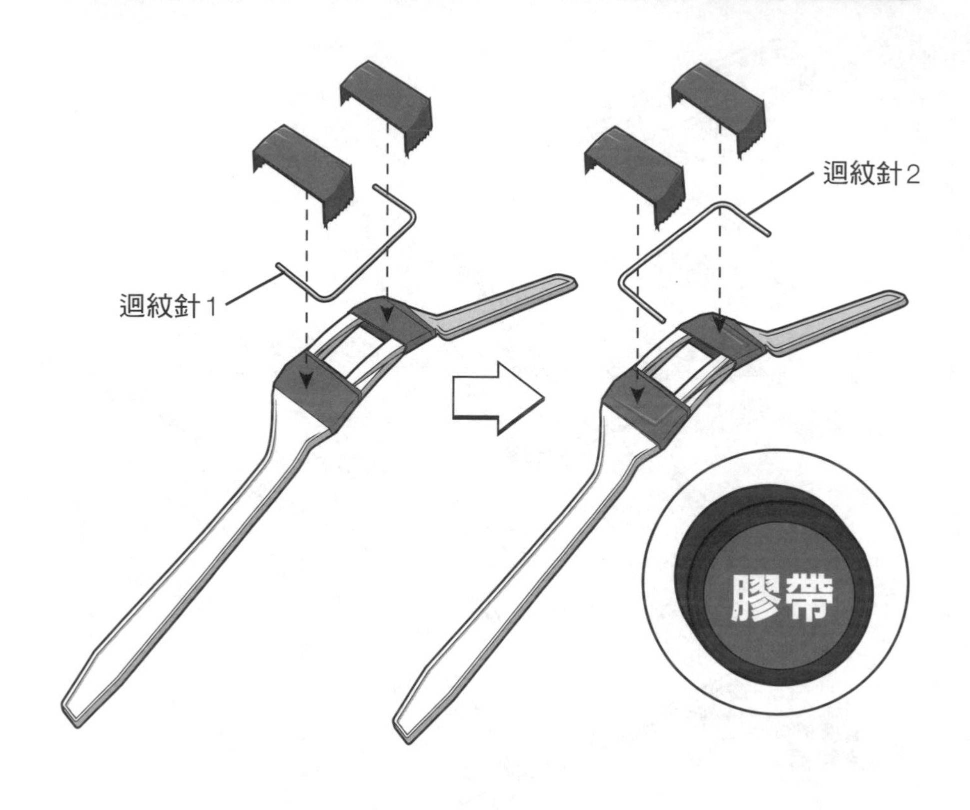

用膠帶把第一個迴紋針U形框固定至叉子下方。彎折的迴紋針應該正好符合組好叉子組件的窗口。

接下來，用膠帶把長尾夾固定至叉子下方，正對著之前接上的迴紋針。這連結要很緊密，十分重要。

步驟4

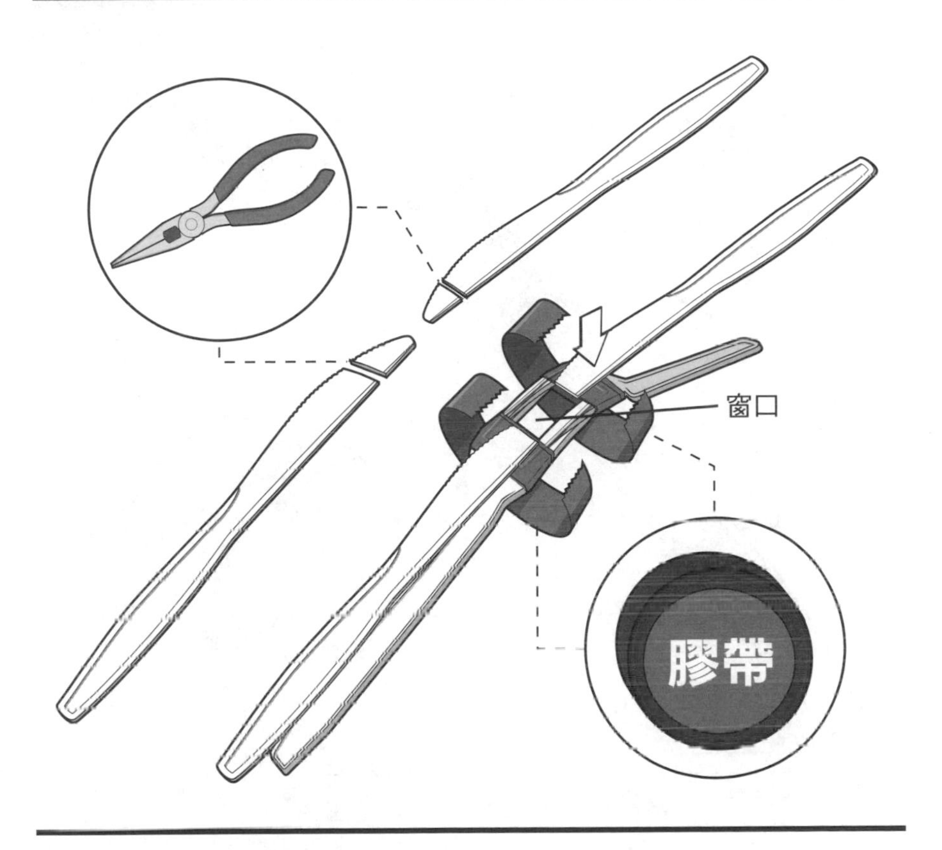

用剪刀或剪線鉗，小心移除塑膠刀尖端的¼吋（0.64公分），如圖示。

接下來，兩刀都對齊叉子組件的底側，然後用膠帶把兩刀都緊緊和叉子黏合。不要蓋住窗口。

步驟5

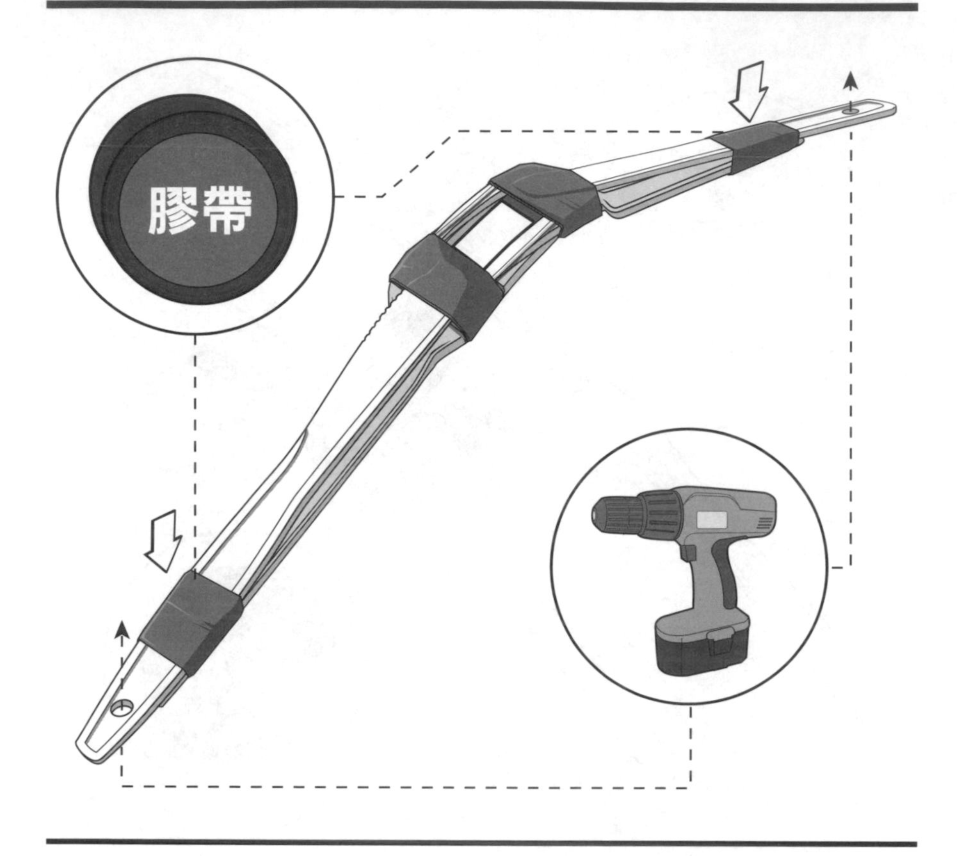

用膠帶緊緊纏繞叉子及刀子的把手部位，兩側都要做，如圖中所示，進一步固定此組件。

弓組件的相對兩端，距叉子把手尾端約½處，鑽出兩個線那般大小的孔。塑膠可能會裂開，所以要慢慢鑽，而且要用新鑽頭。沒有電鑽是嗎？沒問題——還是可以在步驟6僅僅用膠帶把線接上弓身。

步驟6

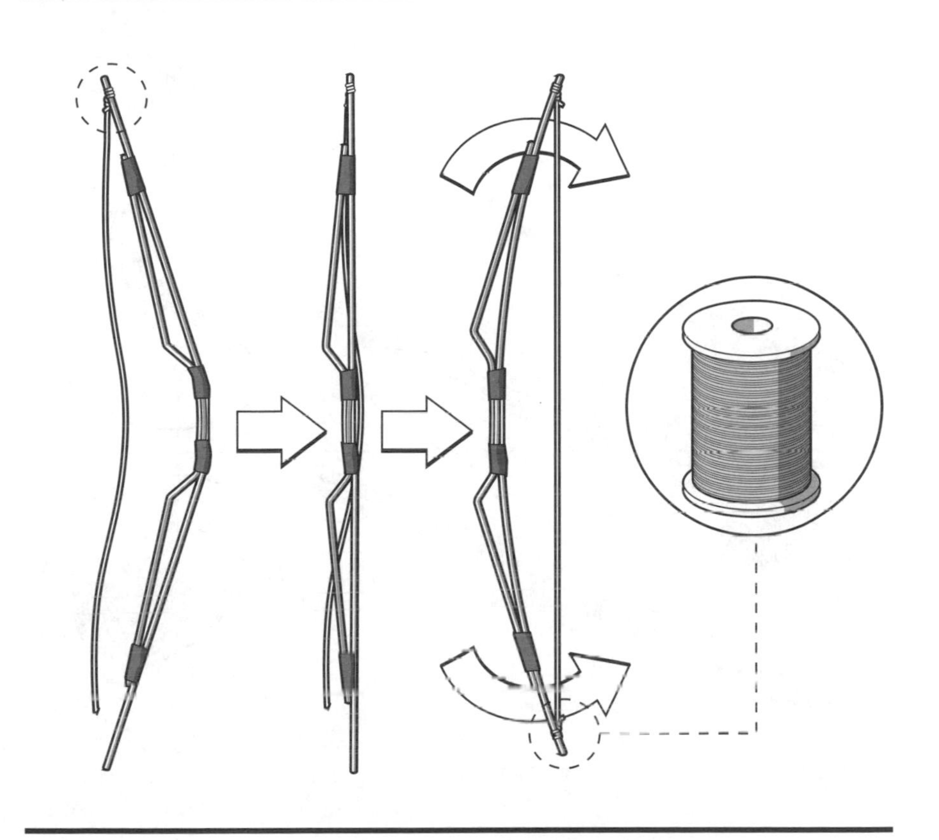

塑膠框架組件的一端，用雙結或單結綁上線，以鑽出的孔把線固定。

現在你可以把整個組件往後彎，如圖中所示，以增加張力。一旦框架被往後拉，把接上那條線綁在相對另一端；建議多打幾個結，用剪刀小心移除多餘的線。塑膠製弓就做好了。

步驟7

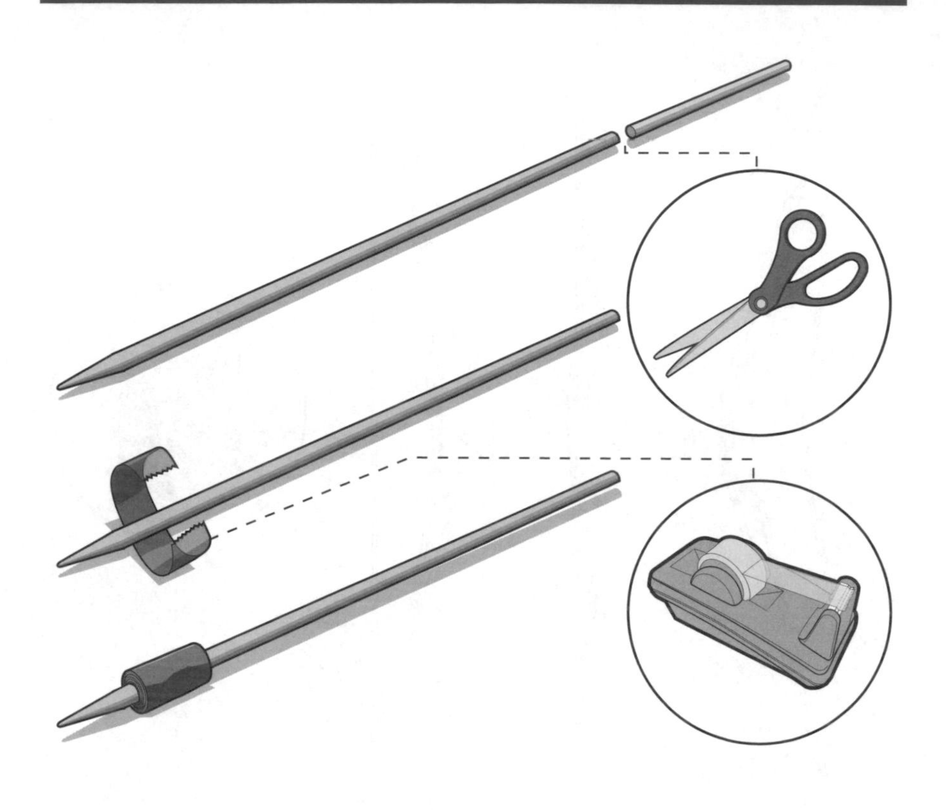

箭是用一根木籤做成。用剪刀把木籤切短，長度大約是8吋（20.32公分）。

為增加弓的準確度，要在箭頭增加重量。取一條12吋（30.48公分）的透明膠帶順著距箭頭約½吋（1.27公分）的位置緊緊纏繞。你可能會需要增加或減少膠帶的份量，直到你得出適當平衡。如果沒有木籤，不妨試試本書其他弓或弩所用的箭。

發射時，把箭對準弓架中央，置於移去尖耙之間，然後握緊弓與箭，並且緩緩往後拉。一旦弓已拉滿，就可以鬆開線讓箭飛出去。**要記得戴上護目鏡！**箭飛得很快，而且箭頭頗尖。**迷你小兵器不應對著活物為目標。**要和觀眾保持安全距離，而且要在控制之下操作。自製武器難免發生故障。

塑膠衣架弓

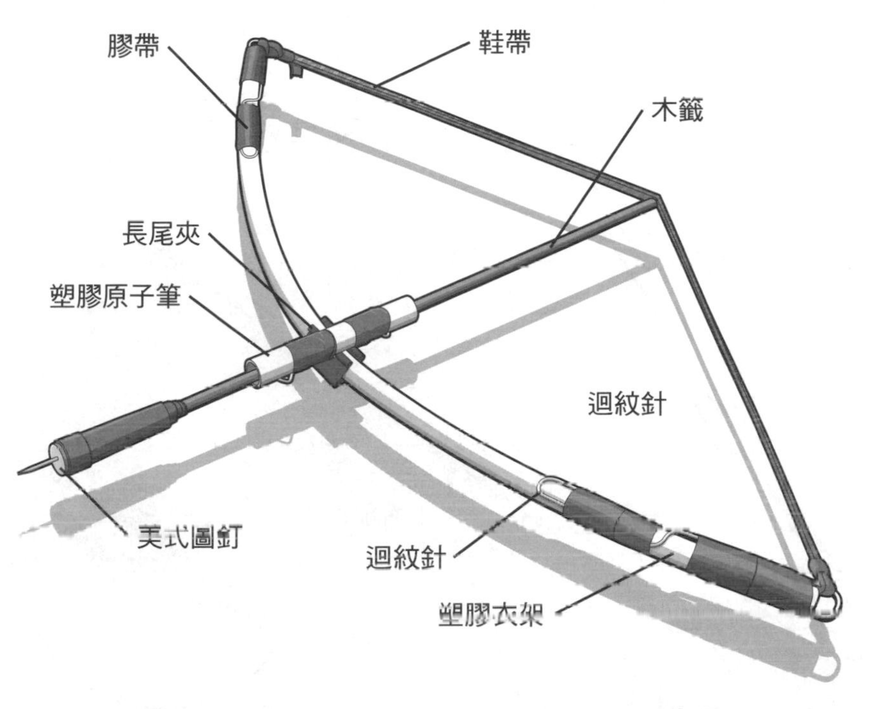

射程：3~7.5公尺

塑膠衣架弓是完美的武器，雖然是用最基礎的材料製成，但鋼製箭頭一旦發射，幾乎能穿透任何兵甲。

材料

1個塑膠衣架
2個大型長尾夾
1支塑膠原子筆
大力膠帶
1個小型長尾夾（19mm）
鞋帶
1個美式圖釘

工具

護目鏡
剪線鉗
大剪刀或美工刀
熱熔膠槍

彈藥

1個以上的木籤
1個以上的美式圖釘
1個以上的塑膠筆蓋
透明膠帶

步驟 1

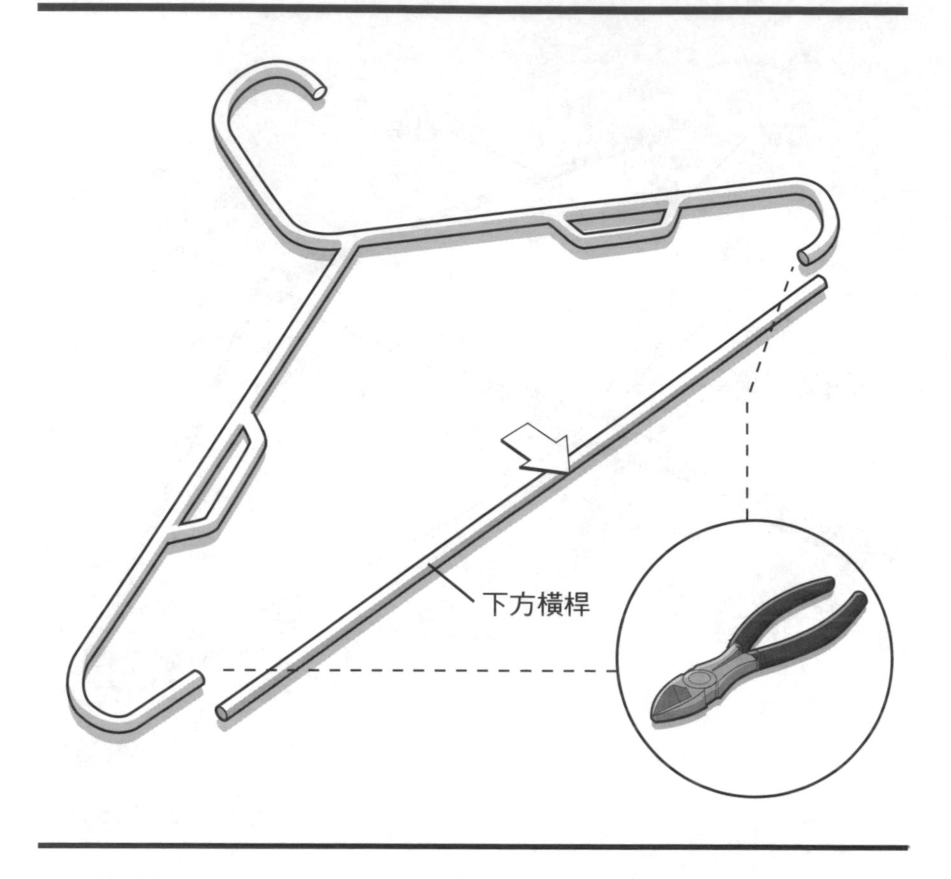

用剪線鉗移去塑膠衣架的下方橫桿。你只會用到移去的那一截；衣架其他部分要拿去回收。

步驟2

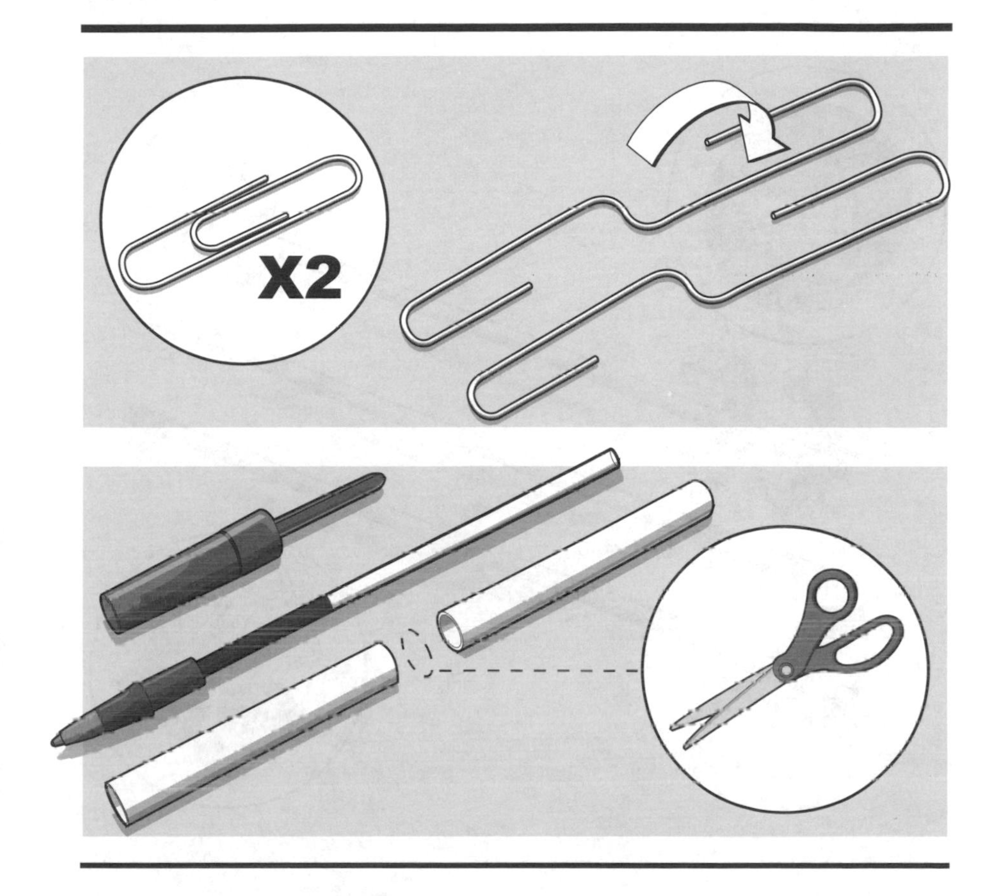

將兩個大型迴紋針彎折壓平（180度）如圖中所示，使得每個看起來都像是字母S。

接下來，把一支塑膠原子筆分解成各個零件。一旦將筆芯移除，就用大剪刀或美工刀小心將筆管一分為二。本件迷你小兵器不會用到筆芯；留下來可做原子筆投射機（191頁）的額外弩箭。

步驟3

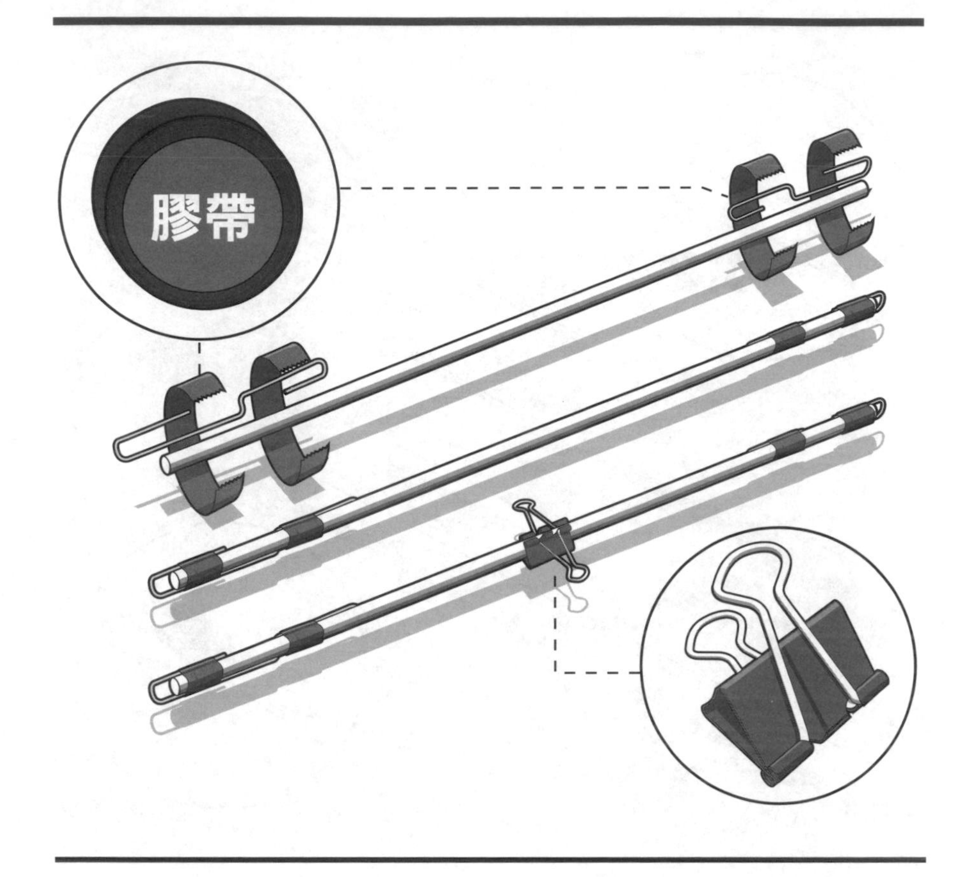

將兩個改好的迴紋針用膠帶固定至塑膠衣架的下方橫桿。兩迴紋針皆應凸出下方橫桿¼吋（0.64公分）。由於這些迴紋針會承受相當張力，上頭再添額外的膠帶以避免使用時故障。所繪圖示指出添加膠帶的位置。

接下來，把一個小型長尾夾夾到下方橫桿的中央。這夾子是附屬導箭器的最前端。

步驟4

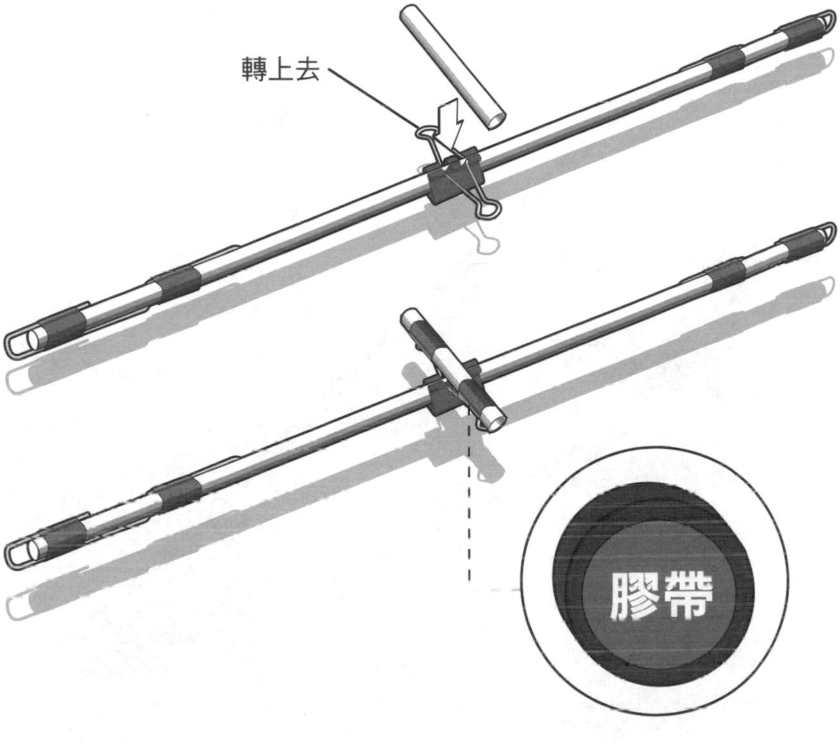

轉上去

膠帶

固定至小型長尾夾的兩金屬把手往上翻起，現在把半截的筆管放到那上頭。一旦就定位，用膠帶固定兩側，讓兩金屬把手平貼切齊整條筆管。

步驟5

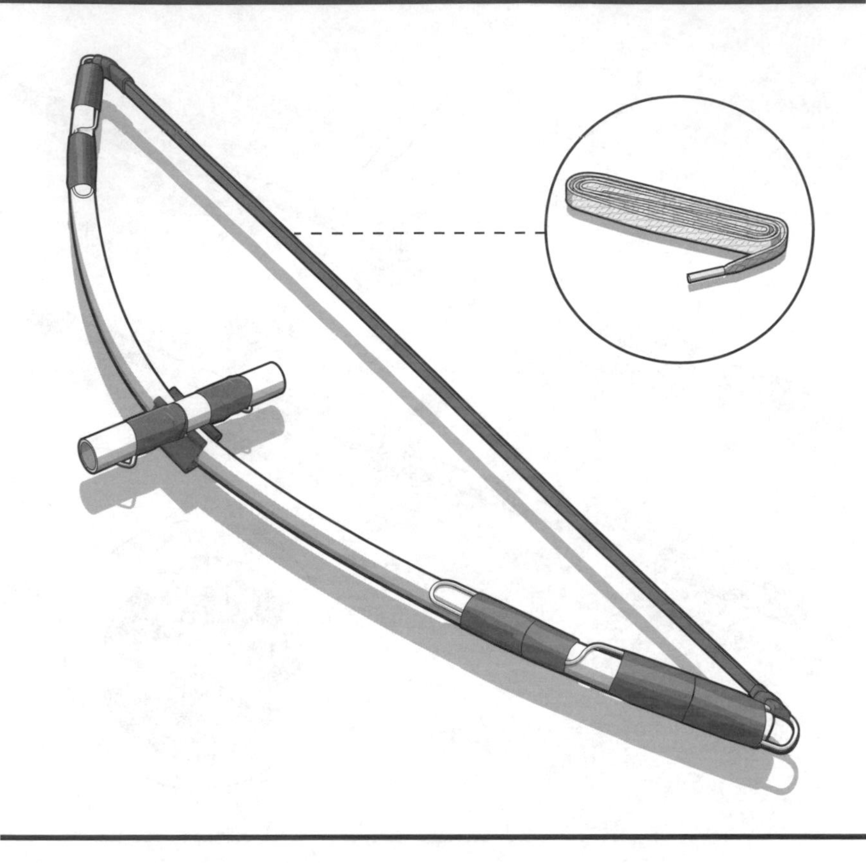

將一條鞋帶繫至弓的其中一端，利用已裝上的迴紋針環圈當作是繫點。建議要用雙結。（建議要用鞋帶弓弦；不過，也可用弦線或是橡皮筋代替。）

接下來，略微彎曲弓身並將鞋帶繫至弓的相對另一端，確保弓弦繃緊。切除兩端任何多餘的鞋帶。

步驟6

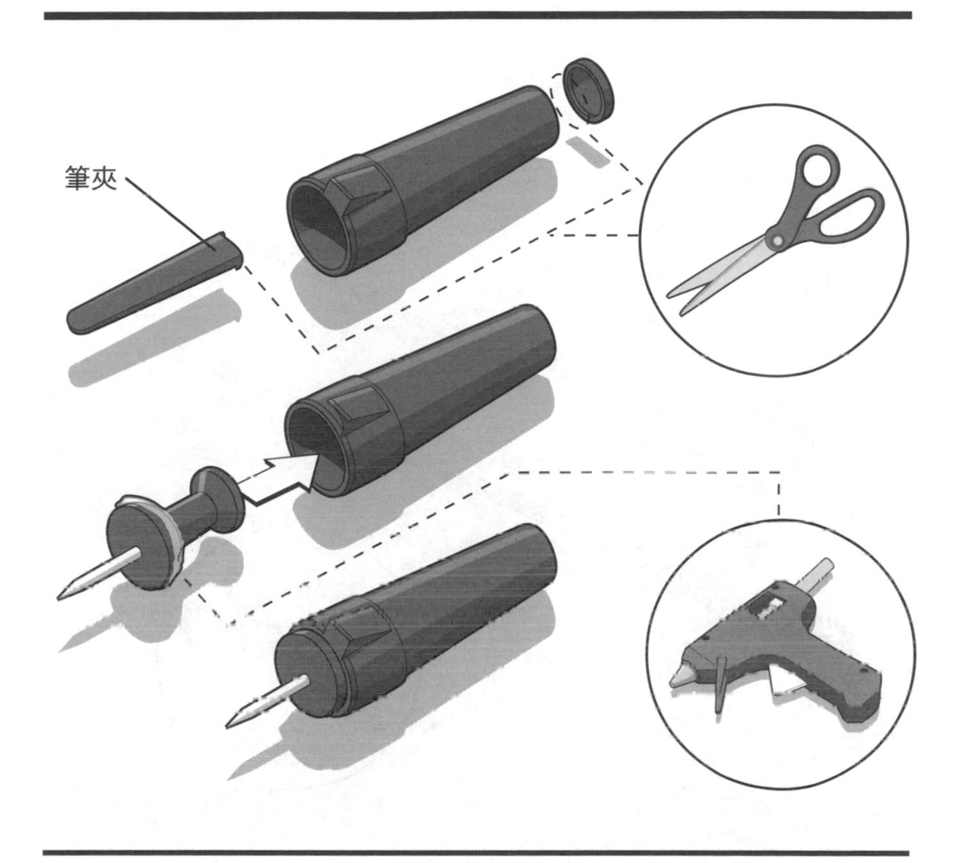

用大剪刀或美工刀把塑膠筆蓋的筆夾和尖端都去掉，如圖中所示。筆蓋尖和筆夾都丟棄。

稍塗少許熱熔膠在筆蓋內側，然後把美式圖釘塞入筆蓋的開口（尖朝外）。依據筆套以及圖釘兩者的直徑，或許並不需要用到熱熔膠。若沒法取得熱熔膠，以膠帶纏繞美式圖釘的柄來緊密貼合。

步驟7

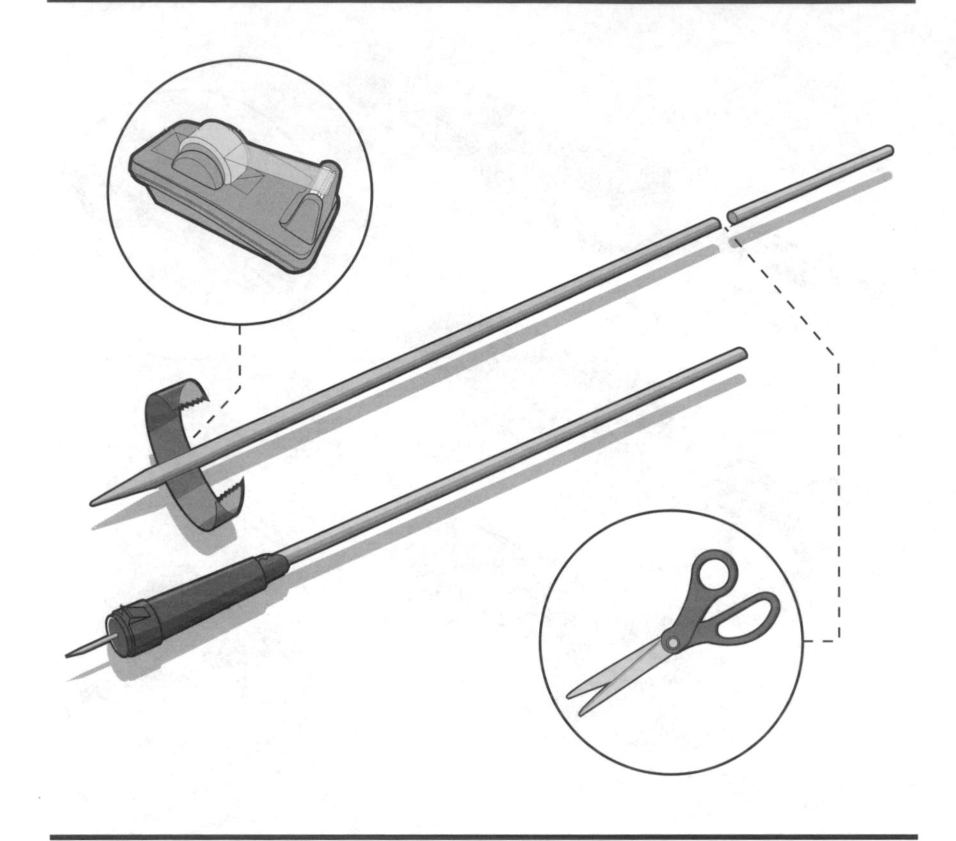

箭身是用一支木籤做成。小心把木籤切短，長度大約是8吋（20.32公分）。（如果沒有木籤供此弓使用，可參酌本書其他弓或弩所用的箭。）為增重箭頭，取一條5吋（12.7公分）的透明膠帶順著距箭頭約½吋（1.27公分）的位置緊緊纏繞。如此可增加木籤的直徑。

把帶尖的筆蓋套在木籤加粗那端以求緊密套合。依需要增減所用膠帶的份量；也可以利用熱熔膠。帶尖的箭就做好了！

發射時，利用安裝在弓上的導箭器以增加準確度。拉弓一射，看箭飛向空中！**要記得戴上護目鏡！**箭飛得很快，而且箭頭頗尖。**迷你小兵器不應對著活物為目標。**要和觀眾保持安全距離，而且要在控制之下操作。自製武器難免發生故障。

進階原子筆弓

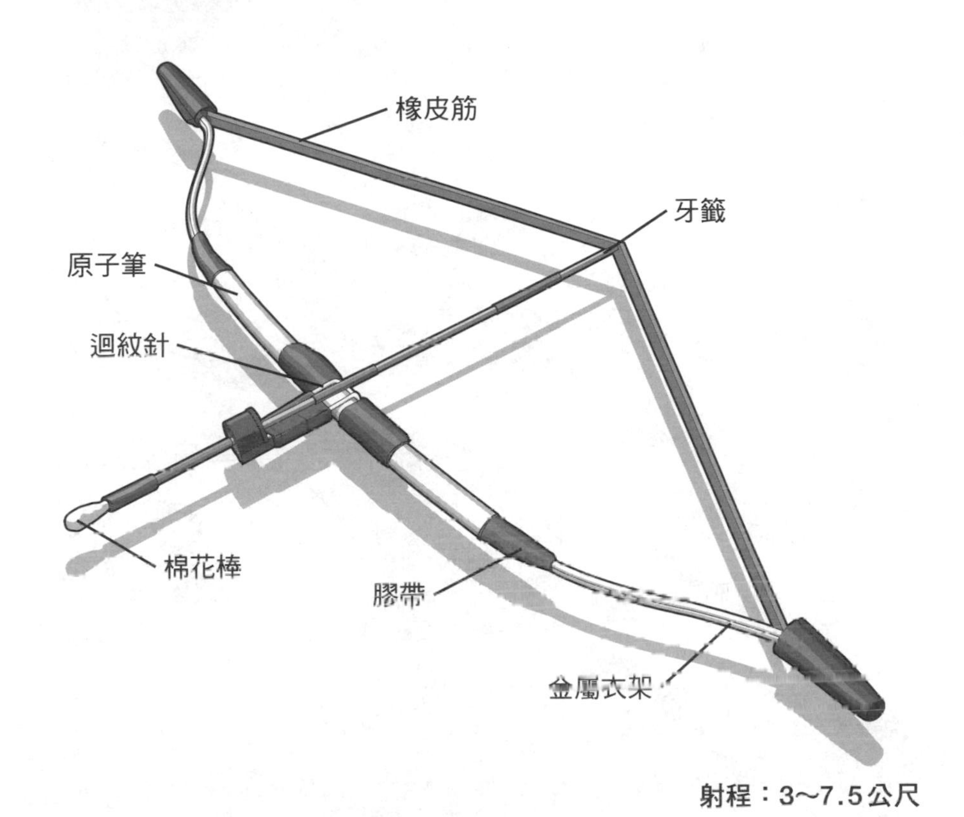

射程：3~7.5公尺

進階原子筆弓因其軍事打擊準確而享有盛名，任何自製軍武收藏都可藉此提升檔次。最適合用於競技射擊，此弓具有弓身導箭器，增加了準確度。壞不了的複合式框架可發射數不清的箭，隨心所欲摧毀目標。

材料

2個金屬衣架
2支塑膠原子筆
2個大型長尾夾
大力膠帶
1條大型橡皮筋

工具

護目鏡
剪線鉗
鉗子（選用）
大剪刀
熱熔膠槍

彈藥

3根以上的牙籤
2根以上的塑膠桿棉花棒
透明膠帶

步驟 1

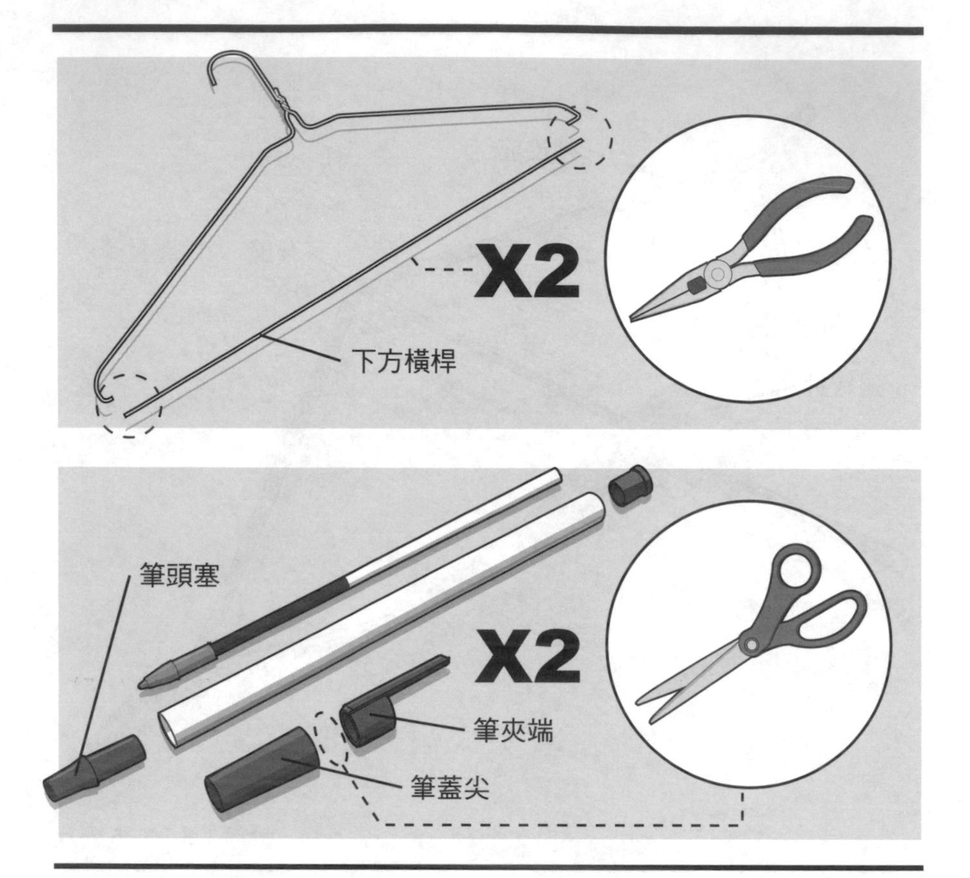

用剪線鉗把兩個金屬衣架的下橫桿移除。兩支下方橫桿都會在這件作品當中派上用場，但剩下的金屬材料得要拿去回收。

接下來，取兩支塑膠原子筆拆成各種零件。依據筆的不同，可能需要用到工具——鉗子或下方橫桿——拆卸筆管尾塞。

用大剪刀將兩筆蓋皆切斷，距筆夾端約¼吋（0.64公分）。

步驟2

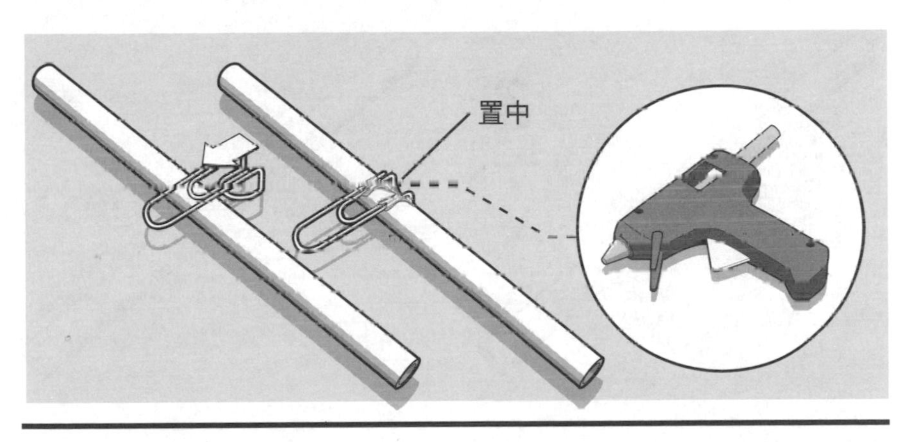

用剪線鉗或是鉗子，將一個大型迴紋針彎折出90度角，距其末端5/16吋（0.79公分）（即筆管直徑）。接著距上個彎折5/16吋（0.79公分）再做出另一個90度角。兩迴紋針僅修改其中一個，另一個迴紋針應維持挺直。

將彎折出兩個90度角的迴紋針置於筆管中央，如圖中所示。小心用熱熔膠固定。

步驟3

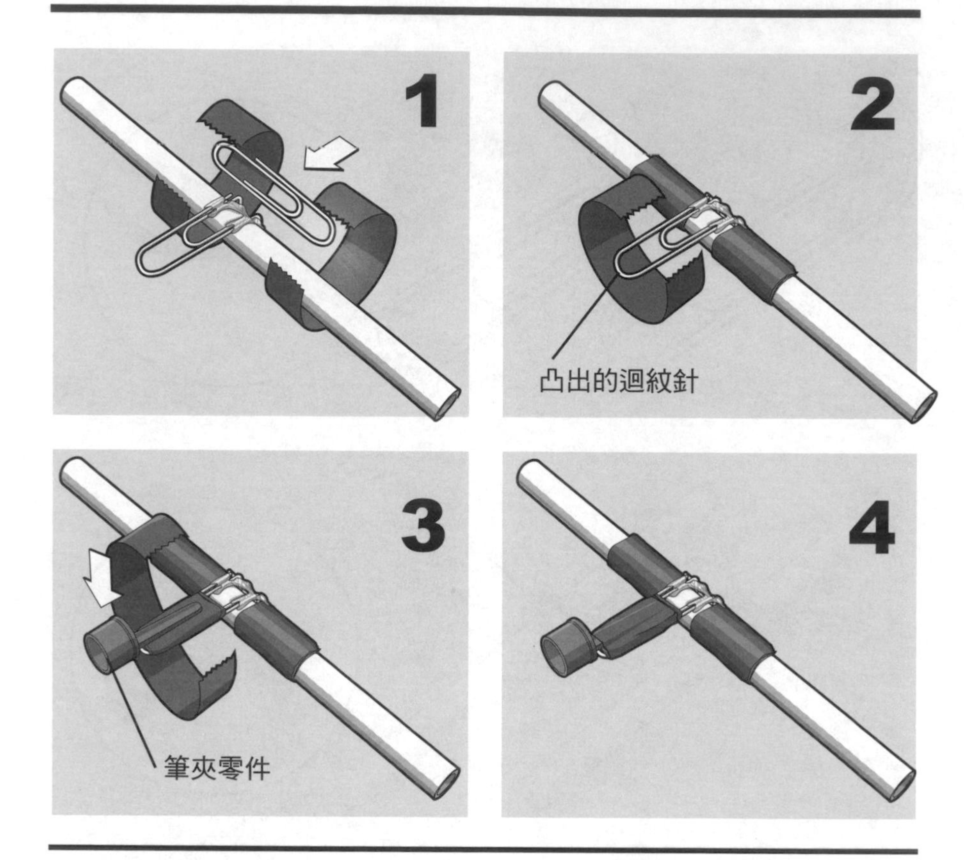

為協助支撐黏在筆管上的迴紋針，第二個迴紋針（挺直的）應橫置於筆管後的90 度彎折處之上。用兩條膠帶將直挺的迴紋針固定至筆管上（圖1）。

加一條2吋膠帶纏繞在步驟2黏好的凸出迴紋針上（圖2）。接下來，把筆夾零件放在凸出迴紋針上頭，然後僅將筆夾用膠帶固定（圖3）。這就完成了引箭器（圖4）。

步驟4

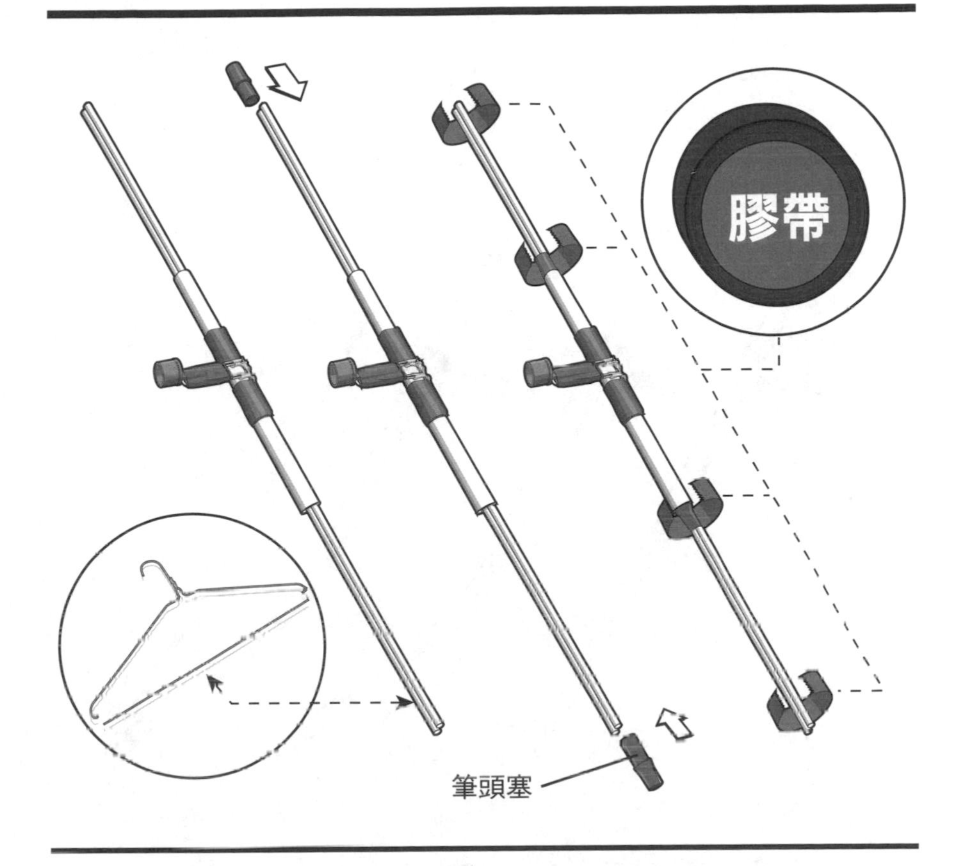

將筆組件裝進步驟1切下的兩根下方橫桿。然後，相對兩端用兩筆頭塞上橫桿。把它們扣入筆管框架內，如右圖所示。

將筆組件置於下方橫桿正中央並且把它用膠帶固定，方法是再添膠帶纏繞筆管末端。接著在距橫桿末端 ¼ 處加上更多膠帶。

步驟5

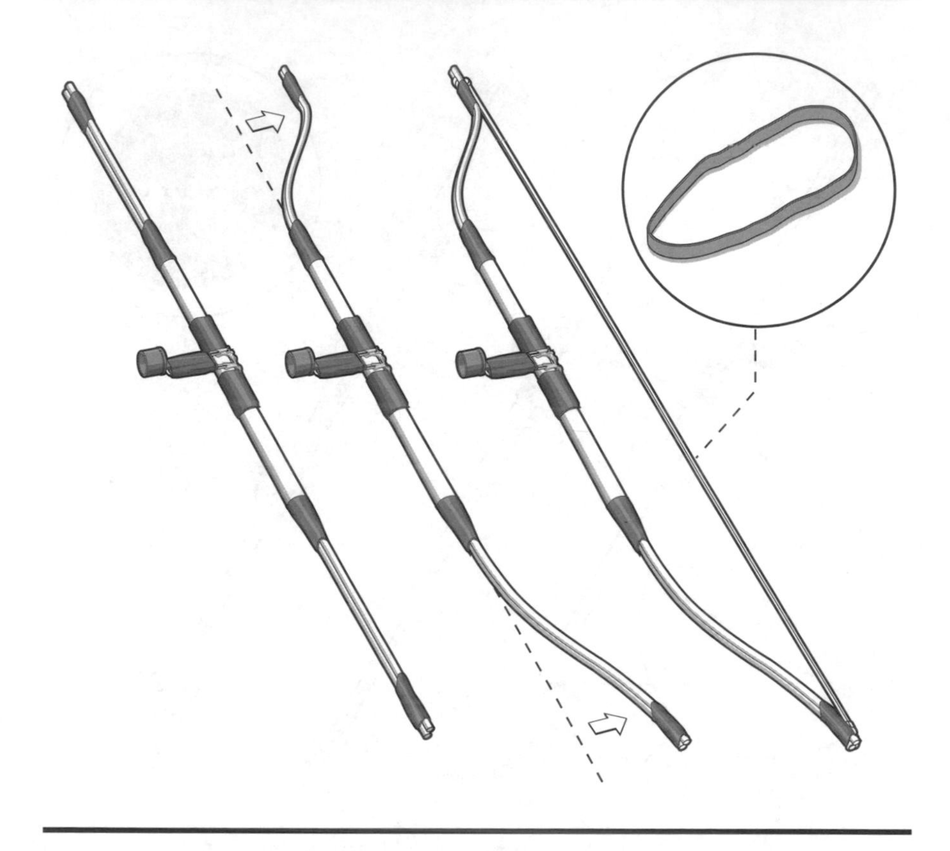

弓組件完成了，剩下的就只是框架調整。用你的手，緩緩彎折上、下金屬弓臂往後，橫桿末梢略微彎曲。這個弓形稱做反曲——只是個建議；可依個別使用者量身打造外形。

此弓你可以用非傳統的橡皮筋弓弦。把一條橡皮筋切開，然後一頭綁在弓尖——金屬弓臂之間。若沒法取得大型的橡皮筋，可用兩條小型橡皮筋打結連起，或者實際些可用弓弦替代。

步驟6

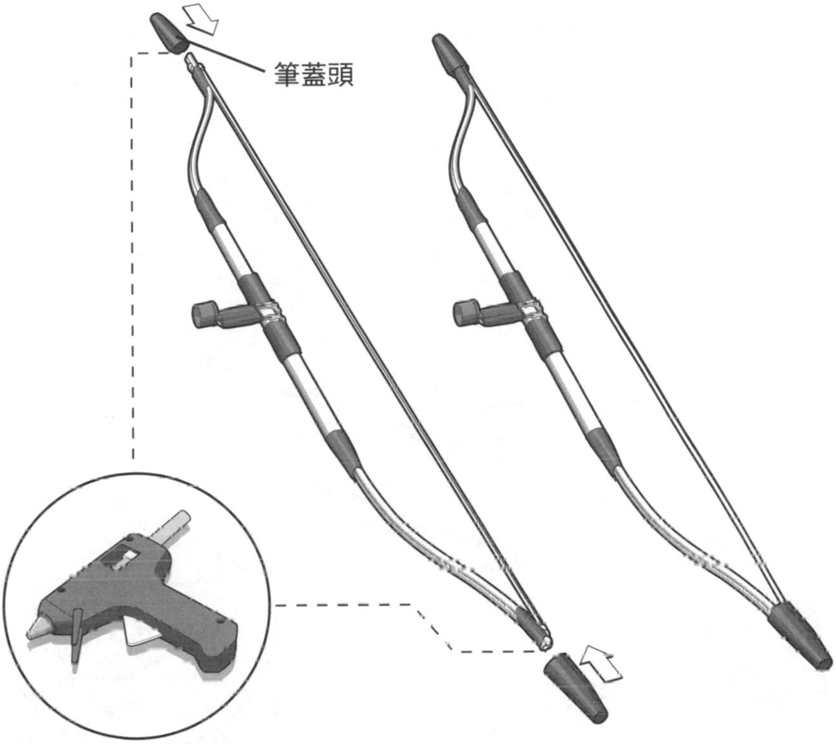

筆蓋頭

為保護大家避開金屬衣架的切口，小心用熱熔膠把圓滑的筆蓋頭黏到弓臂末梢。額外的收穫是這個小零件可增添弓體設計的美觀。

步驟 7

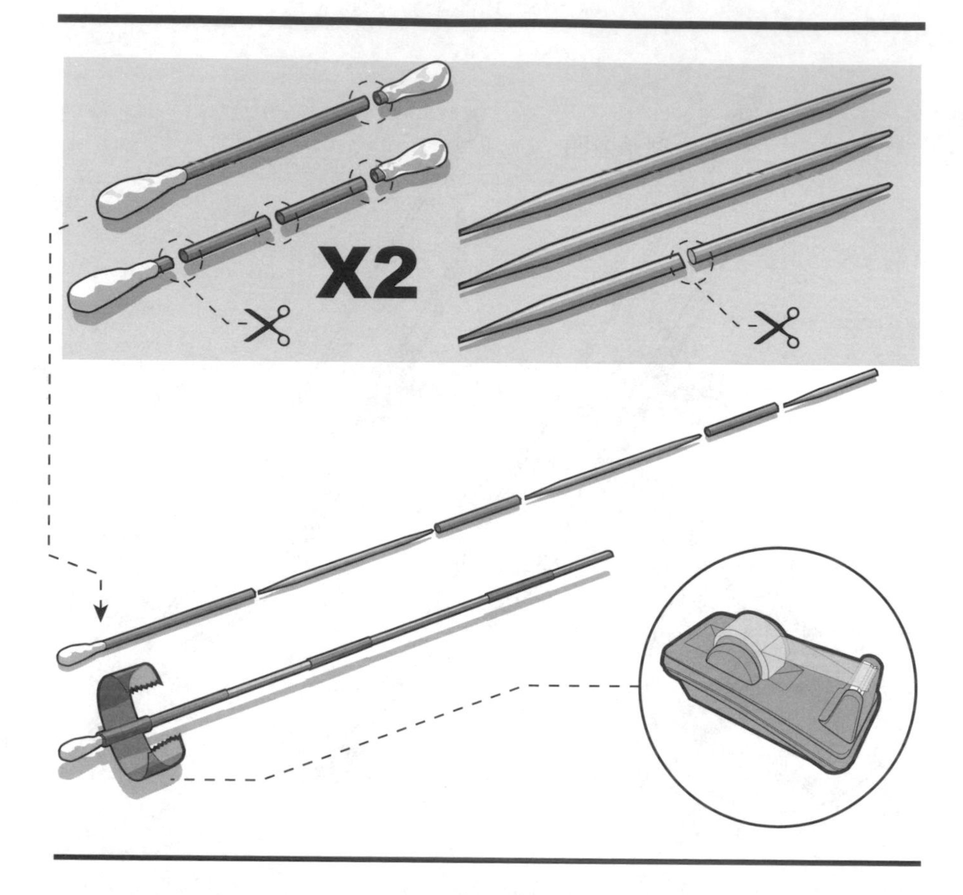

軟頭的箭是用三根牙籤以及兩根塑膠管棉花棒的中空桿做成。用剪刀把棉花棒四個頭當中的三個切除，再把兩頭都被除去的那根棉花棒切成兩半。

三根牙籤其中一根切成兩半。把各個牙籤尖端插入棉花棒的塑膠空管，牙籤以此順序交錯：帶有一棉頭的棉花棒、牙籤、半根棉花棒、牙籤、半根棉花棒、牙籤、半根棉花棒、半截牙籤。半截牙籤要刻出凹槽（箭尾）。

為增加弓的準確度，要在箭頭增加重量。取一條12吋（30.48公分）的透明膠帶順著距箭頭約½吋（1.27公分）的位置緊緊纏繞。你可能會需要增加或減少膠帶的份量，直到你得出適當平衡。

準備好要發射的時候，利用筆夾導箭器增加準確度。緩緩把弓弦與箭往後拉，瞄準然後放箭。**仔細研讀ix頁的安全守則！**

複合直尺弓

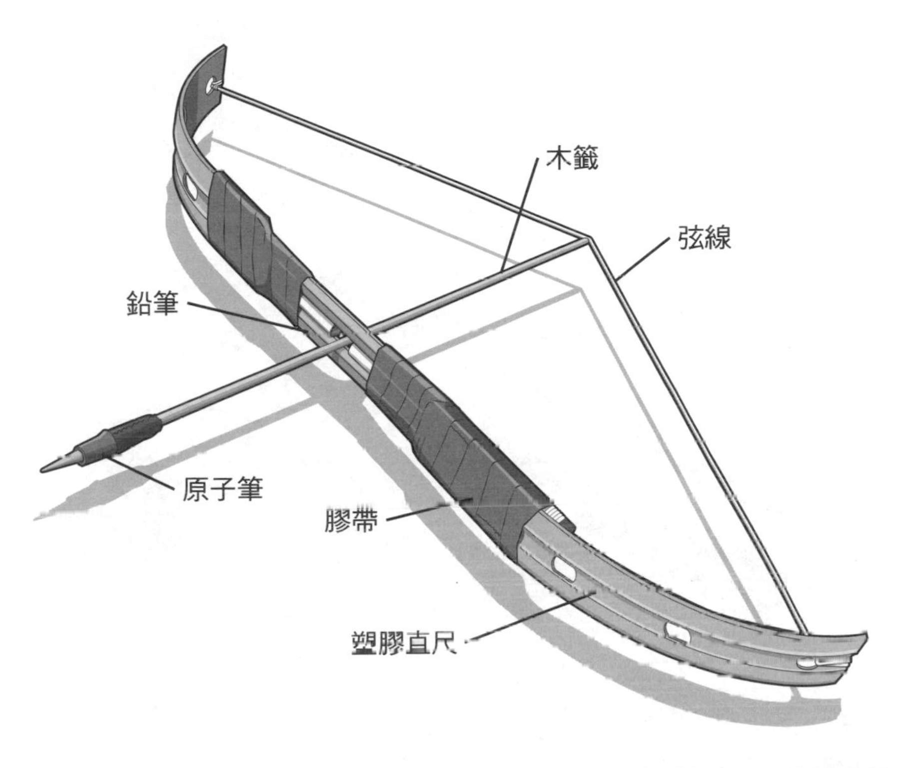

射程：3～7.5公尺

威力強大又耐用，複合直尺弓是為了機動的弓箭手設計！木質鉛筆核心讓它的尺寸保持穩定，又能耐久，而塑膠弓臂儲存了大部分的弓弦能量。結合起來，這些日常材料合作無間，朝向相同目標：射中標靶！

材料

1支塑膠原子筆
2支木質鉛筆
大力膠帶
1個帶有栓孔的塑膠尺
弦線

工具

大剪刀或美工刀

彈藥

1根以上的木籤

步驟 1

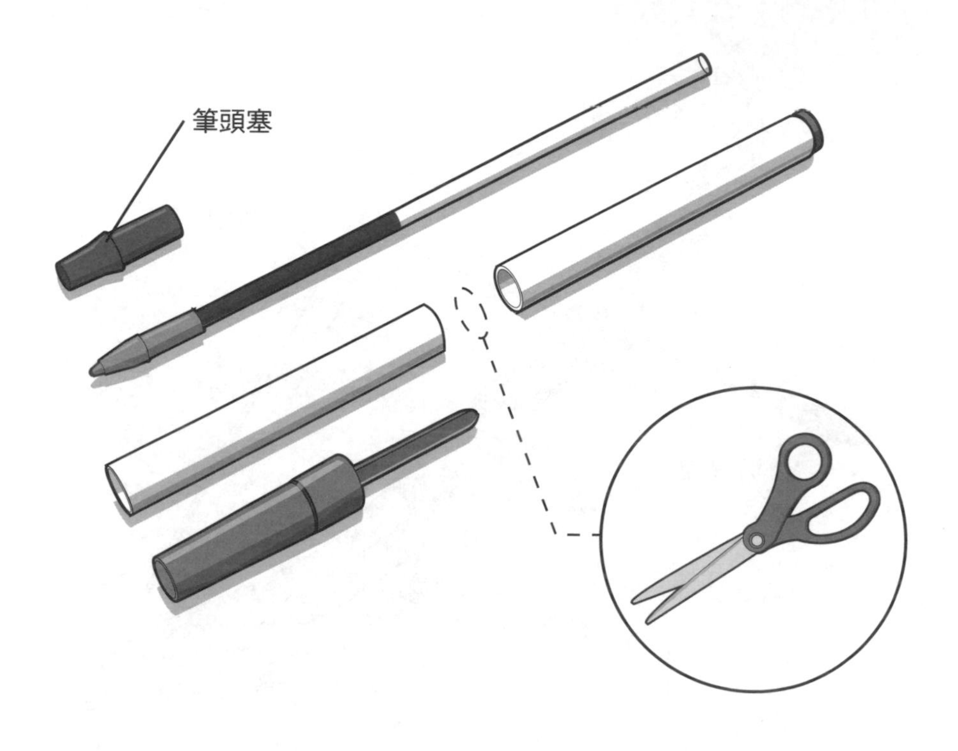

將一支塑膠原子筆拆解成各個零件。把筆頭塞和筆芯分開。（本件的筆管尾塞並不需要移除）。一旦筆芯被移除，用大剪刀或美工刀小心把筆管切成兩個半截。

步驟2

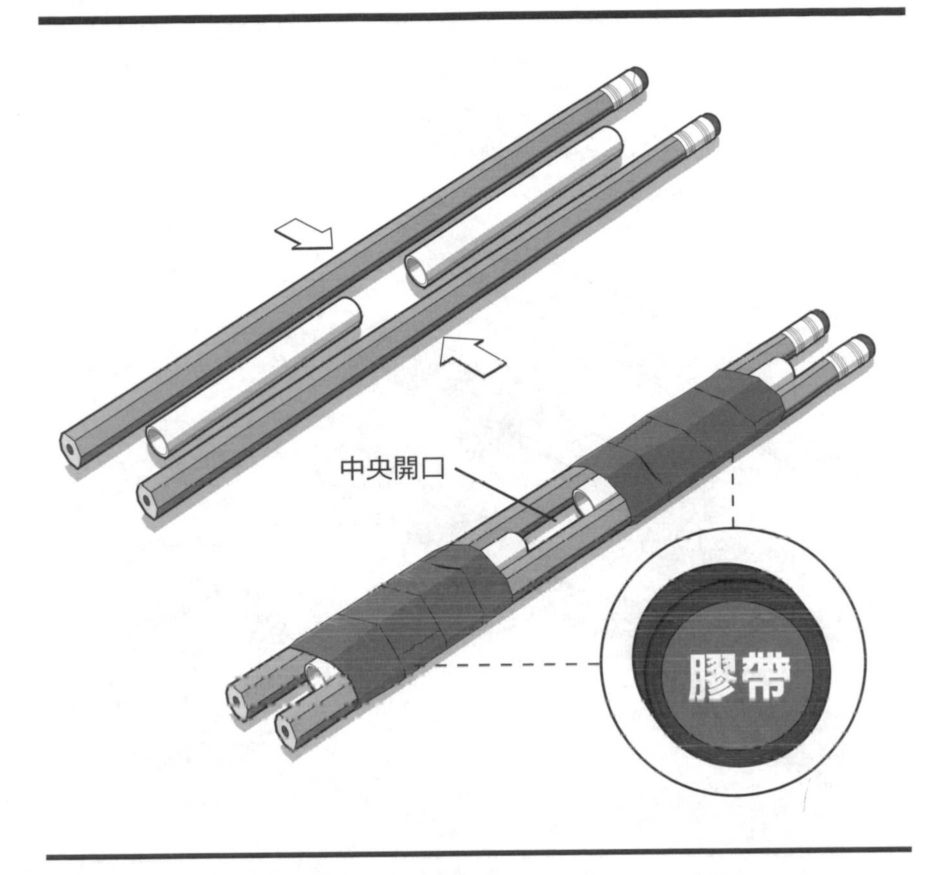

把切成兩半的原子筆夾在兩支鉛筆之間，兩半邊原子筆彼此相隔½吋（1.27公分）的空隙。用膠帶把組件黏好，如圖中所示。膠帶不要蓋過中央開口。

步驟3

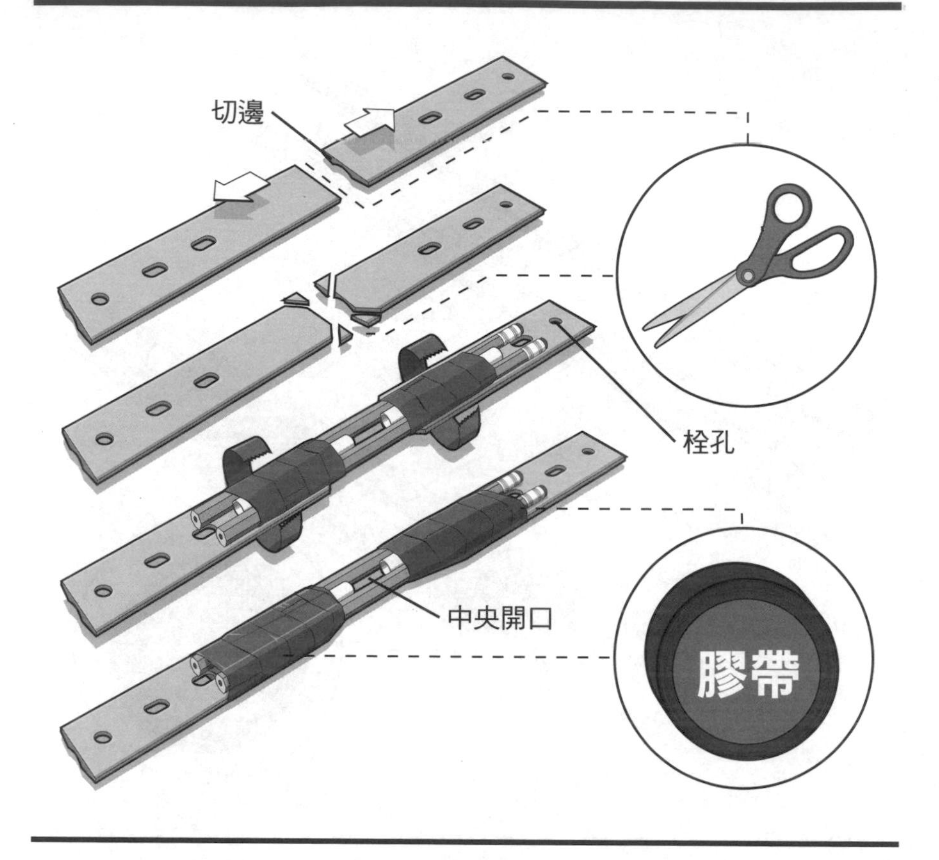

用大剪刀或是美工刀，把一支塑膠尺小心切成兩半。切口上，各個半邊的塑膠尺削掉小小¼吋（0.64公分）的角落。此切角可減少尖銳的邊角，並有助於弓的造型轉接至木質中心部分。

鉛筆組件的相對末端，尺的掛孔朝外，各段的直尺交疊約2吋（5.08公分）到木框架上，然後用膠帶把三段緊緊黏合在一塊。同樣，別蓋住框架中央開口。

步驟4

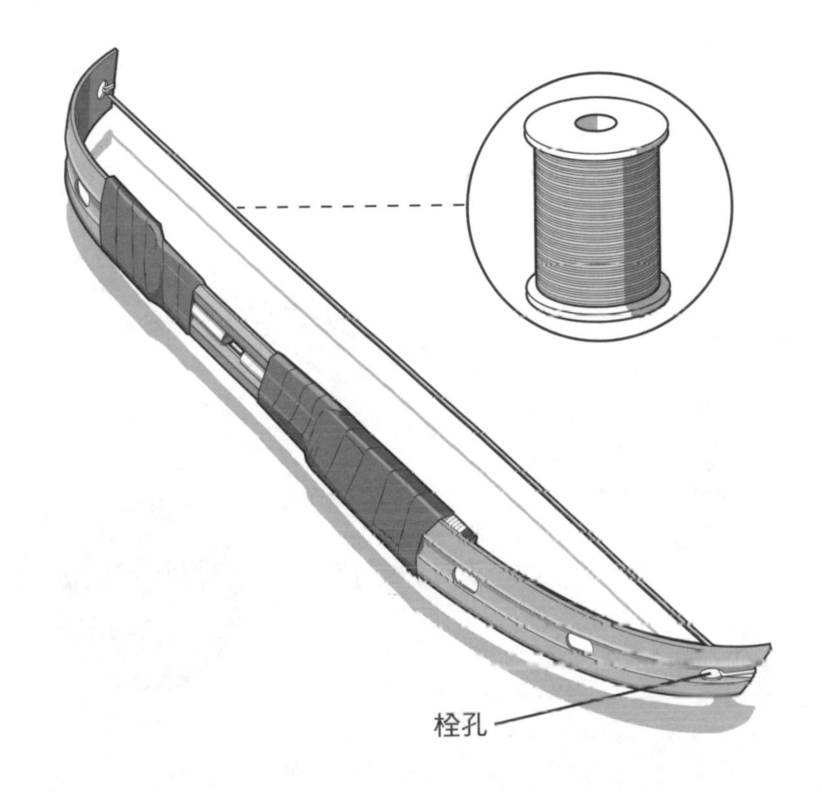

將一條弦線連結至弓的一端，用栓孔作為繫點。使用雙結。接下來，弓略微彎曲，把弦線綁在對側的栓孔，確定弓弦繃緊。清除兩端多餘的線。

沒有弦線是嗎？沒問題——用一條橡皮筋代替依然同樣有威力！

步驟5

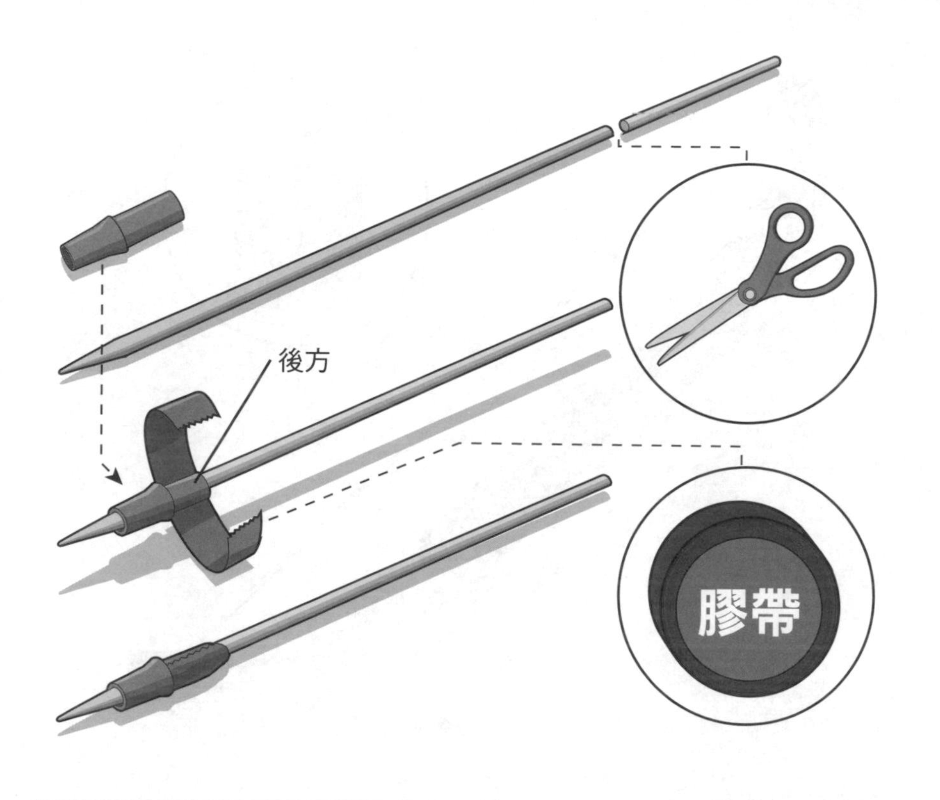

箭是用一根木籤做成。用剪刀把木籤切短，長度大約是8吋（30.32公分）。為增加準確度，要在木籤尖端增加重量。把步驟1剩下的筆頭塞裝進木籤尖端大約½吋（1.27公分）的位置。用膠帶把筆頭塞固定就位，箭就完成了。（如果這次沒有木籤可用，可參考本書其他弓或弩所用的箭。）

發射時，利用弓框架上的開口當作導箭器，接著拉弓弦，瞄準，放箭！**要記得戴上護目鏡！**箭飛得很快，而且箭頭頗尖。**迷你小兵器不應對著活物為目標。**要和觀眾保持安全距離，而且要在控制之下操作。自製武器難免發生故障。

4 弩

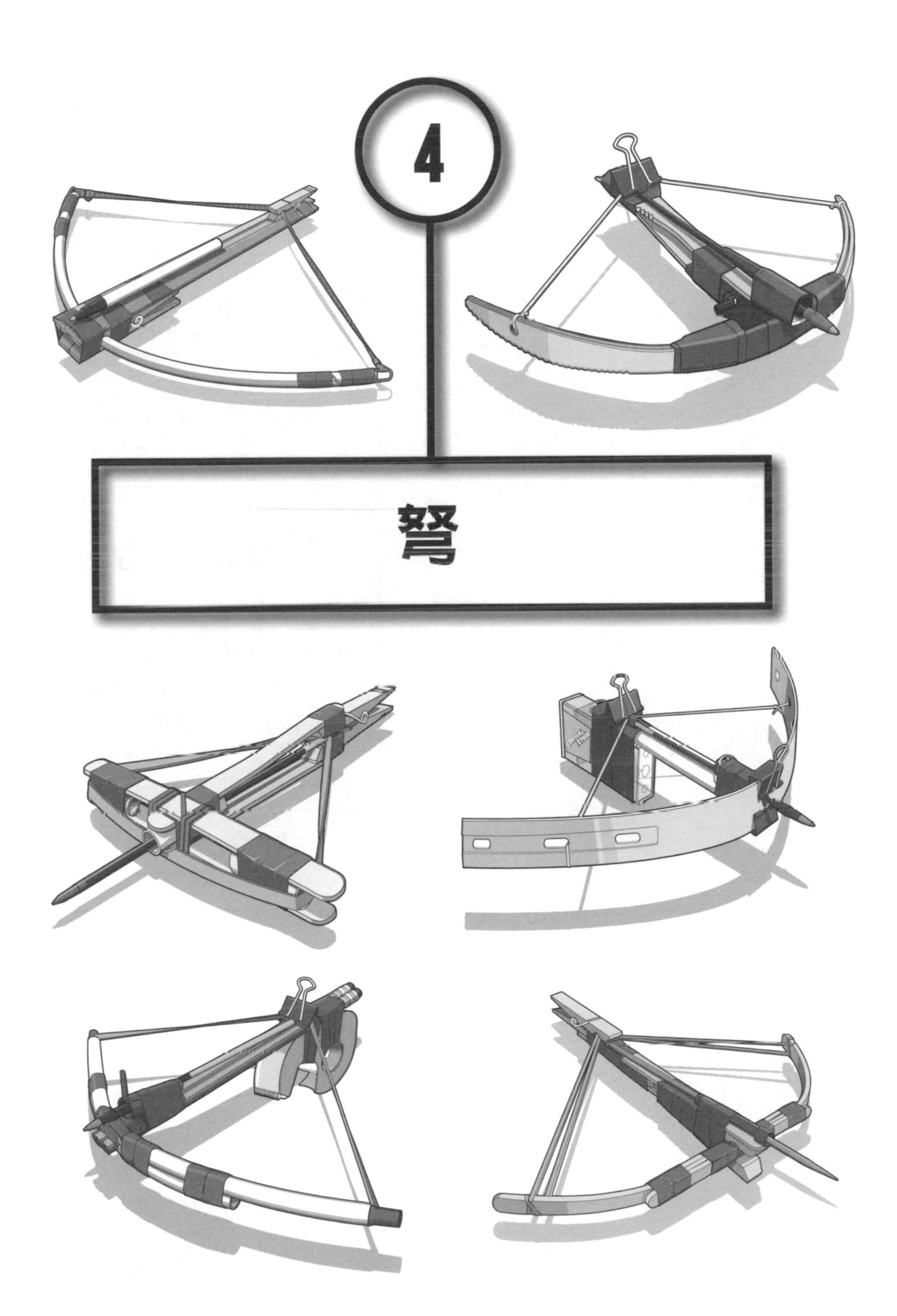

木尺弩

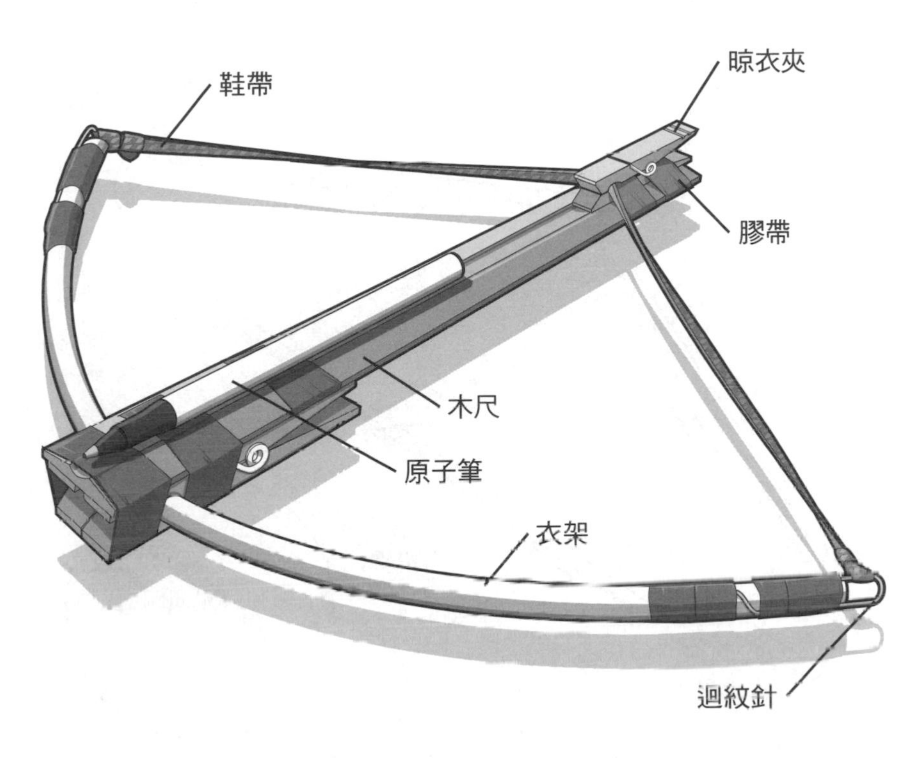

射程：3～7.5

說話輕聲細語，但要隨身帶一把大支的弩！具有長肩托以及強力塑膠弓身，木尺弩機正合乎要求。簡單的設計只需要少量材料，卻能提供最大樂趣。它所擁有的特徵包括內建的扳機及堅固框架，這是最完美的初學用弩。

材料

1個塑膠衣架
2個大型迴紋針
大力膠帶
3個木質晾衣夾
1把木尺
1條鞋帶

工具

護目鏡
剪線鉗
熱熔膠槍（選用）
剪刀

彈藥

1支以上的塑膠原子筆或木質鉛筆

步驟1

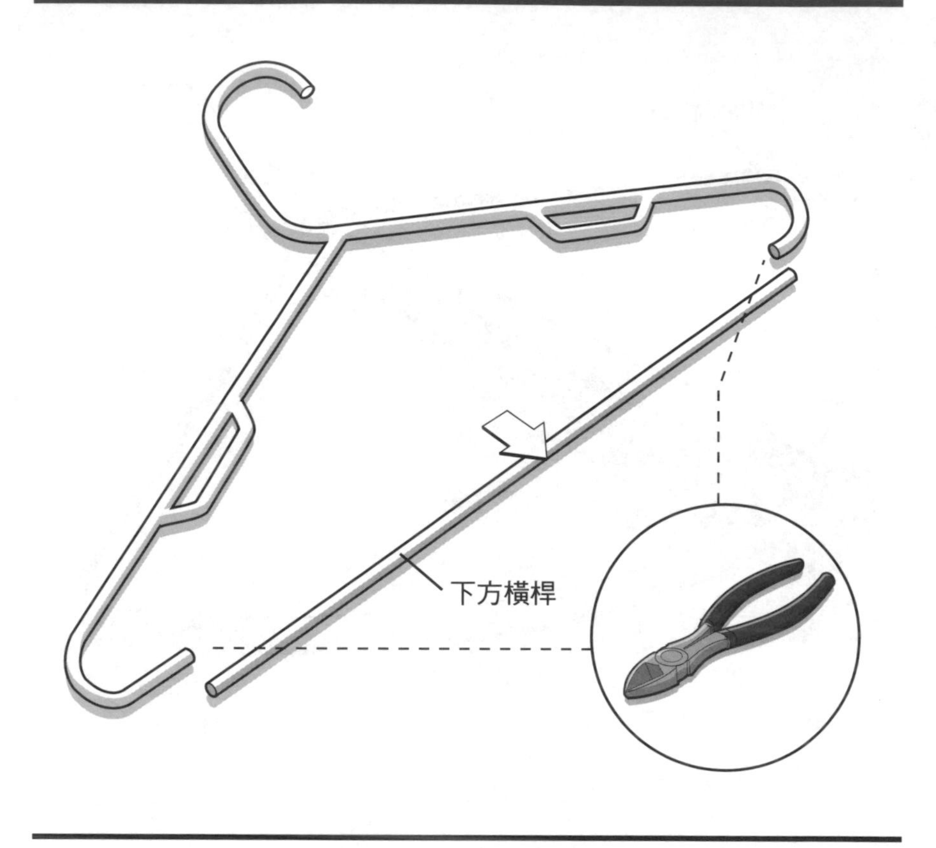

用剪線鉗，把一個塑膠衣架的下方橫桿移除。這根橫桿要用來製作弓身。剩下部分得要拿去回收。

步驟2

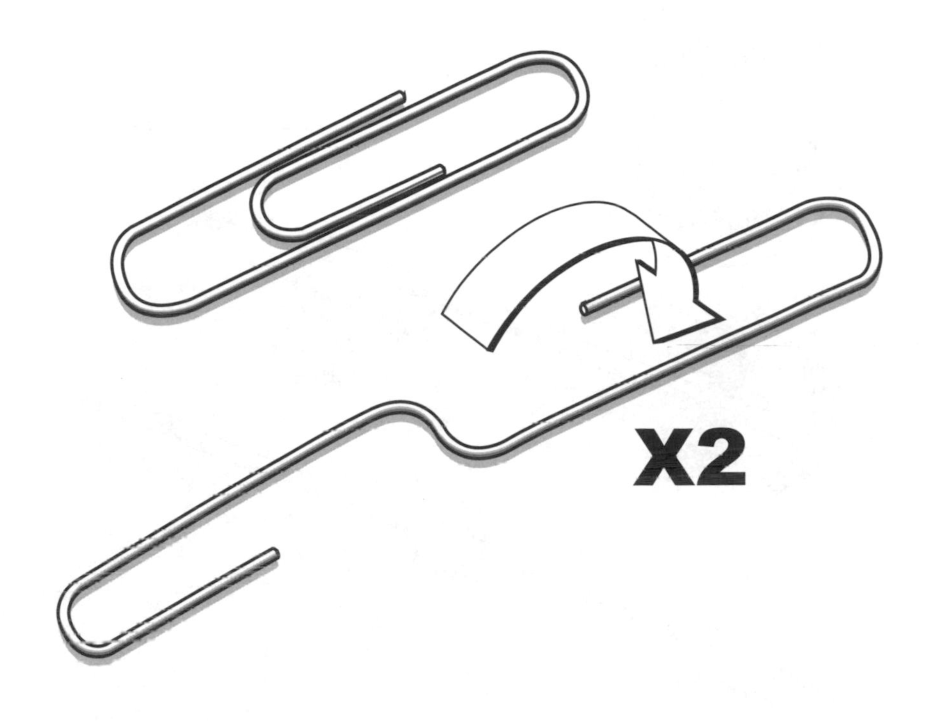

將兩個大型迴紋針彎折90度成兩倍長，形成S形。

步驟3

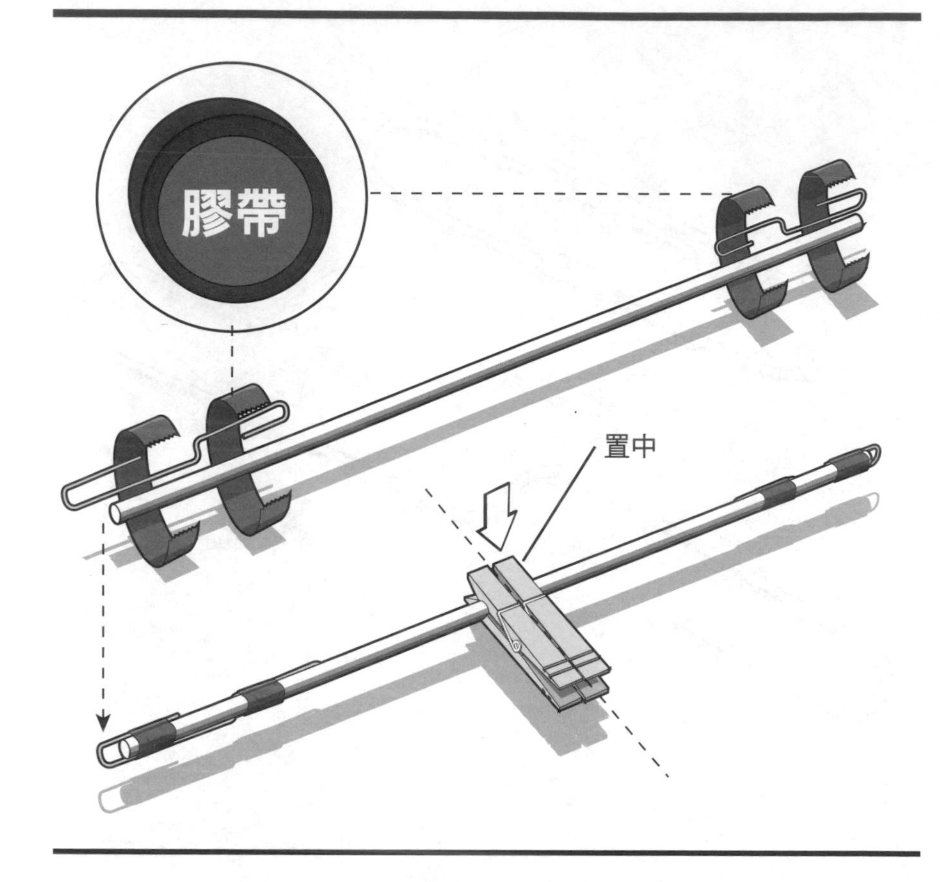

用膠帶將修改過的迴紋針連接至塑膠衣架下方橫桿的相對兩端。兩根迴紋針皆自衣架橫桿末端凸出¼吋（0.64公分）。

由於這些迴紋針會一直承受張力，因此要添加更多膠帶至這幾個改過的迴紋針，以避免使用期間故障。圖中顯示膠帶要綁在什麼位置。

接下來，將兩個晾衣夾扣在橫桿的中央。

步驟4

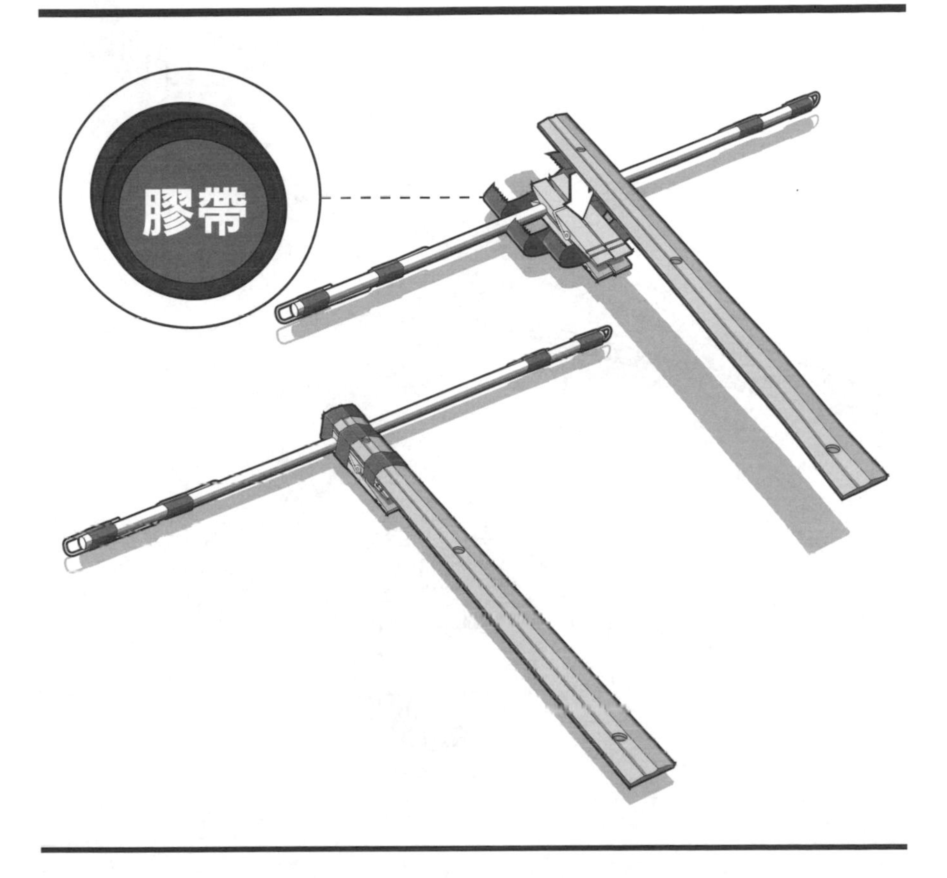

將一把木尺放在已連接的晾衣夾上方。尺的末端應和晾衣夾前緣對齊。用好幾條膠帶把尺固定至晾衣夾。

為求外觀簡潔，可用熱熔膠代替膠帶。

步驟5

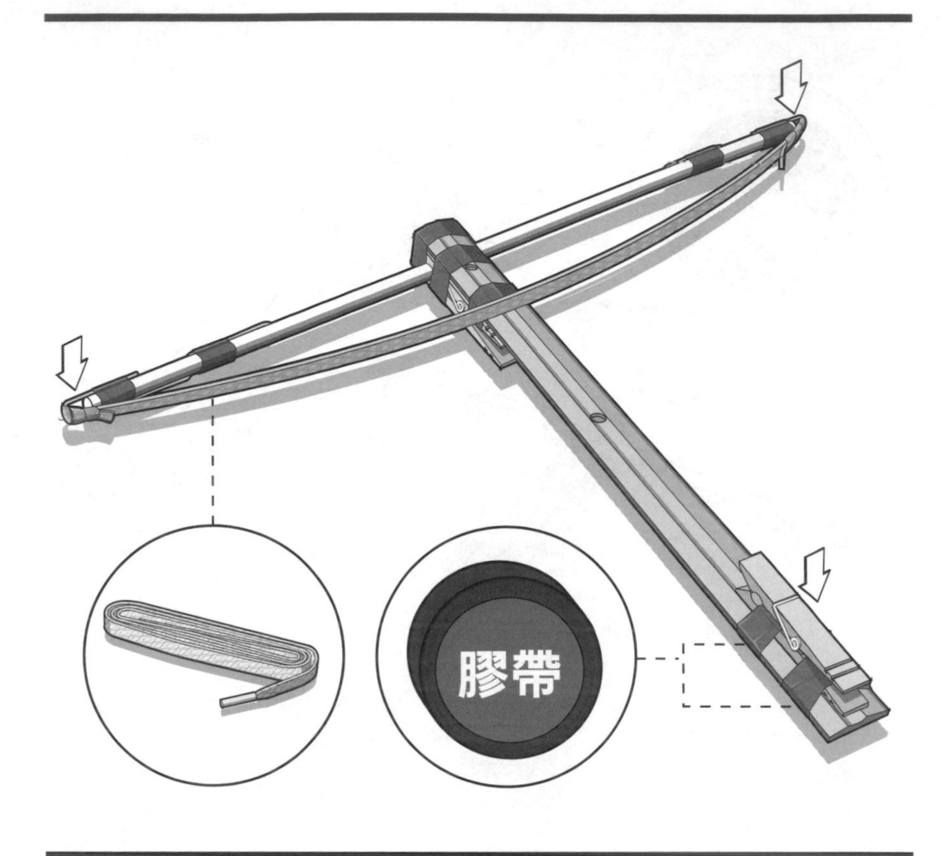

至於扳機，再把最後一個晾衣夾疊加在已裝好木尺的背面。**僅將下方叉腳**用膠帶固定住。附上之後，晾衣夾應該能夠正常運作。

把鞋帶（或弦線）一端綁在固定至弓身組件的迴紋針環圈，打個雙結就很夠用。接下來，稍微彎曲弓身增加張力，然後再用一個雙結把鞋帶的另一端繫上。用剪刀把弓身兩端多餘的鞋帶清掉，如此就完成木尺弩。

要發射的話，拉鞋帶扣入晾衣夾扳機，將一支原子筆或鉛筆放在尺的飛行道，想射就射。**要記得戴上護目鏡！**箭矢速度飛快，而且具有鋒利的尖端。**迷你小兵器不應對著活物為目標。**要和觀眾保持安全距離，而且要在控制之下操作。自製武器難免發生故障。

塑膠料弩

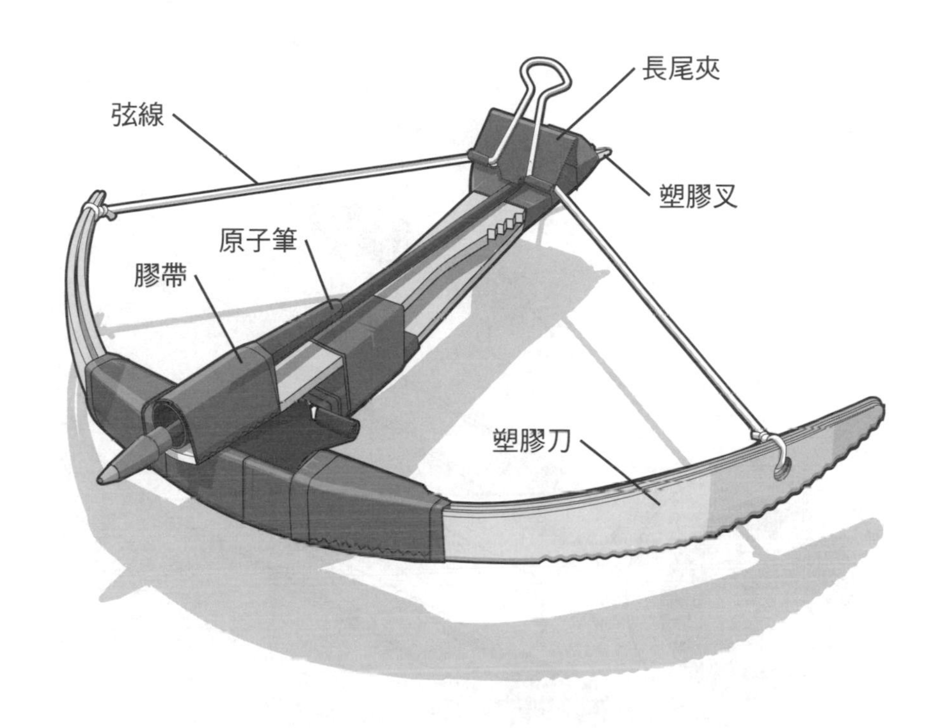

射程：3～7.5公尺

短小精悍，塑膠料弩機需要的材料很少，而且製作費用不高。短肩托使得滿弓長度縮減，但這件獨特的複合弓增加了所釋出的能量，藉以扳回一城。用扳機扣住拉滿的弓弦，直到發射時機來臨。

材料

1個塑膠原子筆蓋
1支塑膠叉
大力膠帶
5支塑膠刀
1個中型長尾夾（32mm）
1個小型長尾夾（19mm）
弦線

工具

護目鏡
大剪刀或美工刀
電鑽（選用）

彈藥

1個以上的原子筆芯、木籤或細木釘

步驟1

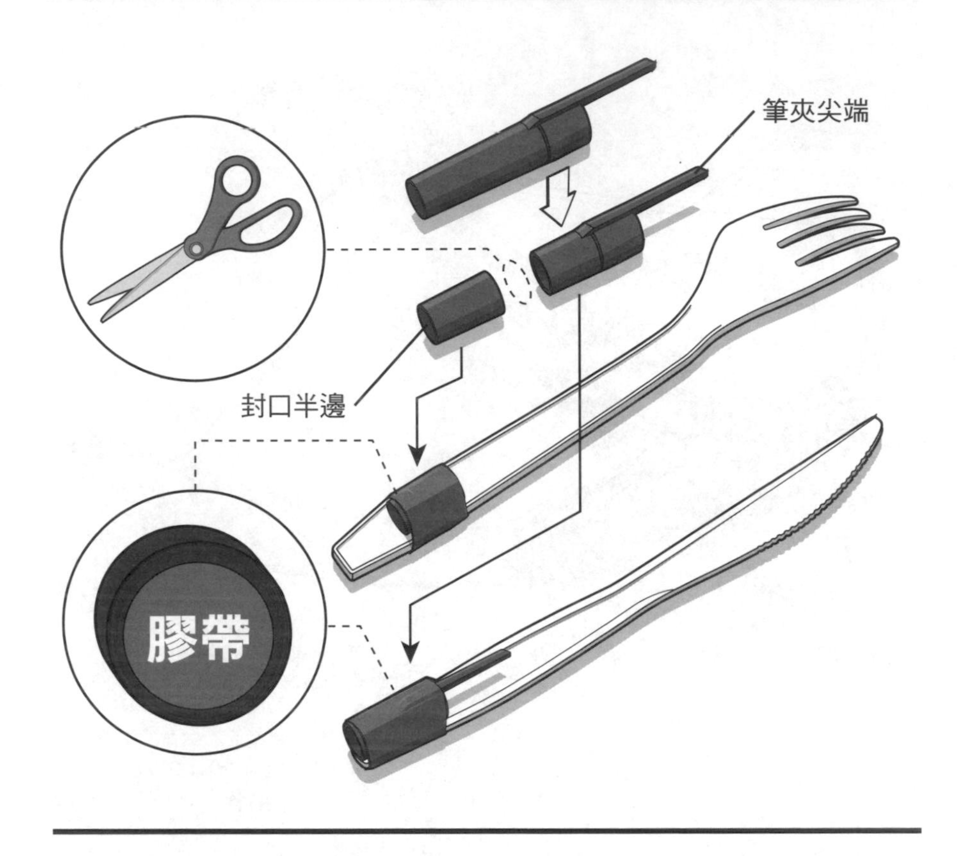

塑膠料弩的製做，先要用大剪刀或美工刀小心將一塑膠筆蓋切成兩半，如圖中所示。

將筆蓋有封口的那一半用膠帶固定至塑膠叉柄背面。筆蓋的位置距柄的末端大約1吋（2.54公分）。另一半的筆蓋（筆夾端）要用膠帶固定至一支塑膠刀柄的末端。將那筆蓋的筆夾細部朝向切口邊緣放置並對齊，如圖中所示，而且筆蓋切口端與刀柄末端切齊。

兩組件皆用於製作弩的弓身。放在一旁待步驟4。

步驟2

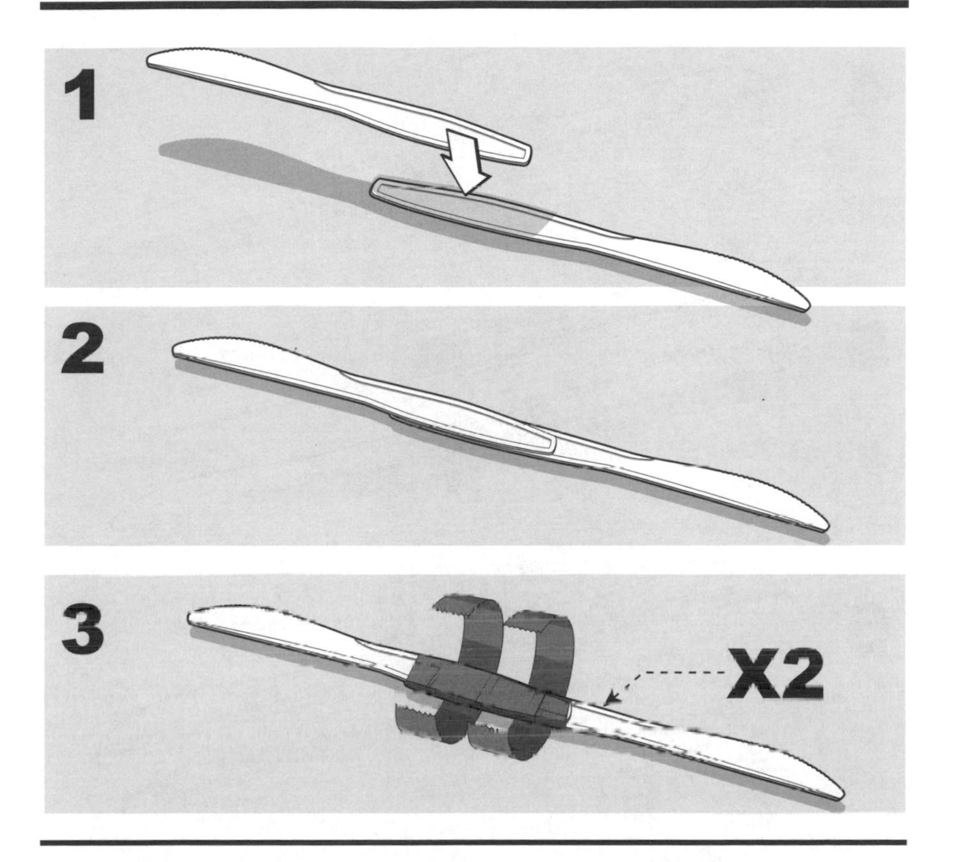

這個步驟要用到四支塑膠刀。兩支刀的刀柄疊在一起如圖中所示。各刀柄應相疊大約3吋（7.62公分）（圖1和圖2）。一旦就定位，在刀柄疊合處用膠帶將兩把刀緊緊綁在一塊（圖3）。接著重覆圖1至3的步驟，再做另一個刀組件。

步驟3

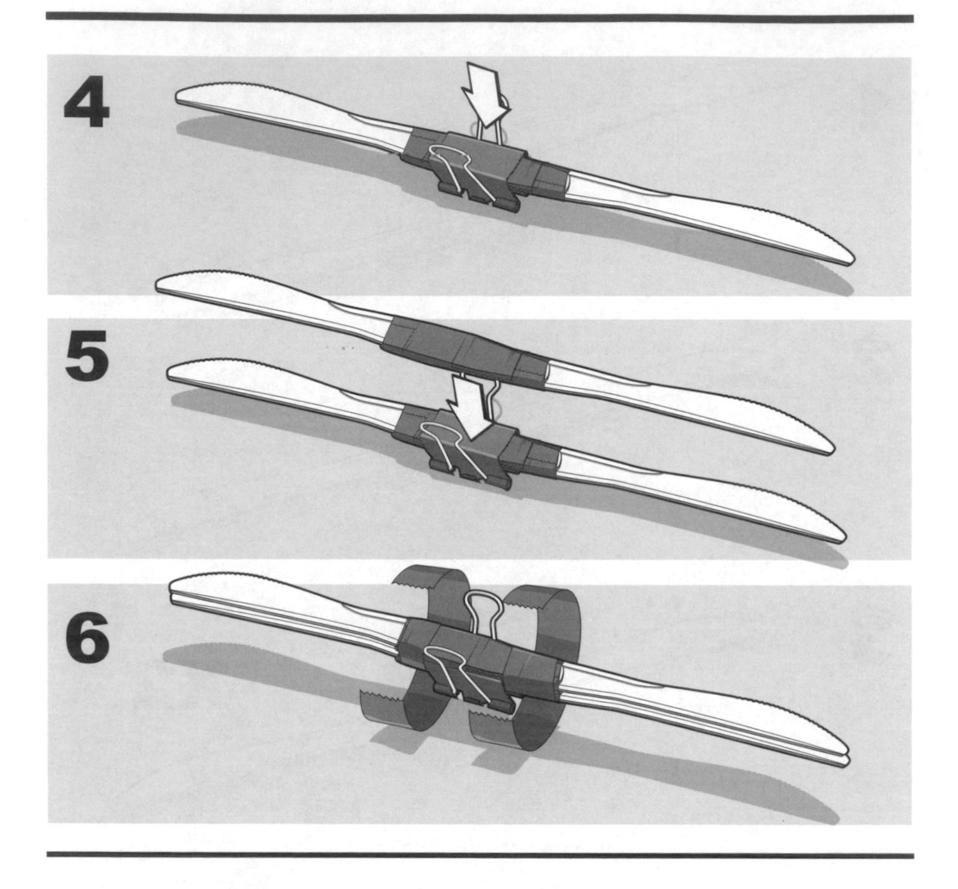

把一個大型長尾夾夾到其中一個刀組件中央（圖4）。接下來把第二個刀組件放在長尾夾背上，即夾子開口的對面（圖5）。兩個刀組件皆應對齊。

長尾夾的兩個側邊皆以膠帶纏繞，緊緊固定兩組件（圖6）。

步驟4

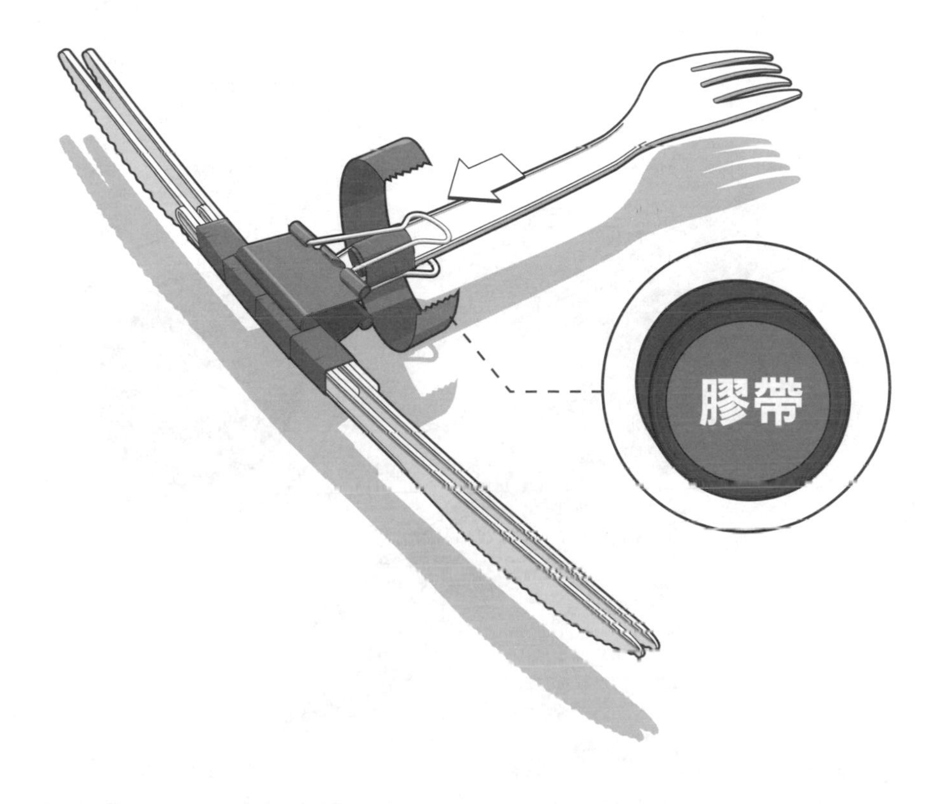

將翻轉過來的叉/筆蓋組件套入長尾夾，如圖中所示。折下長尾夾的金屬把手，讓它們靠在叉組件的上表面及下表面。一旦就定位，用膠帶纏繞叉以及金屬把手。

步驟5

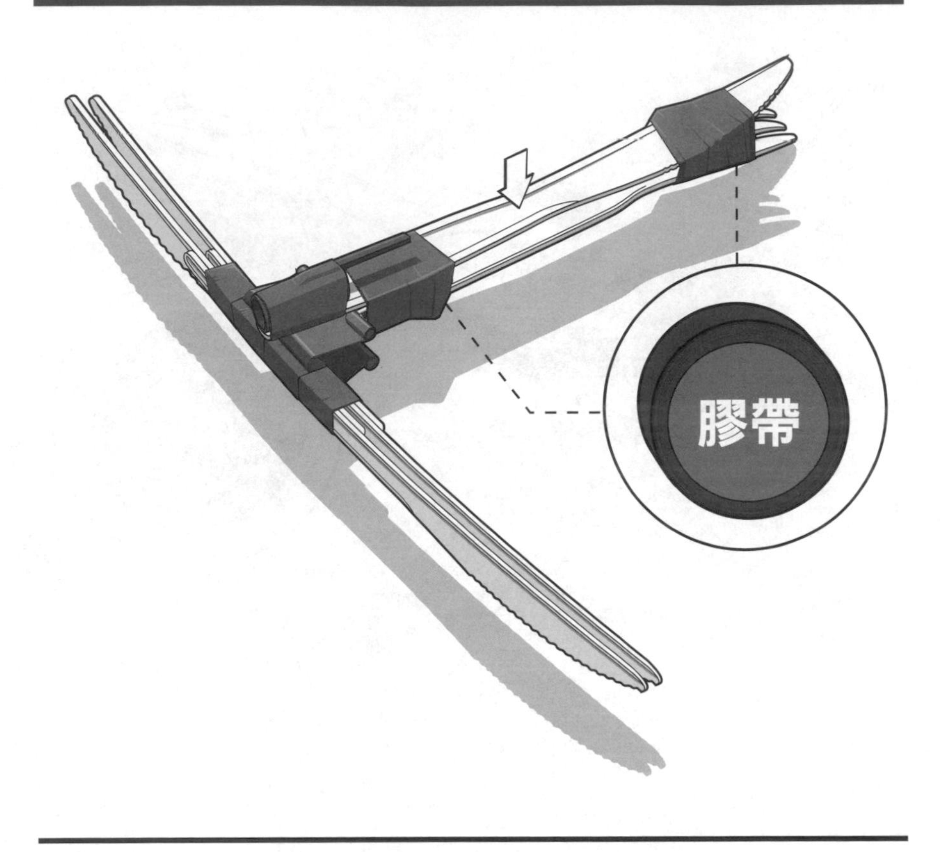

將步驟1做好的刀組件放在顛倒叉子的上面。固定其上的筆蓋細部應指向弓的末端，而刀懸出長尾夾約¼吋（0.64公分）。

用膠帶把刀組件和框架綁在一起。第一條膠帶的位置是在所附筆蓋針的底部，不過並不會阻礙筆蓋打開，第二條膠帶要纏繞切口邊緣附近。

步驟6

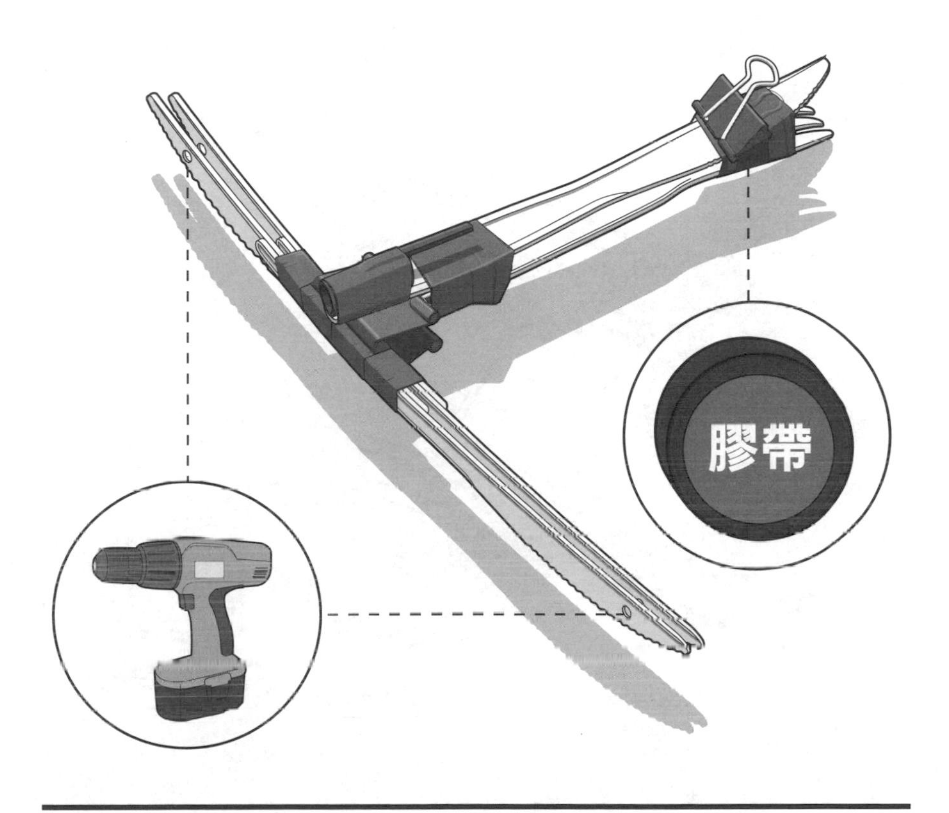

弓組件的另一端，約距刀尖½吋（1.27公分），鑽兩個弦線直徑大小的開孔。塑膠可能會裂，所以要慢慢鑽並且使用新的鑽頭。沒有電鑽是嗎？沒問題——弦線依然可在下個步驟僅用膠帶附著至弓臂（未顯示）。

接下來，取一個小型長尾夾用膠帶黏至這件塑膠料弩，位於刀刃上方。先以膠帶繞著下方金屬把手，然後再加更多膠帶穿過長尾夾的身體，將它固定。黏上以後長尾夾應該仍可以運作自如。

步驟7

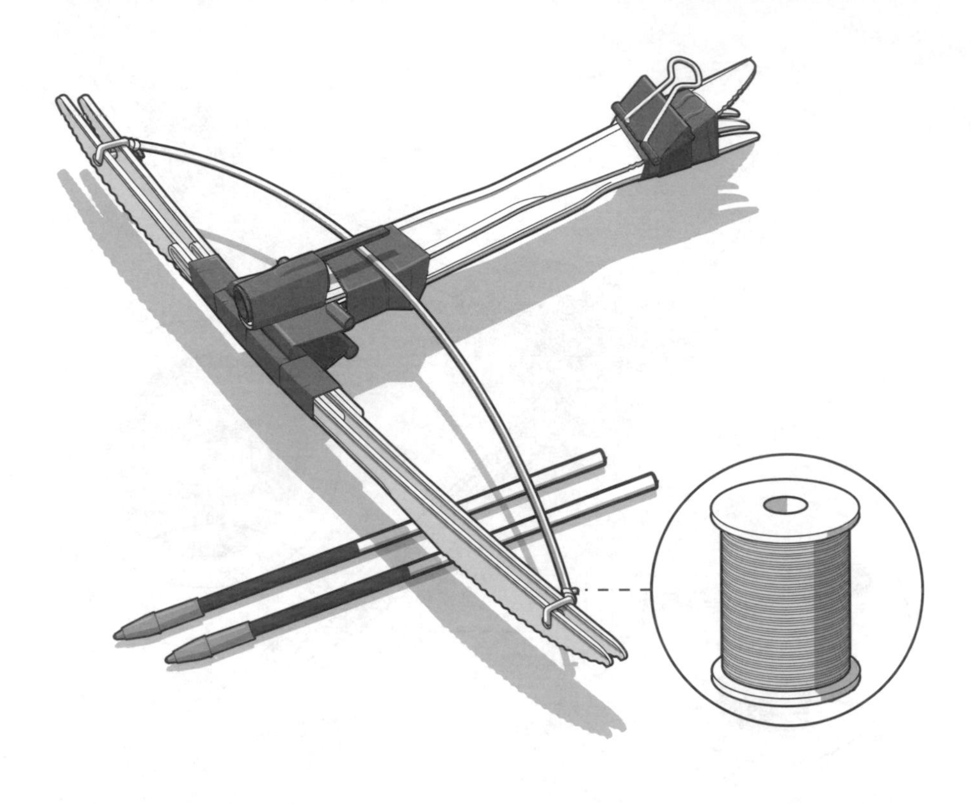

要將此件塑膠料弩做好，還得加上弓弦。運用前面步驟鑽出的兩個孔，各自將弦線綁在弓的末端；建議要用雙結。接下來，稍微彎曲弓，穿過另一端的孔用另一個雙結繫上，讓弦繃緊。清除兩端多餘的線頭，塑膠料弩就完成了！

若要發射，把弦往後拉放入長尾夾，然後裝上一個原子筆芯、木籤或細木釘，用筆蓋當做是導箭器。小心挑選一個目標，瞄準，然後扣下長尾夾扳機。

要記得戴上護目鏡！弩矢飛得很快，箭頭頗尖，而且塑膠餐具在極度壓力之下會破裂。**迷你小兵器不應對著活物為目標。**要和觀眾保持安全距離，而且要在控制之下操作。自製武器難免發生故障，而且**原子筆芯受撞擊可能會爆開。**

冰棒棍弩

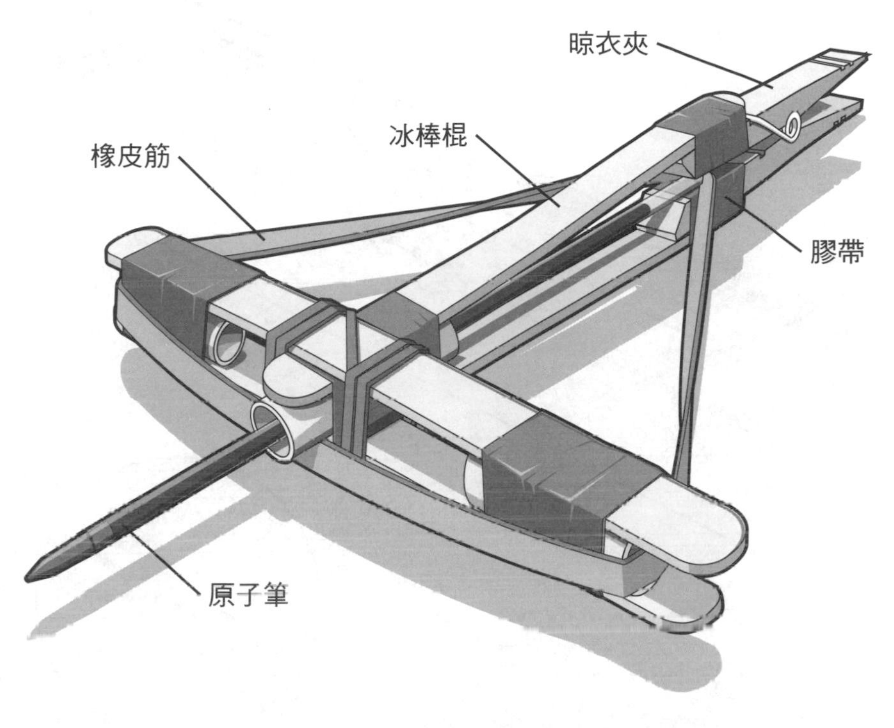

射程：3~7.5公尺

雖然說是一種優越的武器，中世紀的弩確實有些缺點。就算是最有錢的國王，讓全軍都配有弩是一筆相當昂貴的開銷，而且製造這種武器會用去保貴時間。這兒提供一個現代化解決方案：冰棒棍弩！價格低廉又可大量製作，真是任何後備部隊的一大助力。

材料

1支塑膠原子筆
4根冰棒棍
大力膠帶
1個晾衣夾
1條寬橡皮筋
1條橡皮筋

工具

大剪刀或美工刀
小鉗子（選用）
熱熔膠槍

彈藥

1個以上的原子筆芯

步驟1

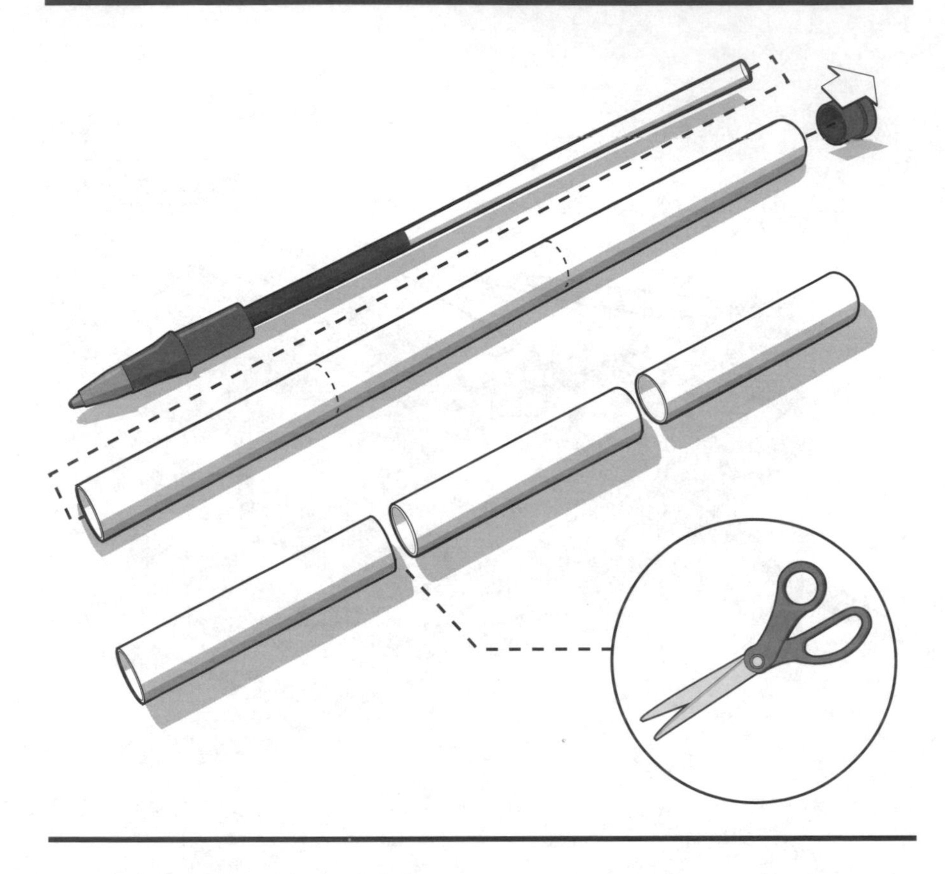

把一支塑膠原子筆拆成各部分零件。依據原子筆的製作方式，可能需要借助工具才能拆除筆管後塞。大剪刀或美工刀（用來切）或小鉗子（用來拉）都能發揮功效。

筆芯移走之後，用大剪刀或美工刀小心把筆管切成三等分。

步驟2

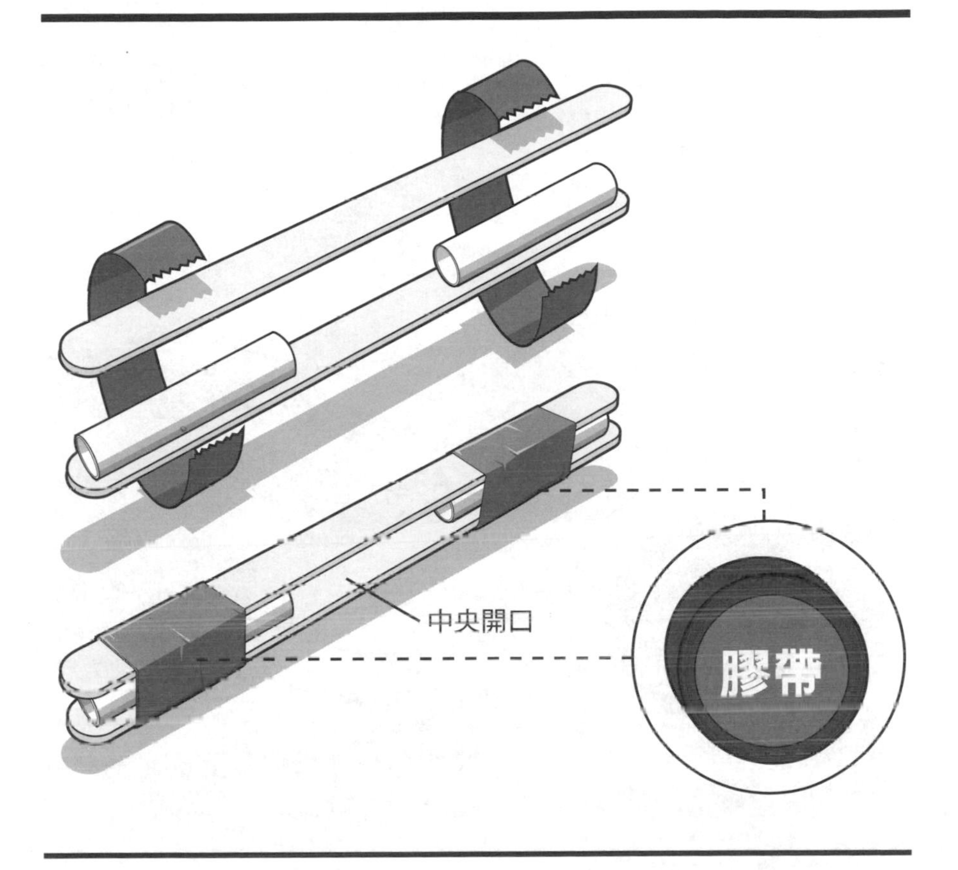

距兩端¼吋（0.64公分）的地方，把切小的筆管夾在兩根冰棒棍之間，如圖中所示。用膠帶把組件黏合起來，但是不要蓋住中央開口。無法彎曲的弩弓臂就完成了。

步驟3

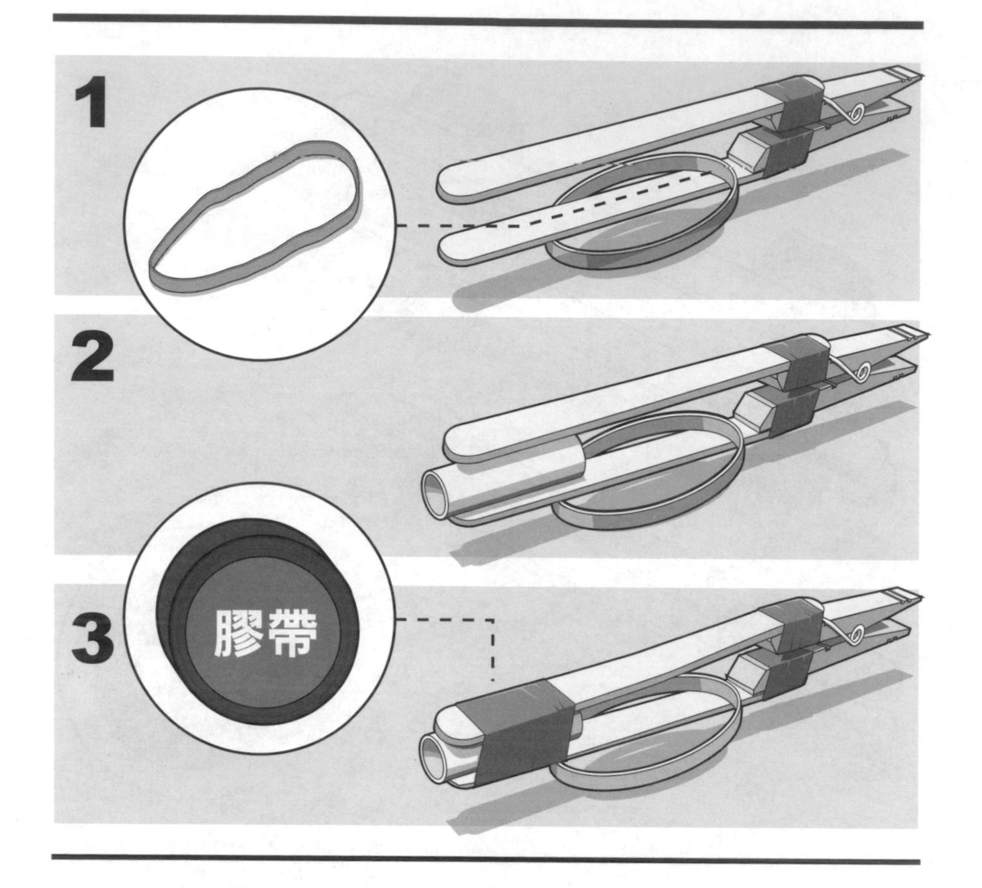

接下來，將兩根冰棒棍用膠帶連上晾衣夾叉腳的上下，交疊1吋(2.54公分)。**組合的時候不要用膠帶把整個晾衣夾都纏起來**——組好之後晾衣夾應該仍能夠運作。把一條寬橡皮筋塞進已組裝好的兩根冰棒棍之間(圖1)。這條橡皮筋現在讓它放鬆。

將第三個也就是最後一個筆管等分置入那兩根連在一塊的冰棒棍之間(圖2)。圓柱體與冰棒棍的尖端切齊，用膠帶緊緊纏在一塊(圖3)。弩臂就完成了。

步驟4

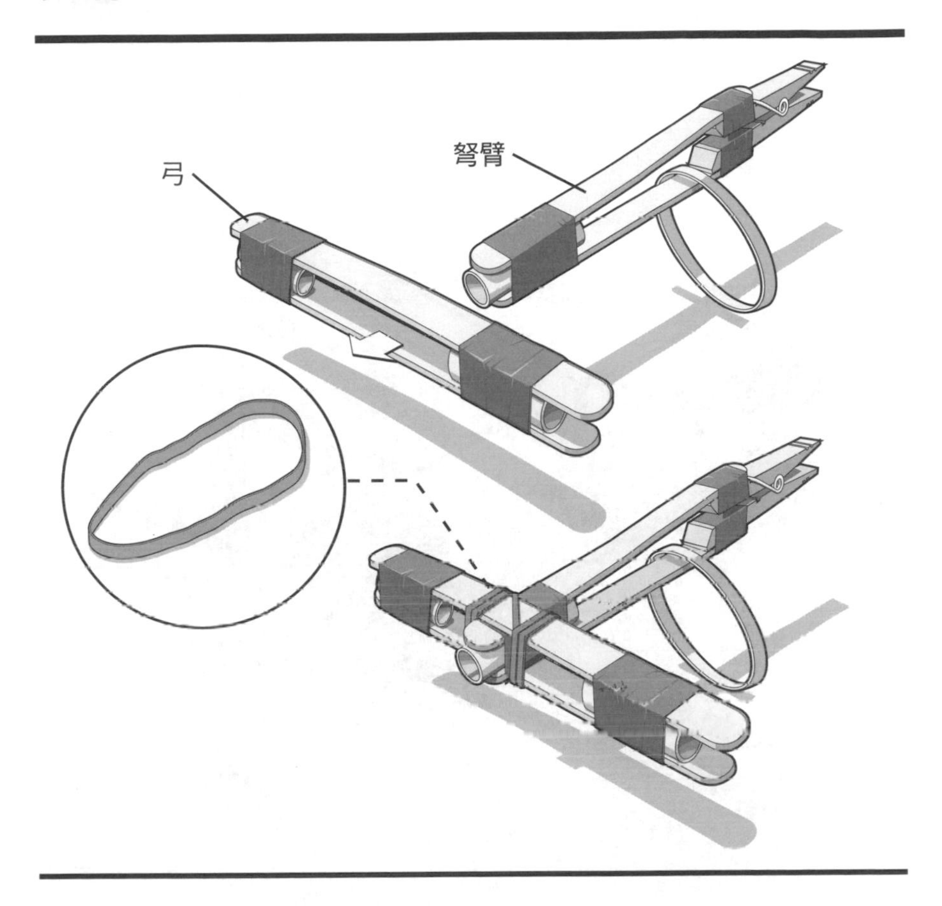

將前幾個步驟的弩臂和弓組連接在一塊。首先，弩臂套入弓殼的冰棒棍之間。把弩臂置中，而且原子筆管伸出弓約¼吋（0.64公分），用一條橡皮筋固定兩組件，如圖中所示。

步驟5

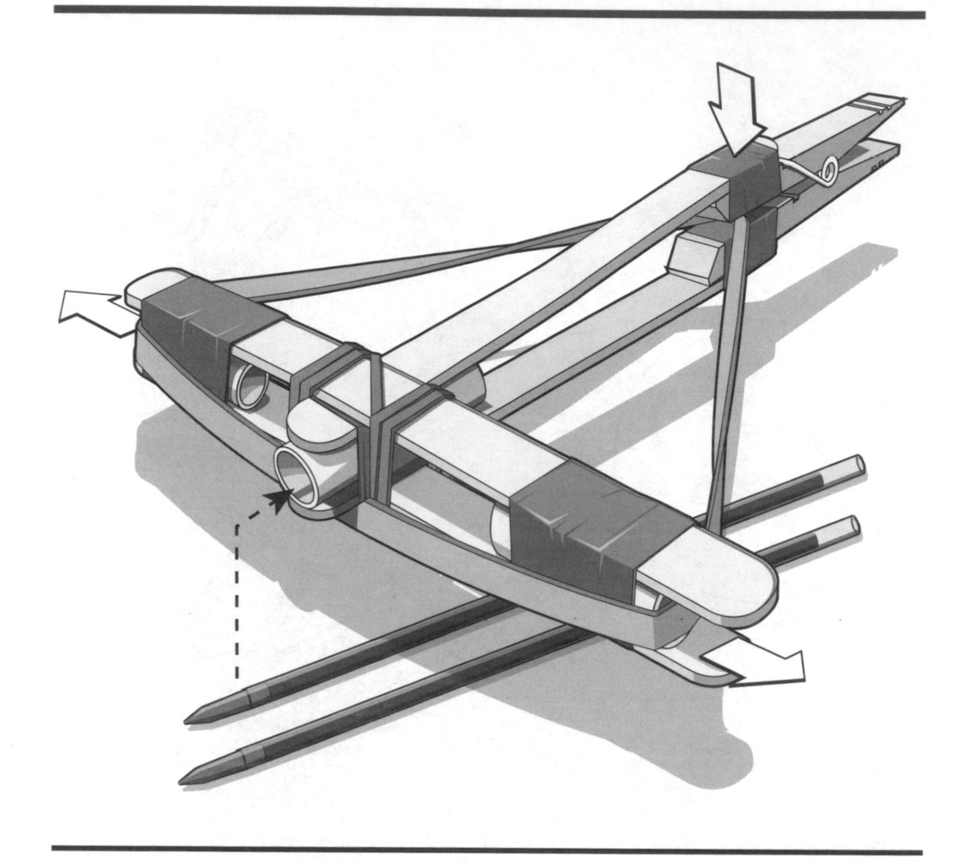

現在把鬆垂的橡皮筋繞著弓組件，如圖所示。為避免阻礙，將橡皮筋前方的圈塞在筆管¼吋（0.64公分）懸出的部分之下。後環圈發揮非傳統弓弦的功能，冰棒棍弩就做成了。

要發射的話，拉動橡皮筋置入晾衣夾，讓弓弦張好就定位。把一支原子筆芯裝進筆管內，如157頁圖中所示，小心選定一個目標，釋放橡皮筋。

記得戴上護目鏡！弩箭飛得很快，而且箭頭頗尖，而且橡皮筋在極度壓力之下會斷裂。**迷你小兵器不應對著活物為目標。**要和觀眾保持安全距離，而且要在控制之下操作。自製武器難免發生故障，而且**原子筆芯受撞擊可能會爆開**。

塑膠直尺弩

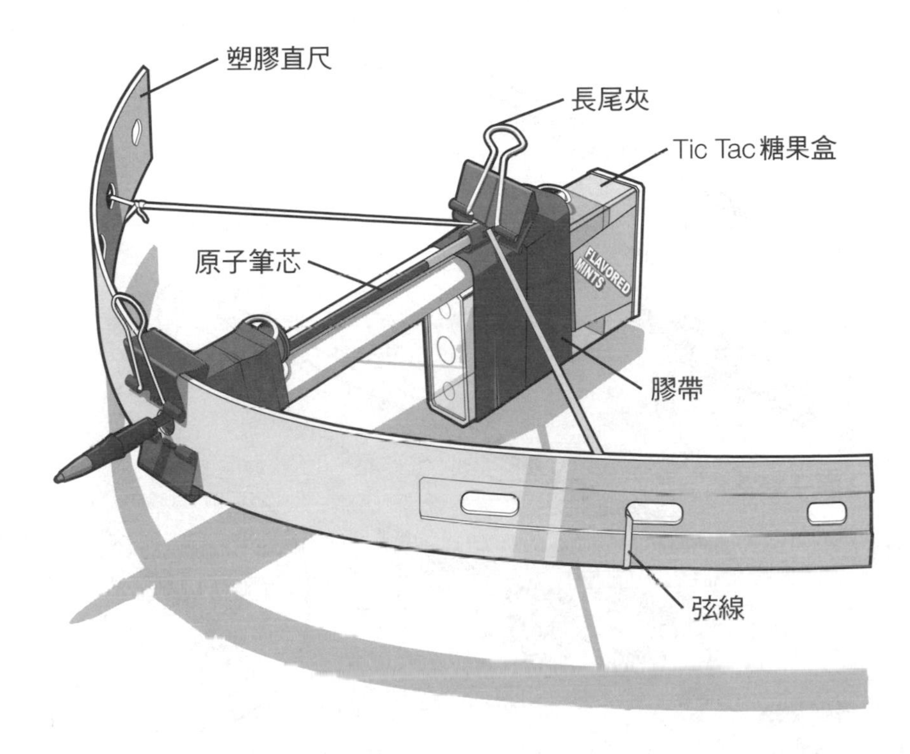

射程：3～7.5公尺

這件神奇的塑膠直尺弩，可用來威嚇反對你的人。耐用的塑膠框架配上金屬夾，這件弩堅固耐用。弩最尾端有一個整合式的手把可增進控制，這就有助於確保弩手準確射中目標。

材料

2支塑膠原子筆
1支塑膠尺，具有栓孔
3個小型長尾夾（19mm）
大力膠帶
1個Tac Tic糖果盒
弦線

工具

護目鏡
鉗子或一根細木釘（選用）
美工刀
剪刀（選用）

彈藥

1支以上的原子筆芯

步驟 1

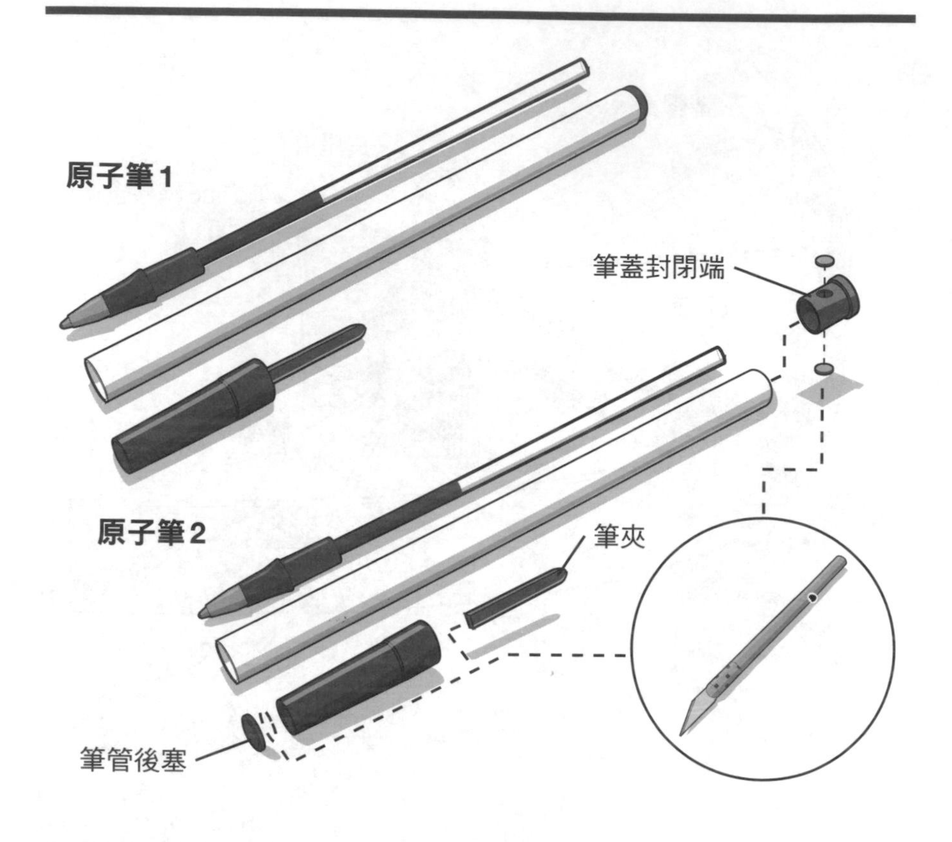

將兩支塑膠原子筆折解，取出筆頭塞以及筆芯。

其中一支筆的筆管後塞卸下。你可能需要用到鉗子或細木釘之類的工具才能把它弄鬆。用美工刀改造筆管後塞，在它上頭切出兩個小小的開孔，大小能讓弦線穿過即可，兩者要平行相對。

接下來，用美工刀把筆蓋的封閉尖端以及筆夾都切掉。

步驟2

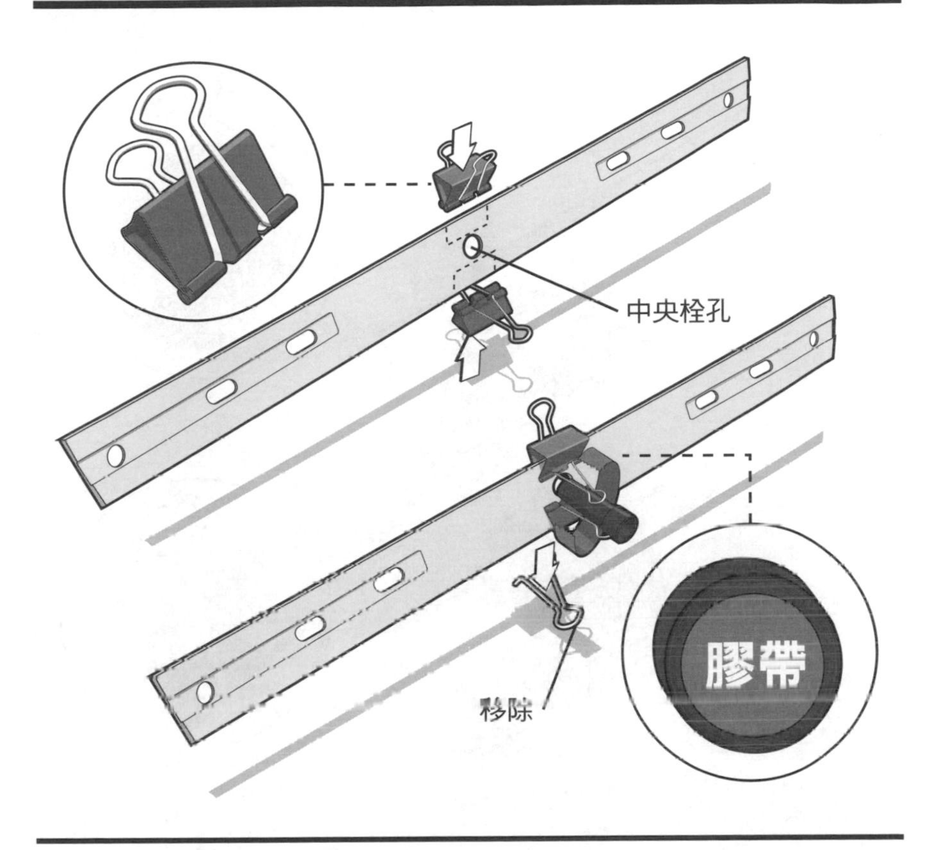

本件在挑塑膠尺的時候，要選尺身具有好幾個栓孔的款式，包括有兩孔在兩末端以及一孔在中央。取兩個長尾夾夾上直尺中央位置，一個在開孔上方另一個在開孔下方。長尾夾的身體不應擋住開孔。

接著把前後削去的筆蓋塞進那兩個長尾夾之間，如圖中所示，筆蓋要靠在長尾夾所附的兩金屬把手之間。用膠帶把筆蓋／金屬把手組件紮在一塊。至於剩下的兩金屬把手，上方者留在原位，下方者移除，如圖中所示。

步驟3

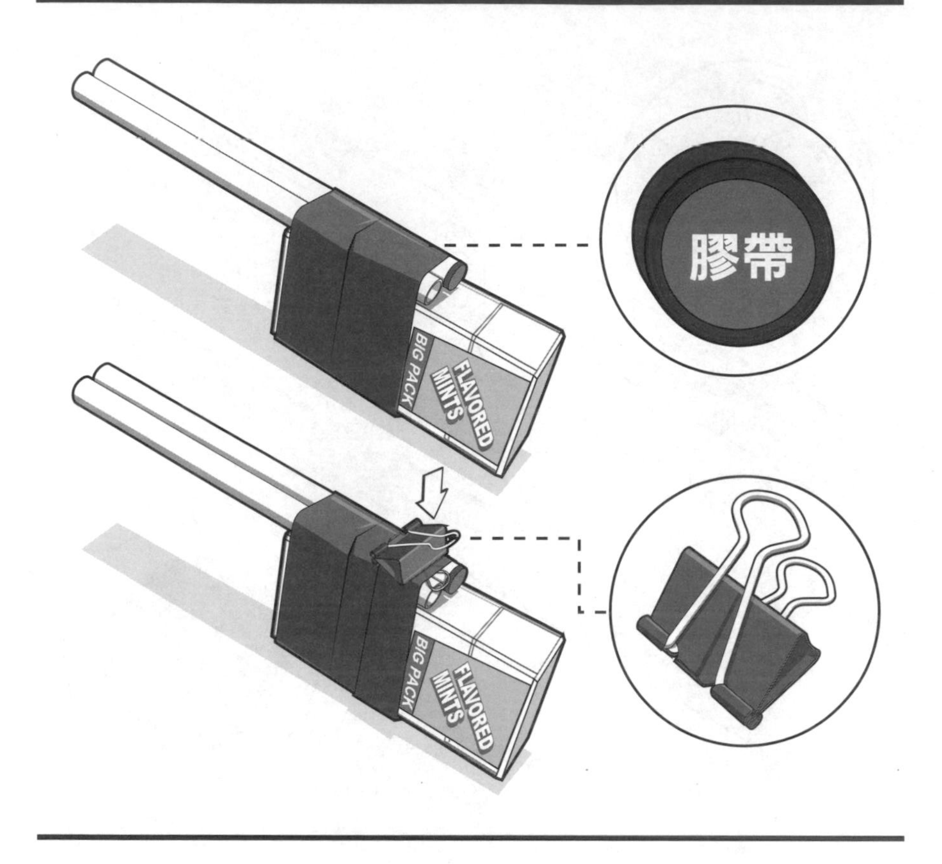

弩柄是用Tic Tac糖果盒製作而成。兩支筆管皆置於Tic Tac糖果盒的一側，相疊大約1又½吋（6.35公分）。用膠帶把筆管綁在糖果盒上。

接著，把一個長尾夾用膠帶固定至那堆零件，筆管的上方。

用膠帶纏繞金屬手把然後穿過夾身，將那支長尾夾固定。固定好以後，長尾夾應該仍然可以順利運作。

步驟4

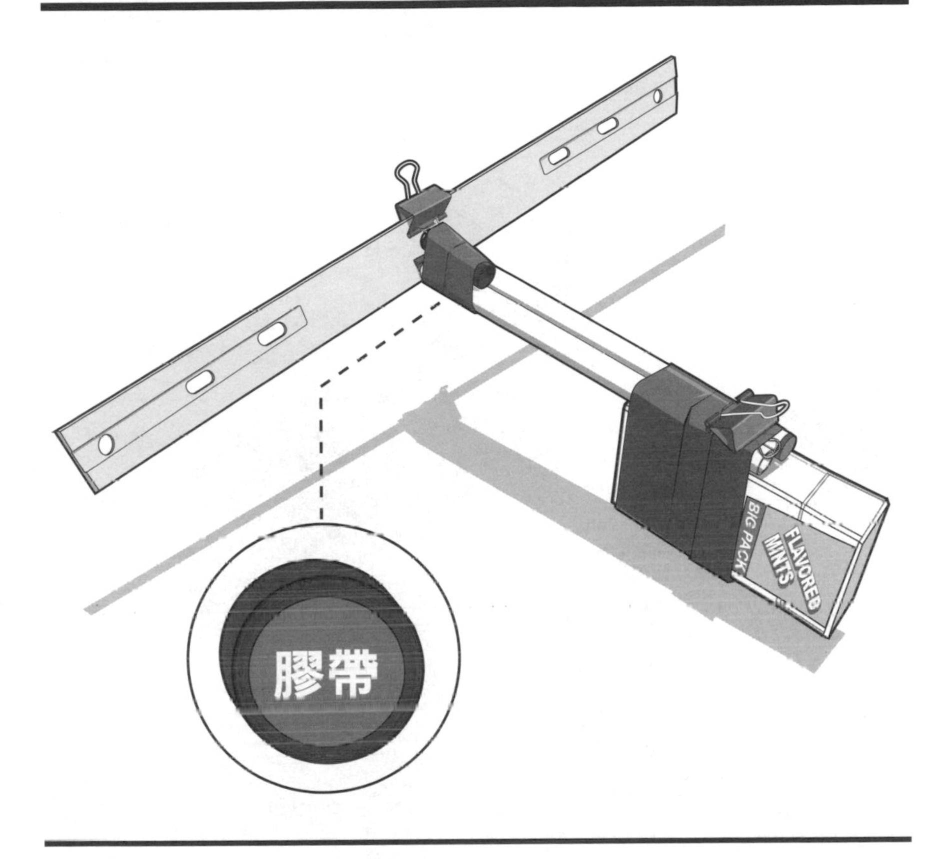

現在將所附筆蓋靠在筆管的末端上頭，把直尺組件放在弩臂前方。直尺組件拉直成90度，然後繞著筆蓋和筆管緊密纏繞膠帶。如果沒能穩固纏緊繫牢，這連接部分就會失效，所以在繼續下去之前要反覆檢查連結處。

步驟5

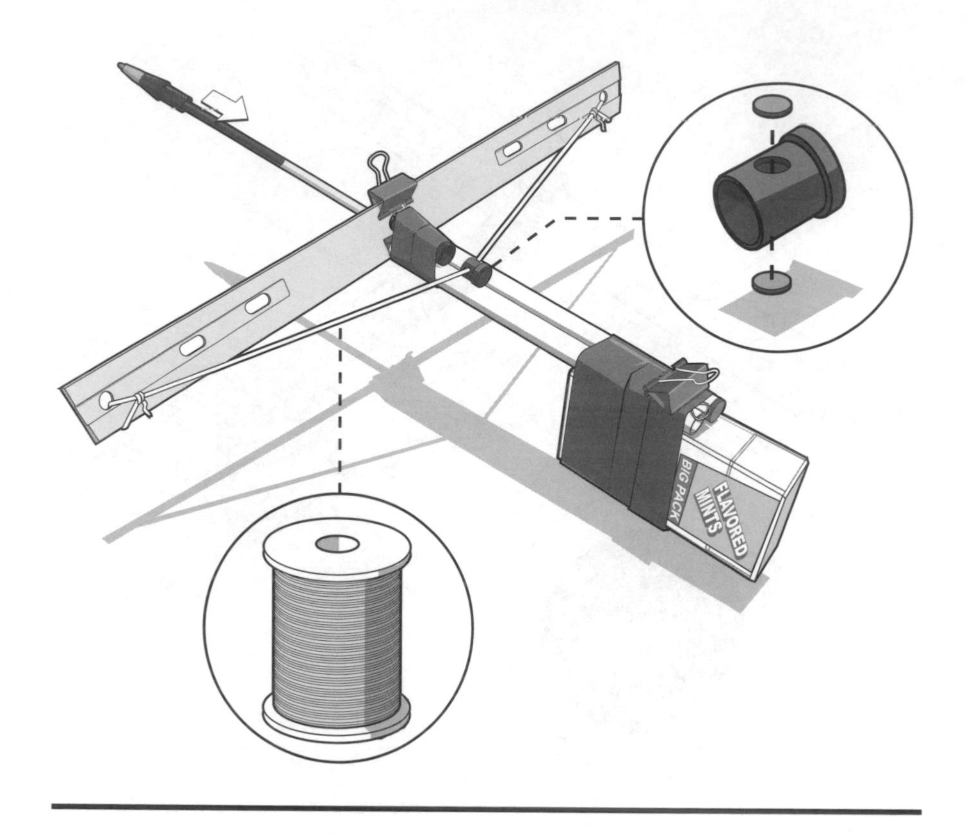

要完成這件弩，還得加上弓弦。先把弦線穿過直尺一端栓孔打個雙結。因會有張力，所以建議要打雙結。接下來把綁好的線穿過步驟1你在筆管後塞上所鑿出的兩個小孔。這筆管塞會成為發射機構的一部分。

然後，讓直尺稍微彎曲，綁住弓的另一端，穿過另一末端的栓孔並且再打個雙結，讓弦繃緊。

塑膠料直弩完成了。若要發射，把弩箭（筆芯）載入筆管塞內，然後把它扣入長尾夾。小心選好目標，瞄準，鬆開長尾夾扳機。

仔細研讀ix頁的安全守則！ 弩箭（筆芯）飛行速度很快而且具有尖端，塑膠尺在重大壓力之下會斷裂，而且**筆芯受衝擊可能會爆開。**

辦公用品弩

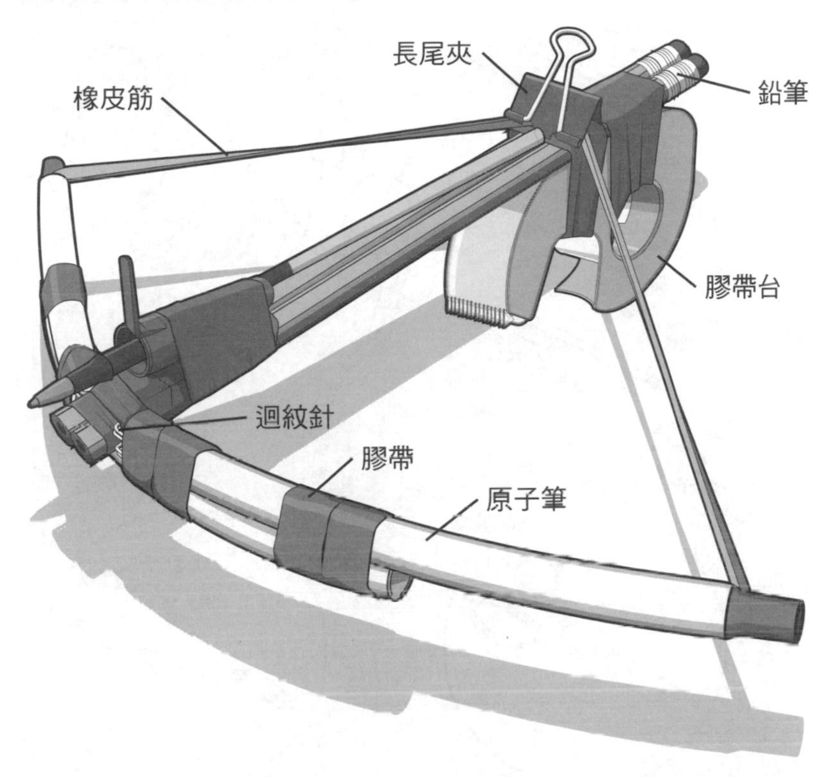

射程：3至7.5公尺

每個毀滅小兵器的用戶都有權保護桌面域免受入侵者侵害。用觸手可及的日常用品——原子筆、鉛筆、迴紋針、長尾夾、膠帶台打造辦公用品弩，打擊任何覬覦你桌上物品的小偷——這將是你最自豪的辦公室成就之一！它結構簡單，沒有必要為了建造而加班。

材料

3支塑膠原子筆
4個大型迴紋針
2支鉛筆
大力膠帶
1個膠帶台
1條粗橡皮筋
1個小型長尾夾（19㎜）

工具

護目鏡
大剪刀
鉗子
熱熔膠槍（選用）

彈藥

1支以上的原子筆芯

步驟1

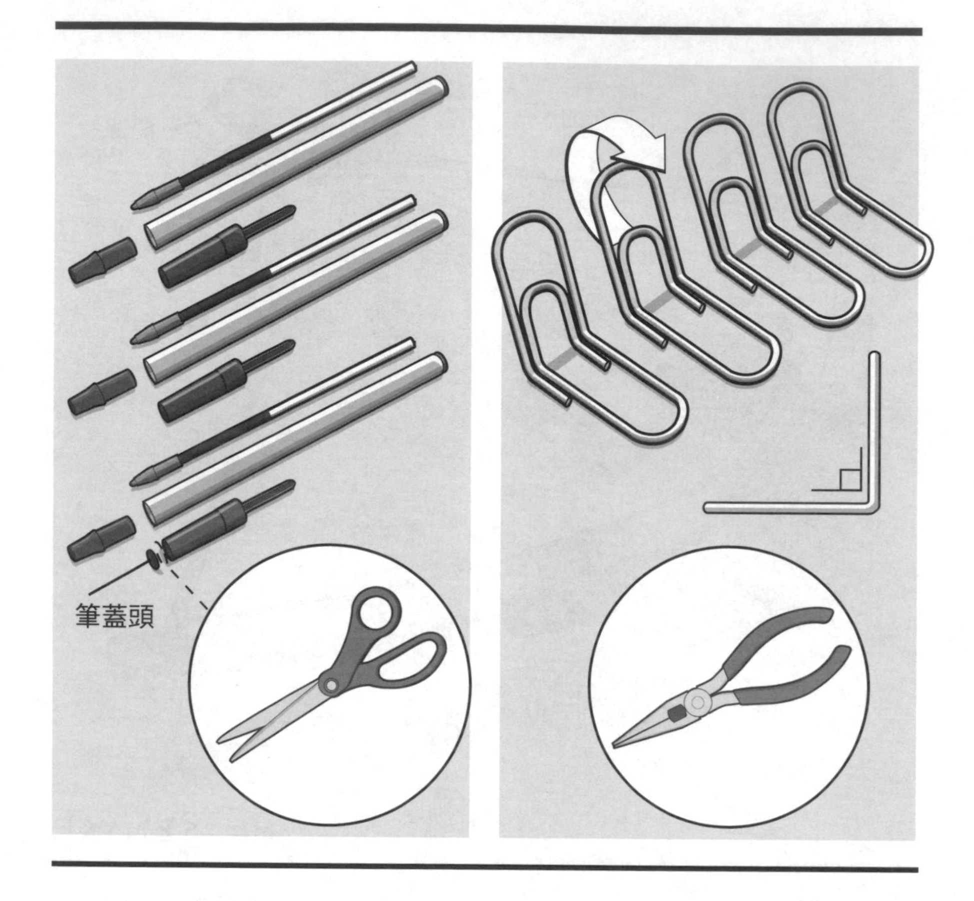

拆開三個塑膠原子筆，移去筆頭還有筆芯。用大剪刀小心切去筆蓋頭修改筆蓋，如圖中所示。

接下來，用鉗子將四個大型迴紋針對半彎折，每個中央部分都做出90度角。

步驟2

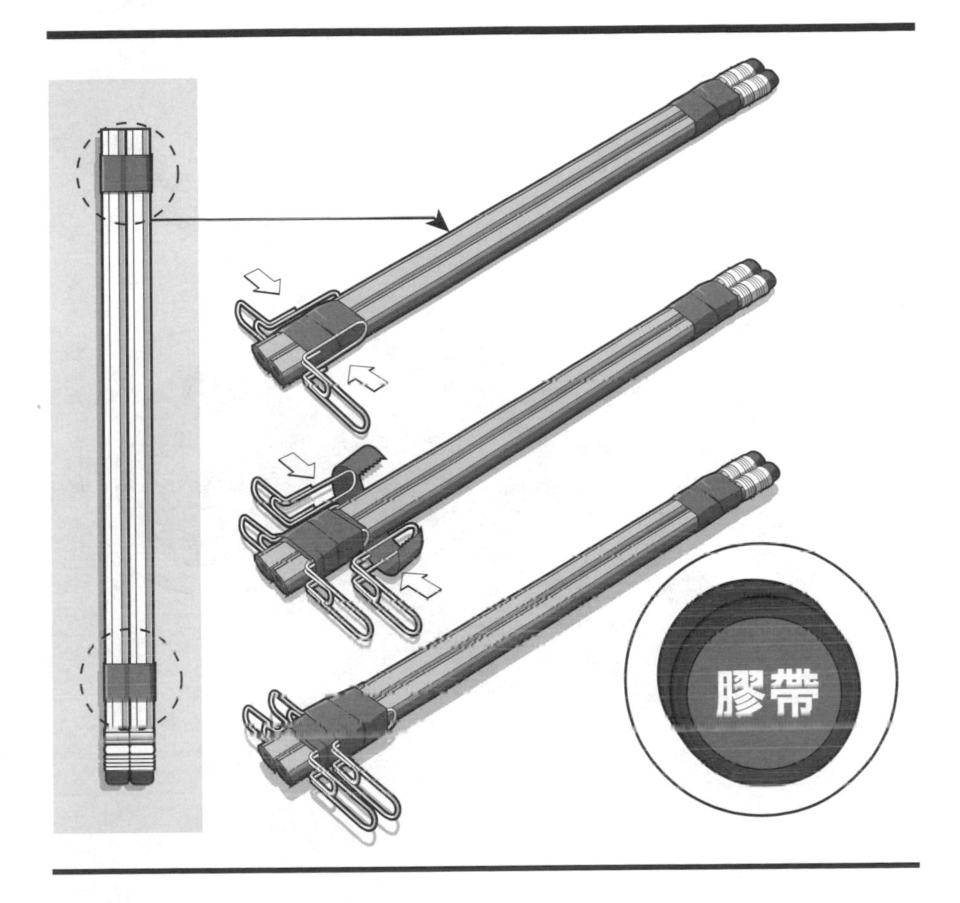

開始製作弩臂，兩支鉛筆用膠帶在距末端各為½吋（1.27公分）之處綁起（如左圖所示）。

兩個彎折過的迴紋針用膠帶綁在鉛筆組件的對側，距離無橡皮擦那端大約¼吋（0.64公分）。重覆這個步驟，讓第二對迴紋針凸出部為之前黏上迴紋針之後¼吋（0.64公分）——差不多是下個步驟要黏上筆管的寬度。

如果這幾個連結處沒能纏緊固定好，就會導致故障，所以在繼續之前要再三確認。

步驟3

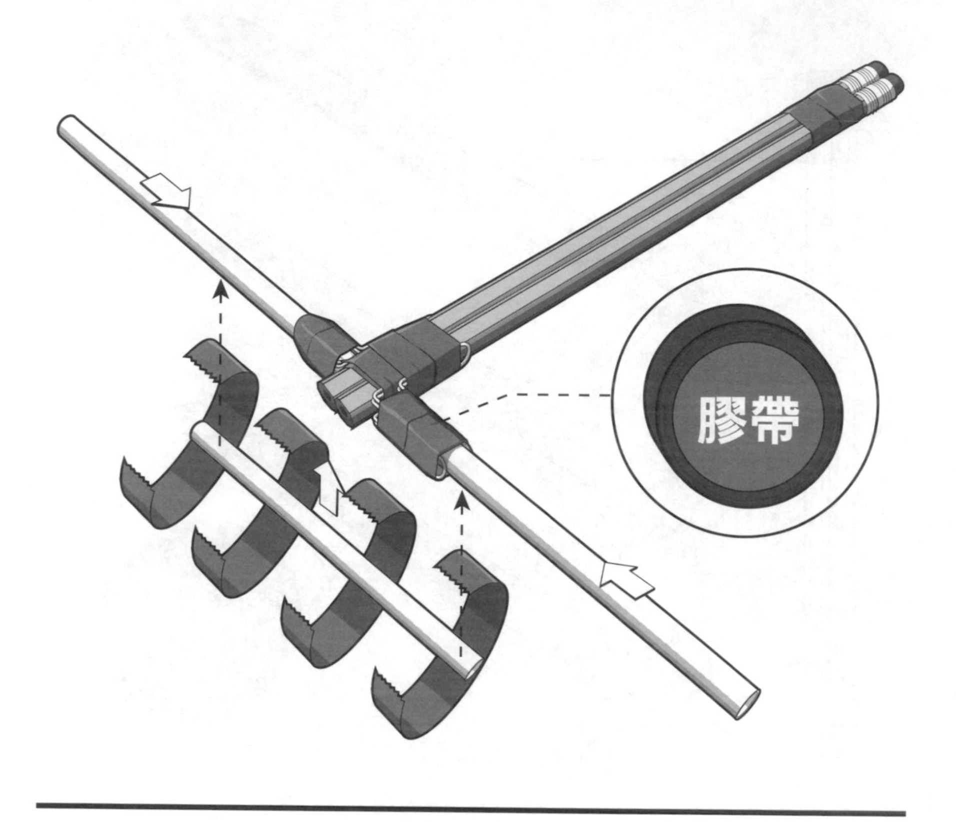

鉛筆弩臂的相對那一端，把兩支筆管套入附上的迴紋針之間。用膠帶把兩筆管皆牢牢黏在個別對應的迴紋針支架上。

為進一步支撐弓組件，緊緊用膠帶把第三支鉛筆纏繞至所附上筆管的底側。第三支的筆管應在纏上膠帶之前對準中央。

步驟4

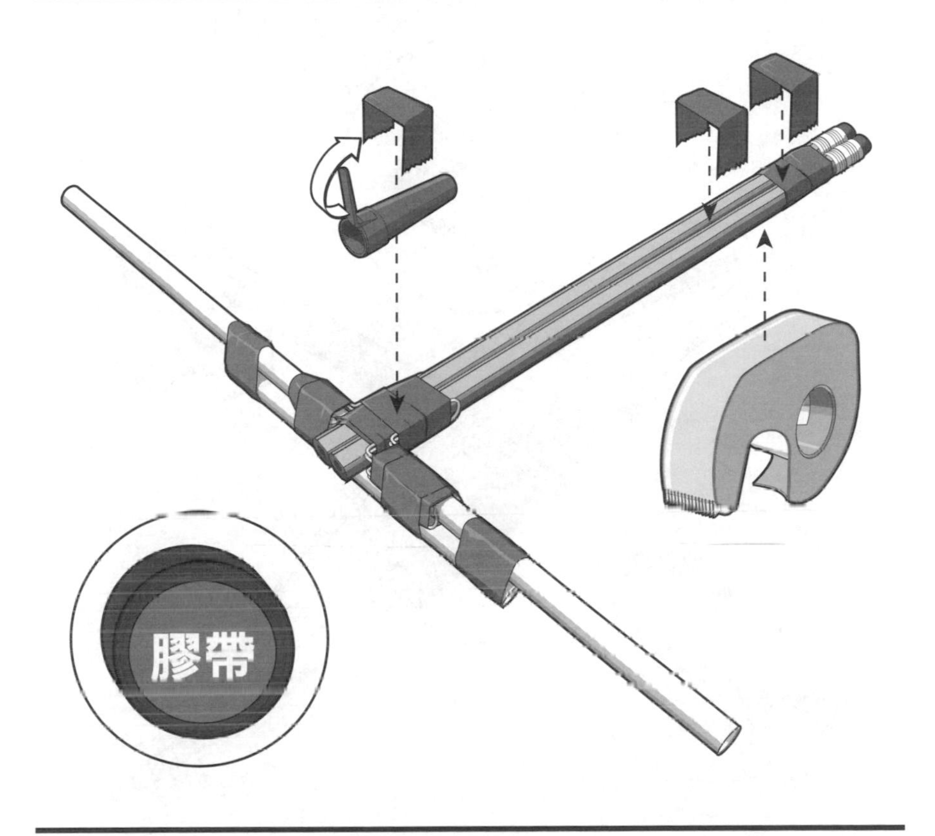

取來改裝過的筆蓋（去掉筆蓋頭），小心將塑膠筆夾細部往後彎折成為90度角。接著把這筆蓋用膠帶黏至弩臂前方，筆夾細部直指上方，以作為準星之用。

至於弩的肩拖，把一個膠帶台上下顛倒過來黏至弩臂底部。這膠帶台就成為簡單好用的握把，還帶有代用的扳機護指。

步驟5

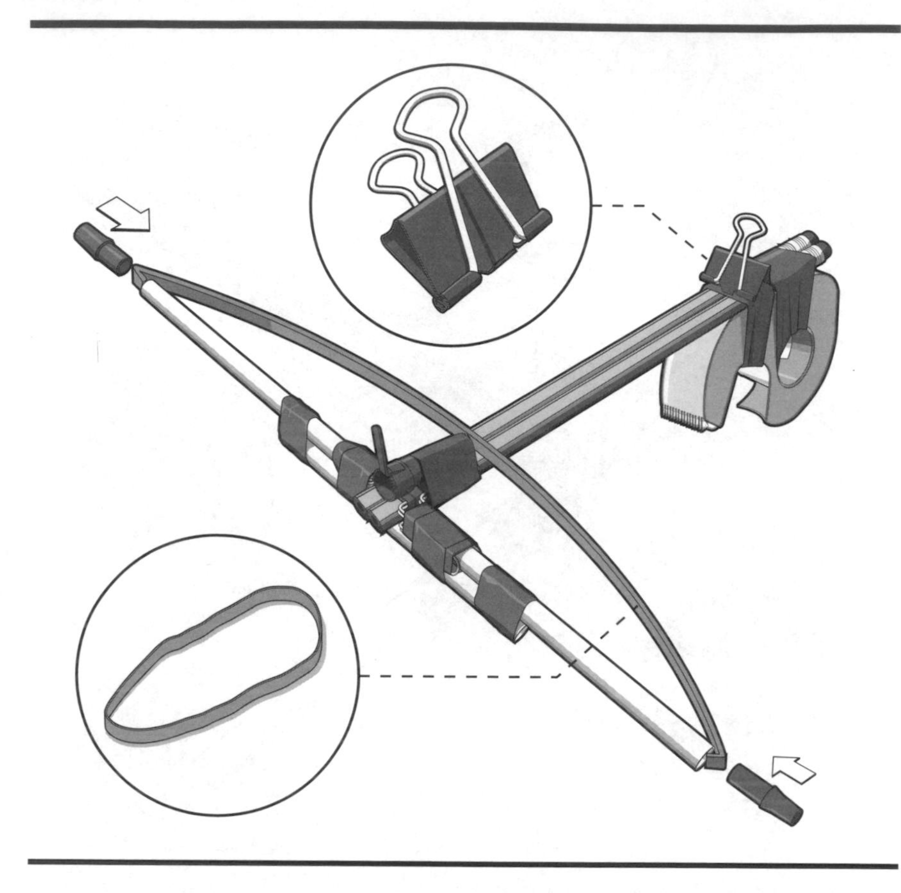

用剪刀切斷一條粗橡皮筋。接著把拉直的橡皮筋塞入位於弩弓相對兩末端的中空筆管內。把兩筆頭蓋皆塞回筆管內，以將此弓弦固定。若有需要，加上結、膠帶或膠水以增加支撐力。

接下來，用膠帶把一個小型長尾夾固定至肩托，膠帶台之上。用膠帶纏繞其中一條金屬把手，然後穿過長尾夾身的內部，藉此將它固定。纏好之後夾子應該依然能夠發揮功能。

辦公用品弩完成了！要發射的時候，裝上一支弩箭（筆芯）穿過筆蓋管身，然後把橡皮筋以及筆芯一起用長尾夾扣住。小心選好目標，瞄準，鬆開長尾夾扳機。**仔細研讀ix頁的安全守則！** 自製武器可能會故障，而且**筆芯受衝擊可能會爆開。**

複合弩

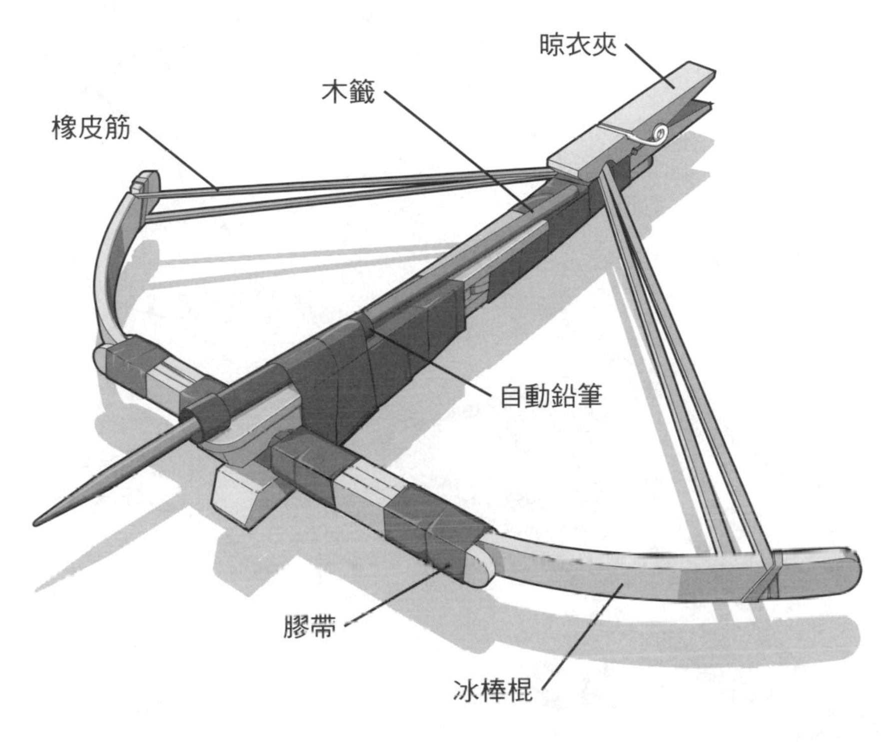

射程：3至7.5公尺

複合弩傳統的全木設計使其擁有優越的速度、射擊性能和使用上的舒適性。「乳膠製」高能量弓弦，使這個迷你武器成為弓弩的首選，讓你在射擊遊戲中佔盡先機！

材料

7根冰棒棍
5條橡皮筋
2個晾衣夾
1支廉價的自動鉛筆
大力膠帶

工具

護目鏡
美工刀
2塊2格X4格的組合積木
一盆溫熱的水
大剪刀（選用）

彈藥

1根以上的木籤

步驟 1

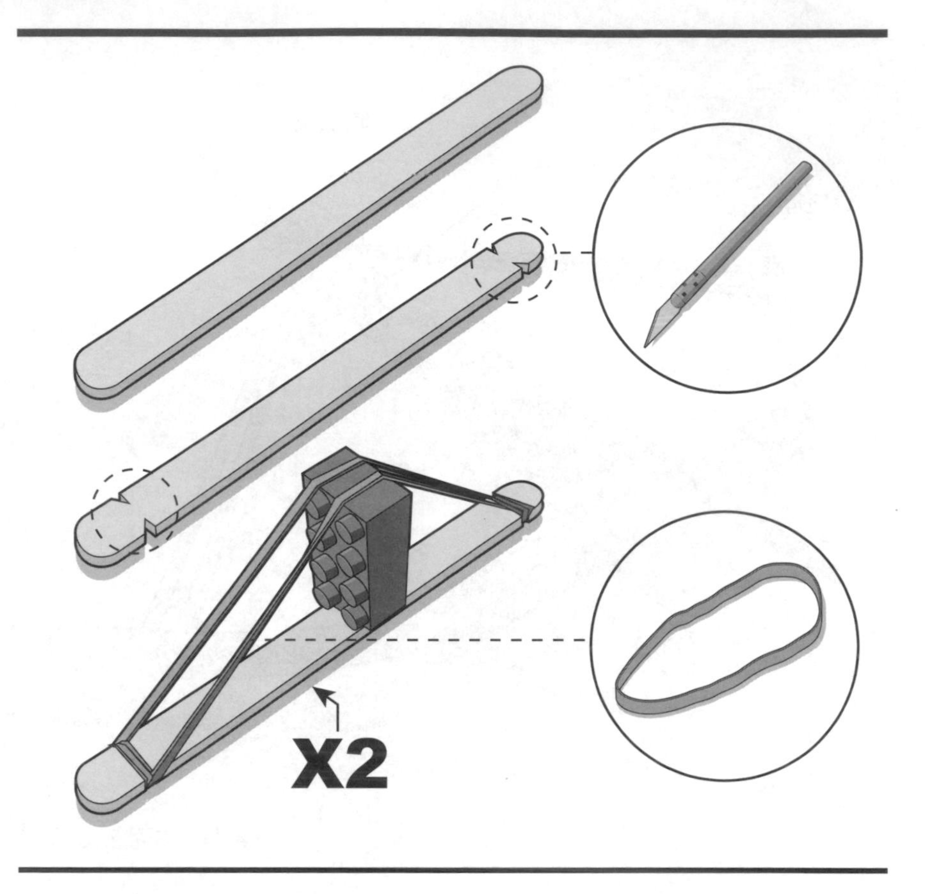

用一把美工刀，將一根冰棒棍的兩端都刻出小缺口，約距尖端½吋（1.27公分）處。然後取一圈橡皮筋繞過兩組缺口。一旦橡皮筋就定位，塞入一個2格X4格的積木（或同樣大小的什麼東西）直立放在橡皮筋下方。另一根冰棒棍也重覆此步驟，總共做好兩個成品組件。

步驟 2

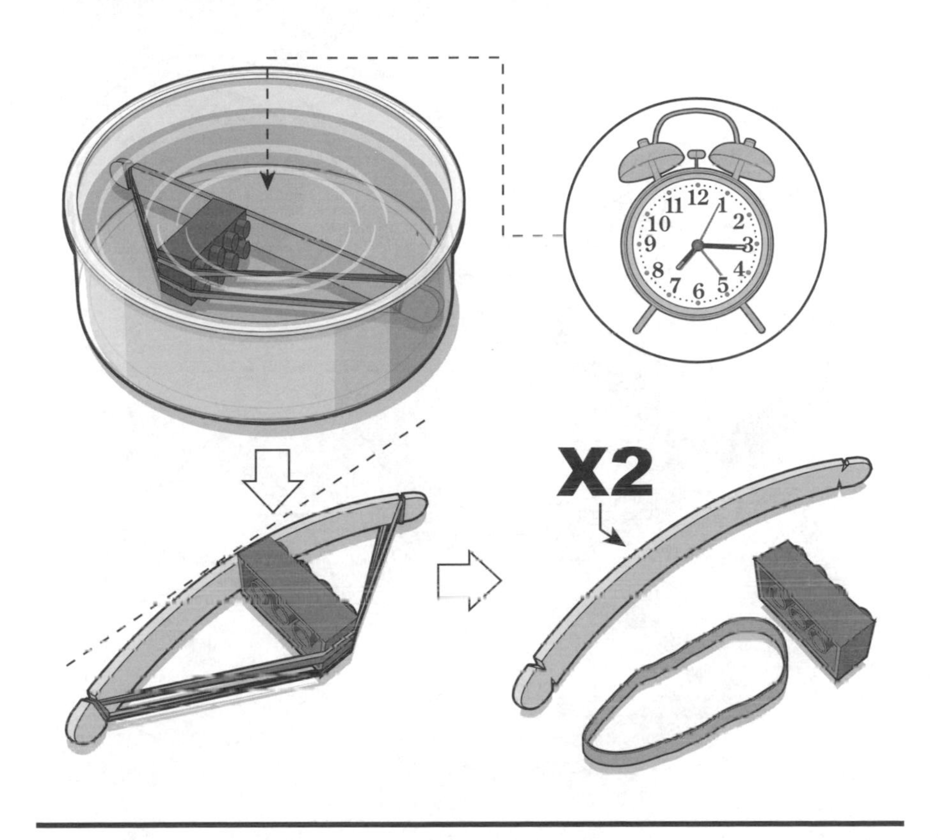

用水彎曲木頭是個十分有趣的製作過程，各行各業的木工都會用到。你可以小試一下這項技藝，將兩根冰棒棍組件皆完全浸入整碗溫熱的水裡，讓木頭吸飽水分而能更增其可被彎曲的特性。先把組件浸泡60至90分鐘，再移出彎曲。橡皮筋會對此彎曲製程有所助益。

橡皮筋依然保留在上頭，緩緩以手指增加每根冰棒棍的弧度。讓潮濕的冰棒棍乾燥30分鐘以上，使弧度定型。一旦冰棒棍乾了，移去橡皮筋及玩具積木。

步驟3

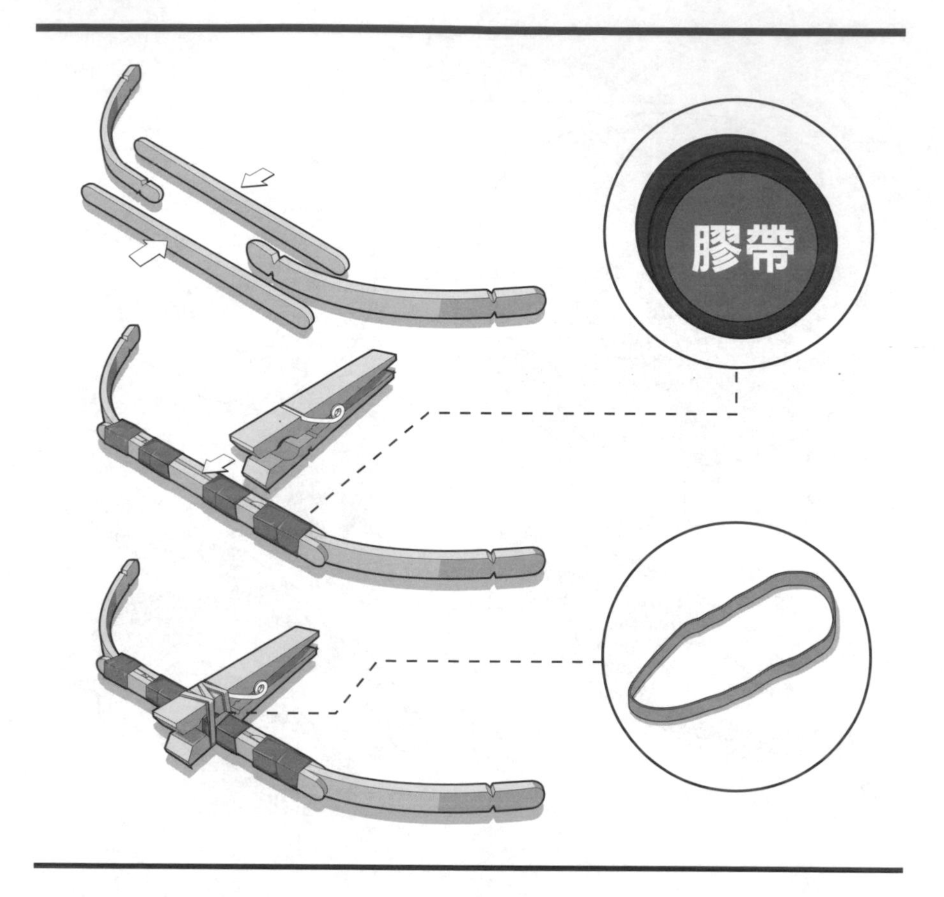

將彎曲的冰棒棍夾在兩根直的冰棒棍之間，對應端隔開大約2吋(5.08公分)，如上圖所示。用膠帶把組件黏合在一起。

接下來，冰棒混組件的中央夾上一個晾衣夾。把冰棒棍組件塞進晾衣夾叉腿的圓形細部。以橡皮筋將晾衣夾和冰棒棍綁在一塊，如圖中所示。

步驟 4

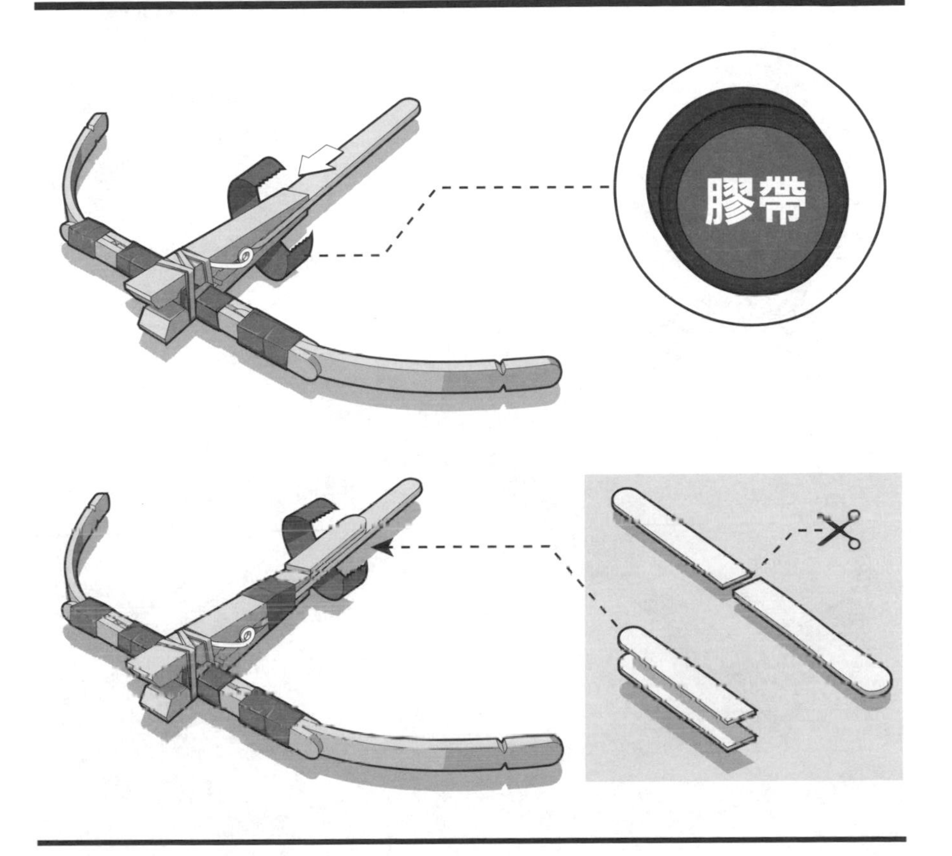

把一根冰棒棍置入所連接晾衣夾的叉腿之間。一旦與弩臂對齊並且觸及金屬彈簧，就用膠帶把冰棒棍牢牢固定。

用美工刀或是大剪刀，小心把另一支冰棒棍切成兩半。兩個切半疊放於所附晾衣夾的叉腿後方。以膠帶將它們固定。

步驟5

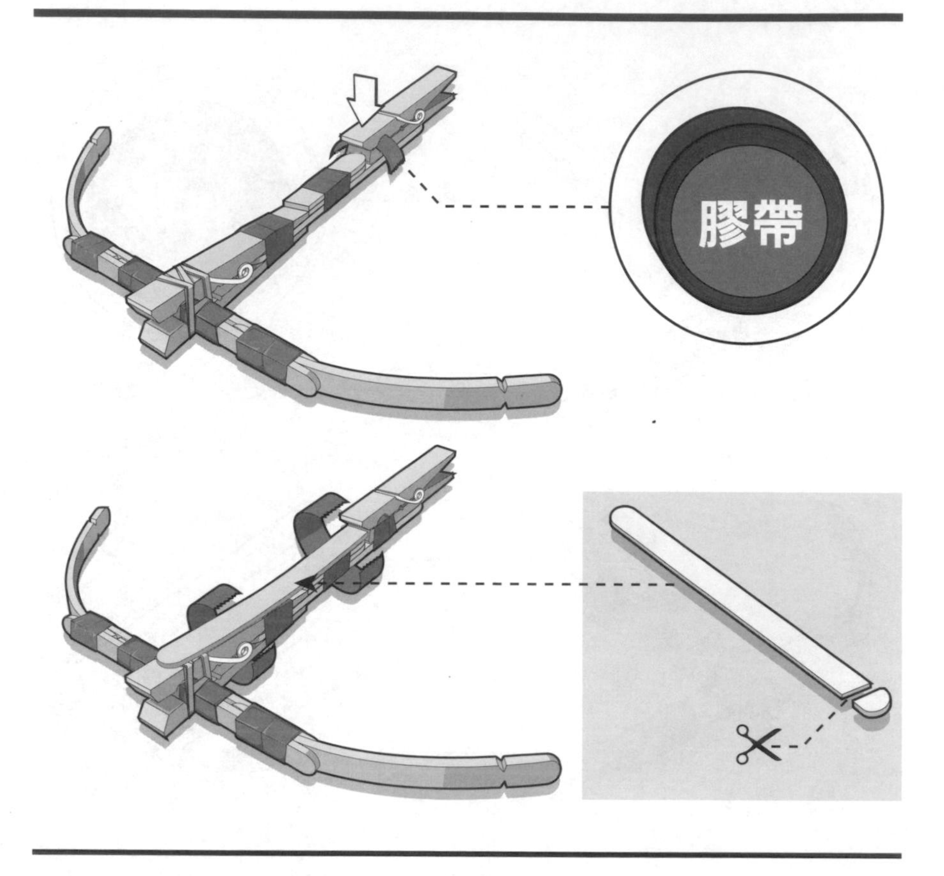

接下來，把最後一個晾衣夾用膠帶黏至弩臂上，放在所附冰棒棍頂面後側。膠帶穿過晾衣夾下叉腿內部纏繞，以便固定晾衣夾。黏上之後，晾衣夾應仍能運作自如。

用美工刀或大剪刀，小心把剩下最後一根冰棒棍的圓滑尖端切除。接下來，鈍頭端緊靠後方晾衣夾，用膠帶纏繞多處，將切過的冰棒棍黏附至弩臂。

步驟6

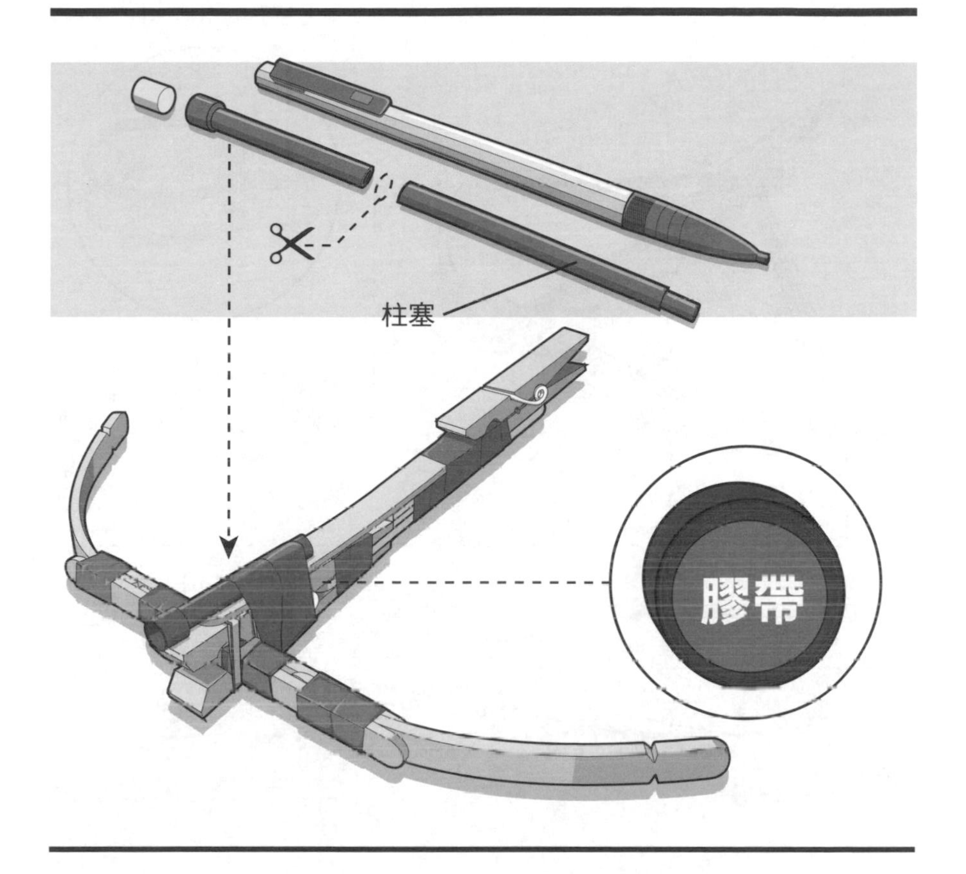

接下來，用蠻力把一支便宜的自動鉛筆拆開。抽出柱塞並且移除所附的橡皮擦。

用美工刀或大剪刀，小心切除柱塞尾端（橡皮擦側）1又½吋（3.81公分）。把這1又½吋（3.81公分）的柱塞元件放在前晾衣夾之上，如圖中所示，橡皮擦座朝前。用膠帶將柱塞固定。

步驟7

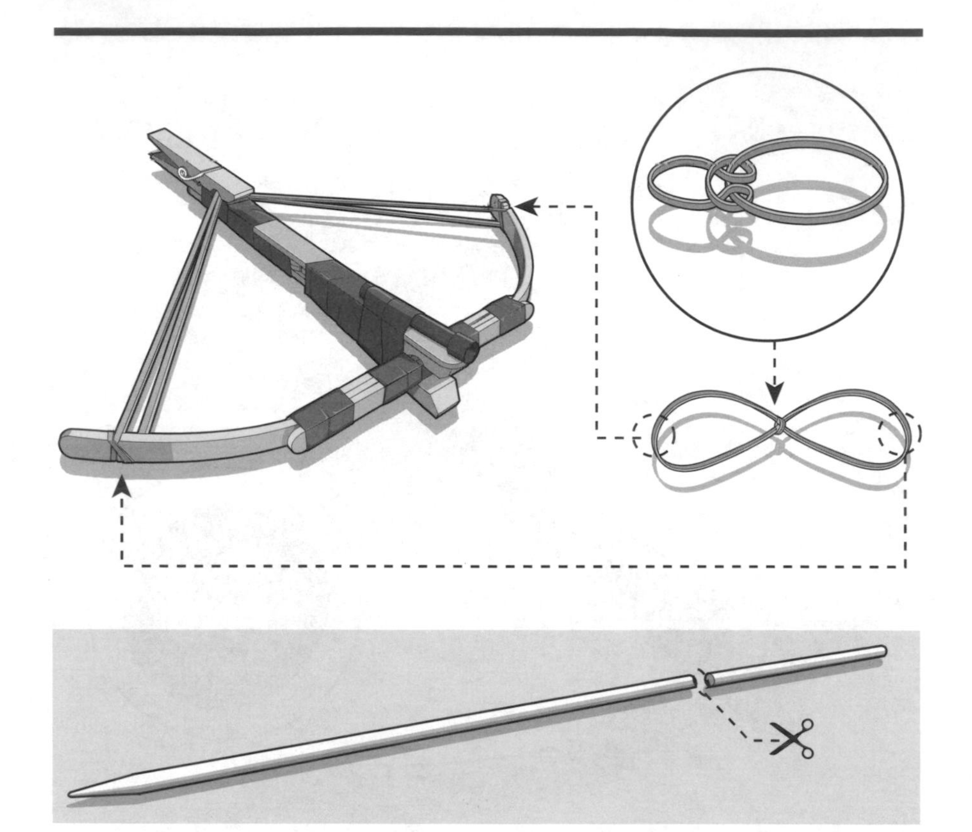

給這部複合弩加些彈性火力的時候到了！如果你有的是一般尺寸的橡皮筋，取兩條繞個圈打結相連；也可以用一條粗的橡皮筋代替。

一開始，橡皮筋組件每端各在弓臂未端的缺口細部繞兩圈。操作期間橡皮筋應該要留在原處，不過如果橡皮筋的連接法失效，用兩條額外橡皮筋固定安裝處。

我們建議用於這部弩的矢（箭）是把木籤弄短，切成6吋（15.24公分）長，不過你也可以用本書別處所提過的其他箭或矢。

製造工作至此大功告成！要想發射的話，把彈性弓弦扣入晾衣夾，然後穿過自動鉛筆的套筒裝上木籤，鈍端靠在晾衣夾扳機前方。小心瞄準，發射。**仔細研讀ix頁的安全守則！** 自製武器可能會故障。

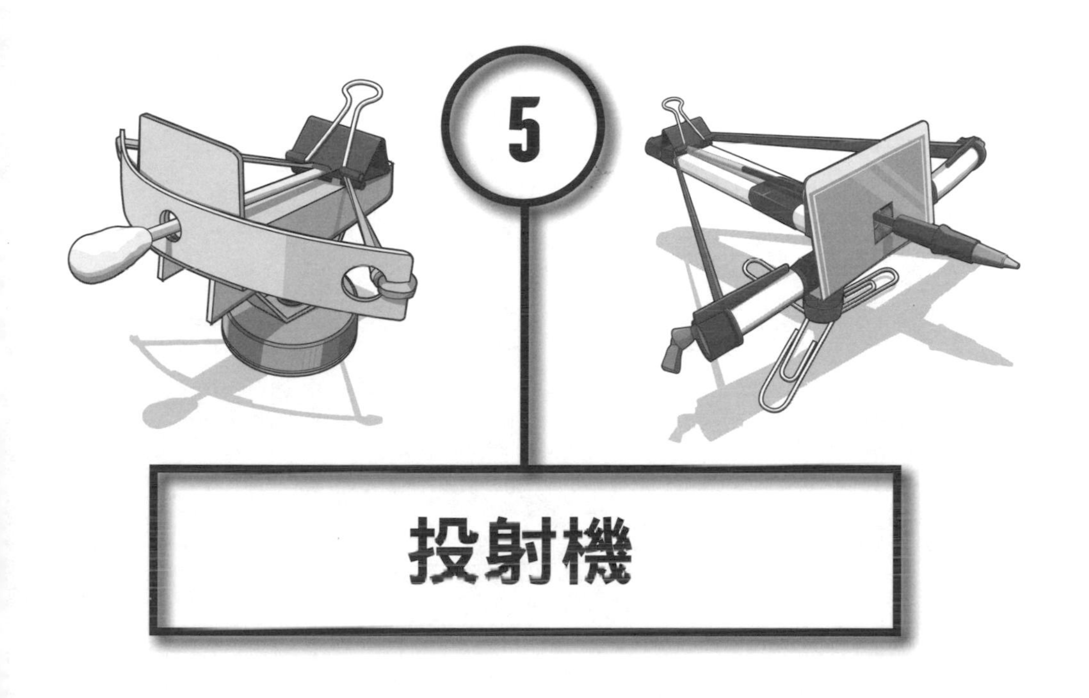

5 投射機

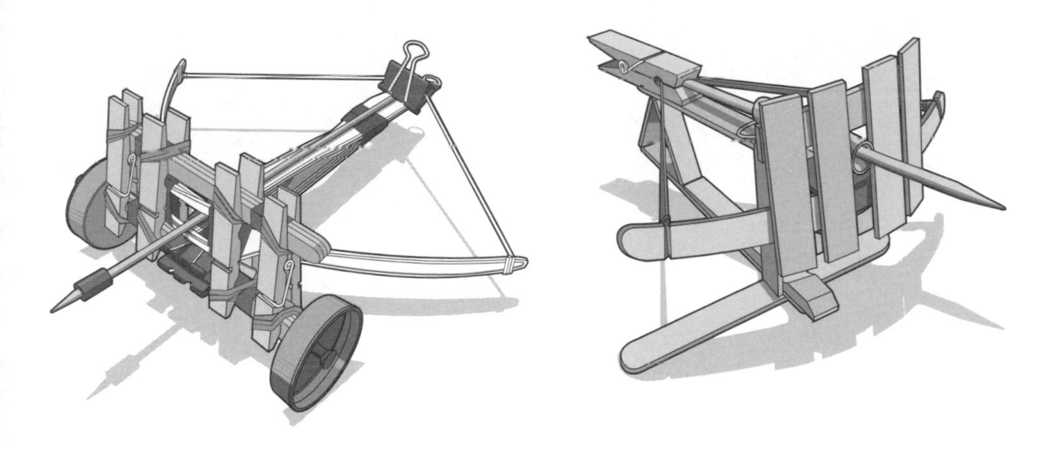

儲值卡投射機

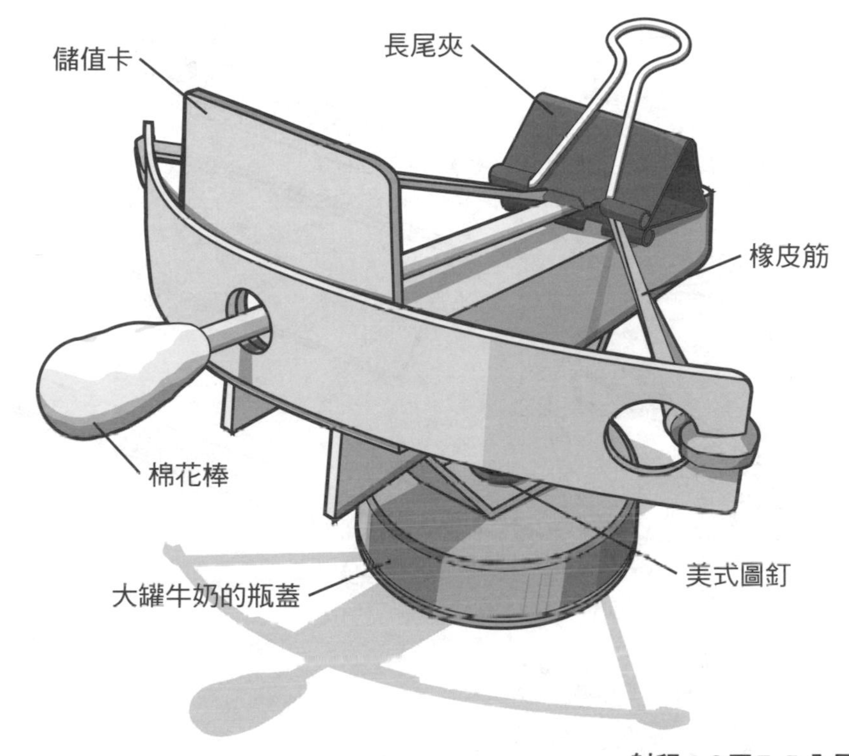

射程：3至7.5公尺

裝在一個可以旋轉的底座上，戰場指揮官只要有了這種儲值卡投射機可用，都會了解它的價值。用一張過期或用完的儲值卡片、一個美式圖釘還有一個瓶蓋，物資缺乏、時間不夠的王國都可以廉價打造這部投射機。

材料

1張過期或用完的儲值卡
1個小型長尾夾（19㎜）
1個大罐牛奶的塑膠瓶蓋（或類似品）
1個美式圖釘
1條粗的橡皮筋

工具

麥克筆
剪刀
單孔打孔器
熱熔膠槍
美工刀（選用）

彈藥

1根以上的棉花棒

步驟1

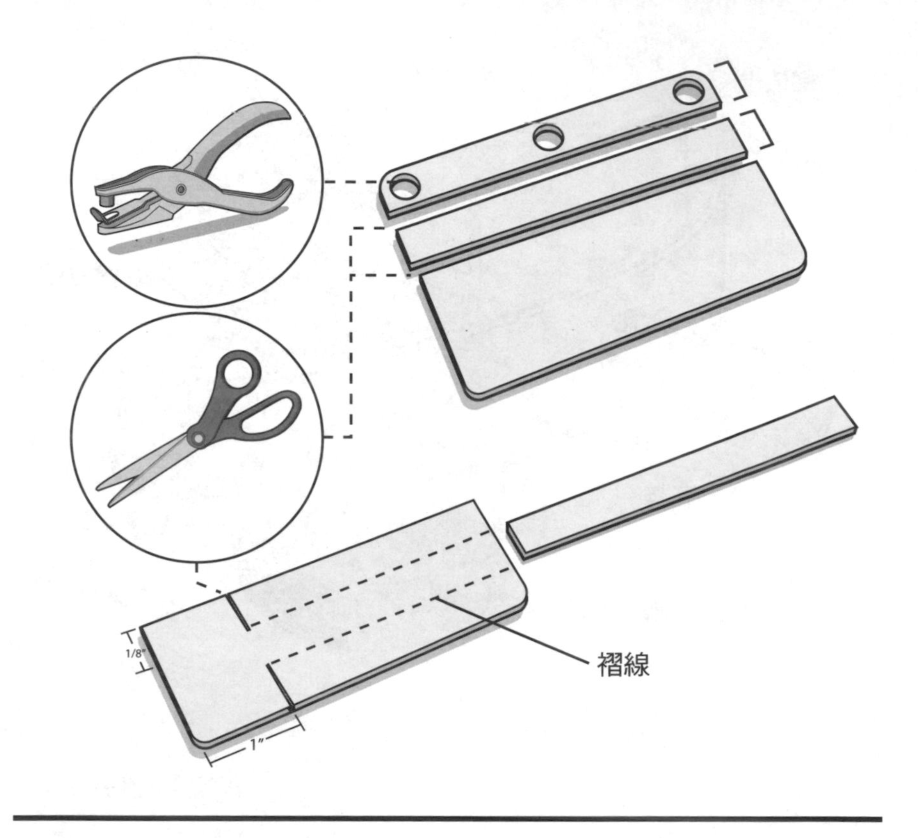

翻翻抽屜或垃圾郵件，找一張過期或已用完的儲值卡。**我們會把卡片弄壞，所以不要用一張還有效的。**

用剪刀，把塑膠的儲值卡切出兩條½吋（1.27公分）的長條。用單孔打孔器在每個長條上打三個洞——兩個洞分別距相對兩末端⅛吋（0.32公分），還有一個在正中央——如圖中所示。

把另一長條置於較大片上方做模。就定位，切兩個90度、¼吋（0.64公分）的縫，彼此相隔¼吋（0.64公分），距底端約1吋（2.54公分）。虛線表示步驟2會用到的褶線。

步驟2

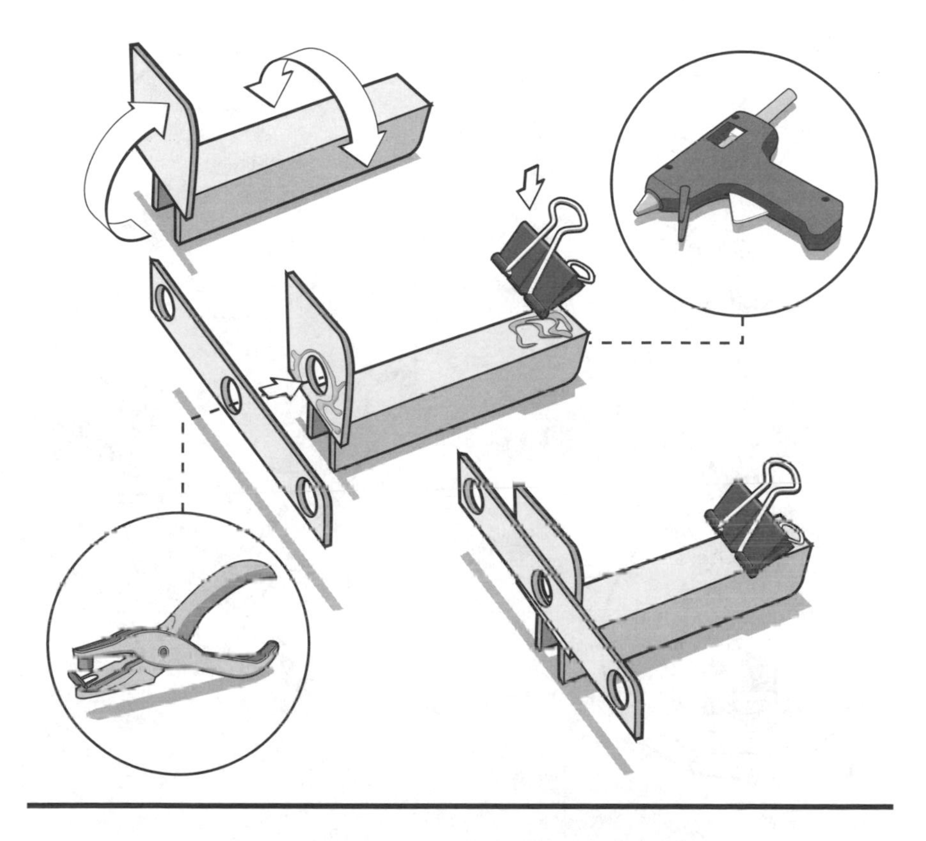

利用¼吋（0.64公分）的切口，把卡片剩下大的那塊折三處。卡片前端要往上折90度；兩切口就是這次彎折的褶線。第二組的褶線是在後方部位；它們要往下折出乾脆的90度角，彼此平行。

用打孔器，在距離前端折起面底部大約5/16吋（0.79公分）的地方打個置中的孔。接下來小心用熱熔膠把三孔的長條黏到豎立面上，中央孔對準。

然後，小心把小型長尾夾用熱熔膠黏至該組件的後部，如圖所示。

步驟3

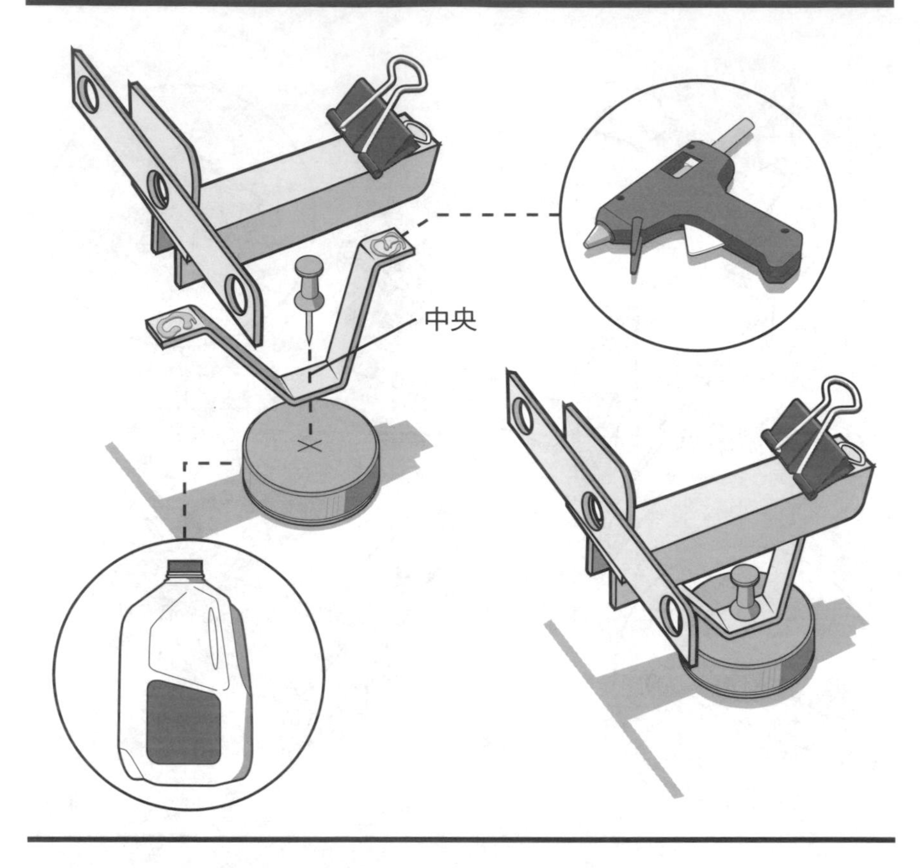

另一個¼吋（0.64公分）卡片長條要折四次，成為本投射機可用的支架。前兩個45度彎折應距儲值卡長條相對兩端各約¼吋（0.64公分）。第二組彎折是距卡片中央¼吋（0.64公分）並且成45度，彼此相對。一旦做好，卡片的中央應該是一個½吋（1.27公分）寬的區域，讓美式圖釘連接，如圖中所顯示。

用一根美式圖釘穿過支撐架中央刺入大罐牛奶的瓶蓋，把支撐架（折好的卡片）連至底座（大罐牛奶瓶蓋）。一旦連上，小心用熱熔膠把投射機框架黏至折好的支撐架。

步驟4

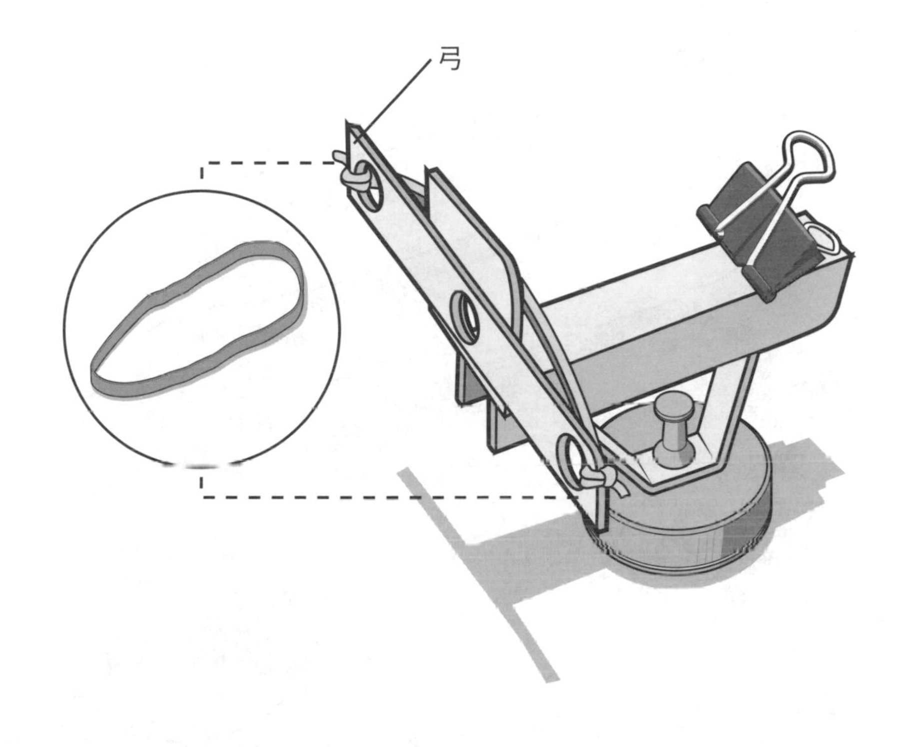

這個投射機，你將要用一條非傳統的橡皮筋弓弦。切開一條橡皮圈，然後把橡皮筋兩末端打結至相對兩個弓尖，用外側開孔當作是繫橡皮筋的地方。裝好的橡皮筋不應有絲毫鬆弛之處。

步驟5

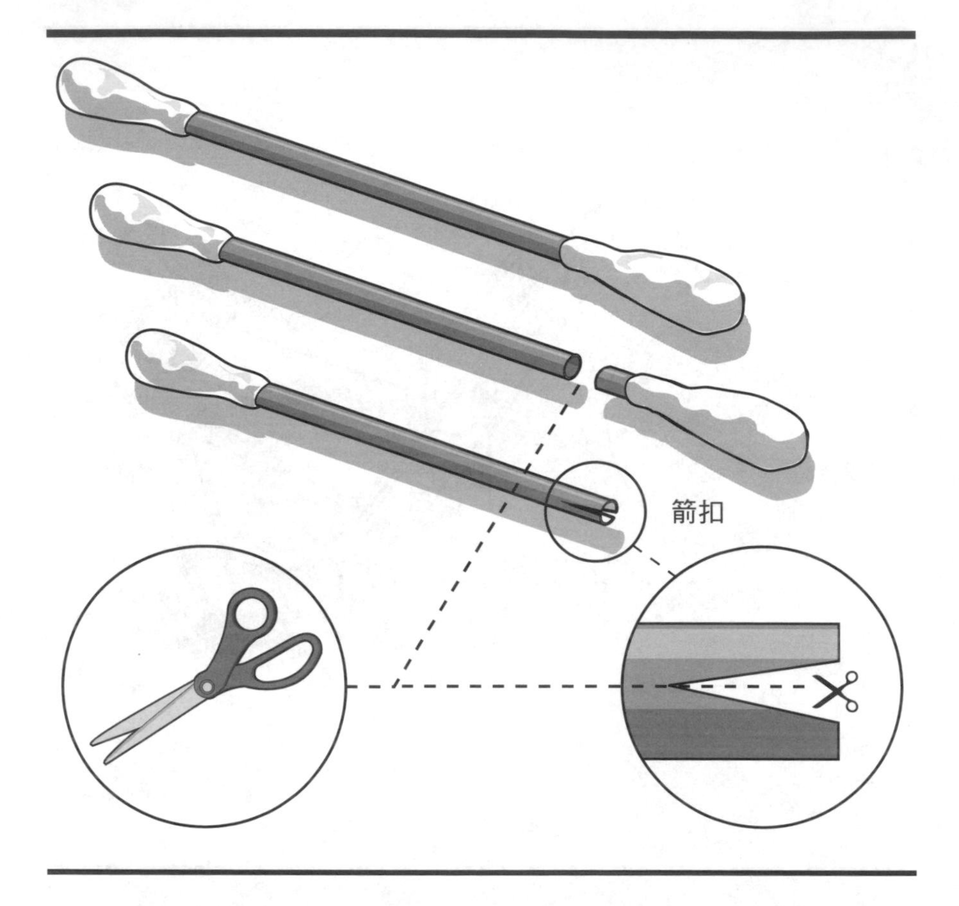

比起真實存在的老大哥，這件拋石機要用的弩箭沒那麼可怕：用的是軟頭的塑膠桿棉花棒。用剪刀切去棉花棒的一端，然後用剪刀或美工刀，在棉花棒塑膠棍上切掉那端做個小開口，成為箭扣細部。

該發動攻擊了！把改良過的棉花棒切除端穿過前發射孔，然後把橡皮筋扣入棉花棒的箭扣內。靜待目標出現，放箭。

記得戴上護目鏡！弩箭的行進速度很快而且具有尖銳箭頭——就算是棉花棒也一樣。**迷你小兵器不應對著活物為目標。**要和觀眾保持安全距離，而且要在控制之下操作。自製武器難免發生故障。

原子筆投射機

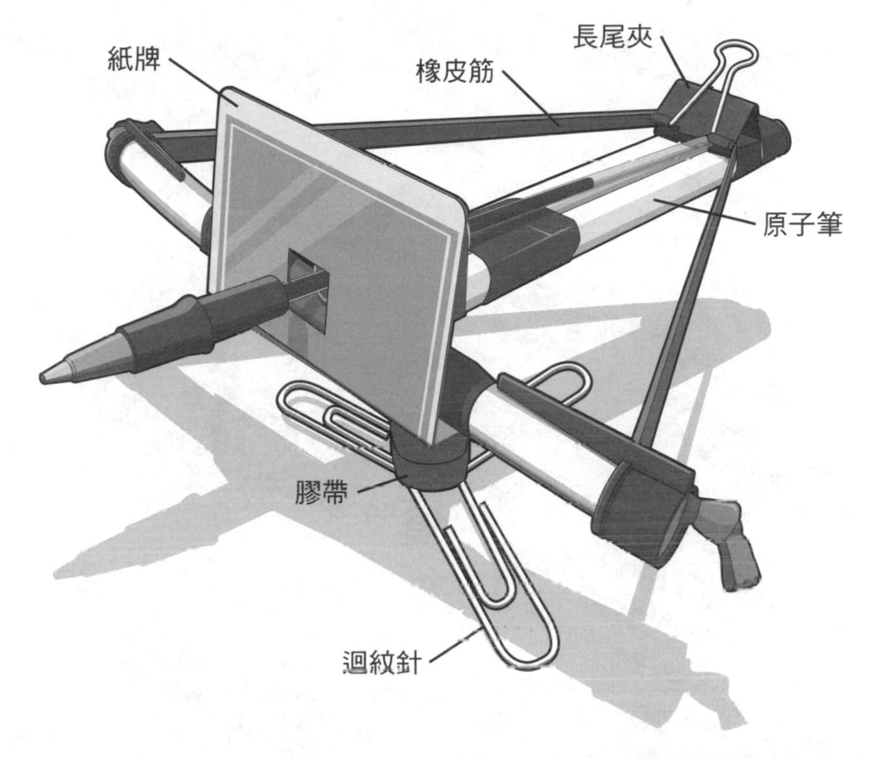

射程：3至7.5公尺

原子筆拋石機很快就會在辦公室或家裡得到可怕攻城武器的美譽。用搜刮而來的辦公室日用品材料製造，這是環保、循環再利用、攻擊目標的絕佳辦法。裝上三角架，這座投射機可以毫不留情地從固定的基座發射筆芯弩箭，增加準確率。

材料

3支塑膠原子筆
6個大型迴紋針
大力膠帶
1個小型長尾夾（19mm）
1張紙牌
1條橡皮筋

工具

護目鏡
大剪刀或美工刀
剪線鉗或鉗子

彈藥

1支以上的原子筆芯

步驟 1

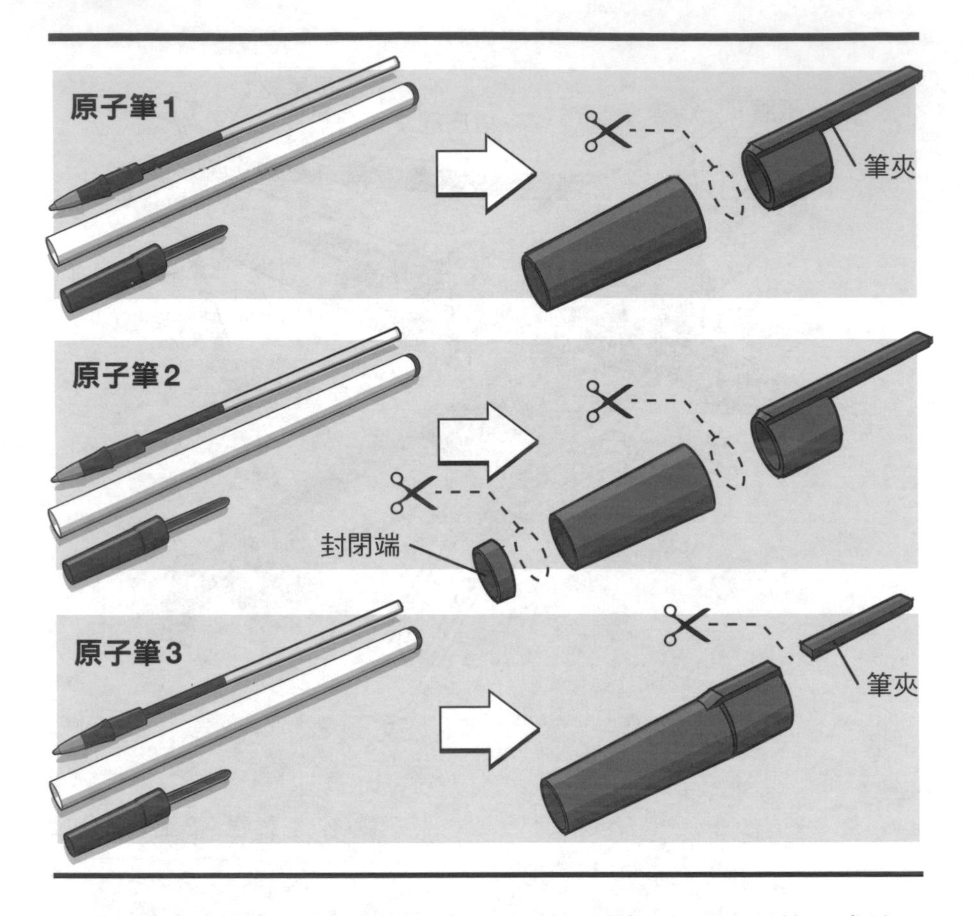

將三支塑膠原子筆的筆蓋、筆芯和筆頭塞拆下。用大剪刀或美工刀，小心修改每個筆蓋如下：

原子筆1：切去筆蓋最後¼吋（0.64公分），筆夾留在移去的那一截。移走的這筆套會在步驟7派上用場。

原子筆2：切去筆蓋最後¼吋（0.64公分），筆夾留在移去的那一截。接著把封閉端切除。中間這截會在步驟5用到，而¼吋（0.64公分）的筆夾細部會在步驟7用到。

原子筆3：只把筆夾細部切去。這筆夾會在步驟8用到。

步驟2

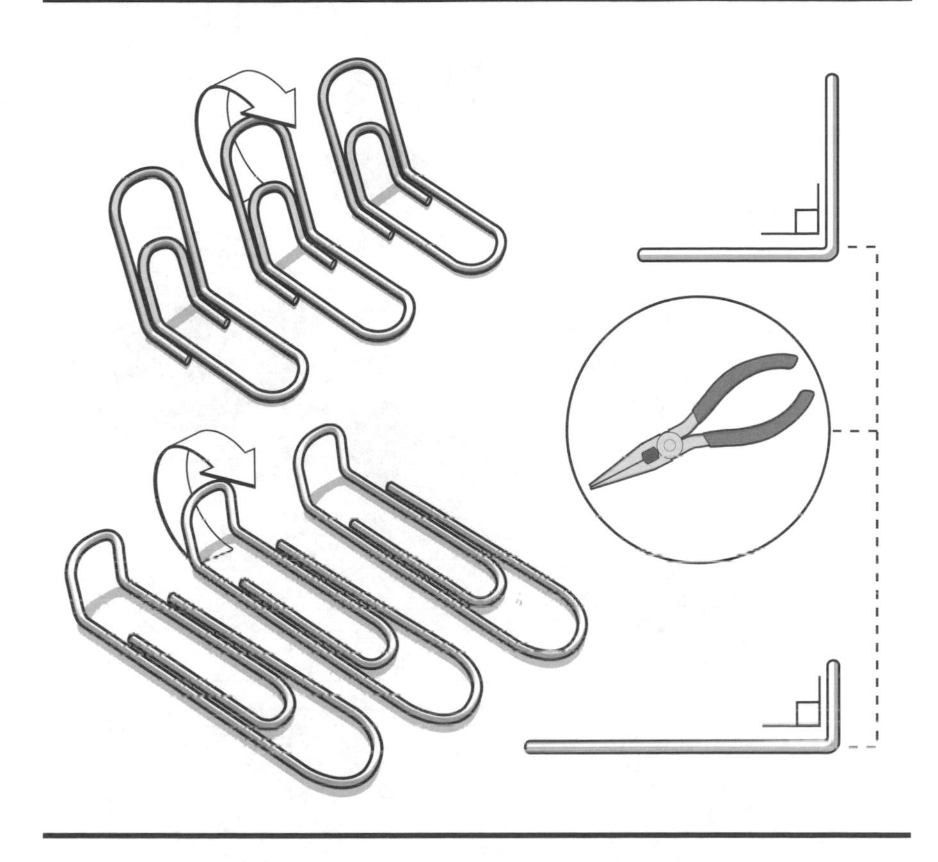

用剪線鉗或是鉗子彎折三個大型迴紋針，每個中央都做出90度角。

接下來再彎折另外三個大型迴紋針，每個都在距其末端約¼吋（0.64公分）至½吋（1.27公分）的位置做出90度角。

步驟3

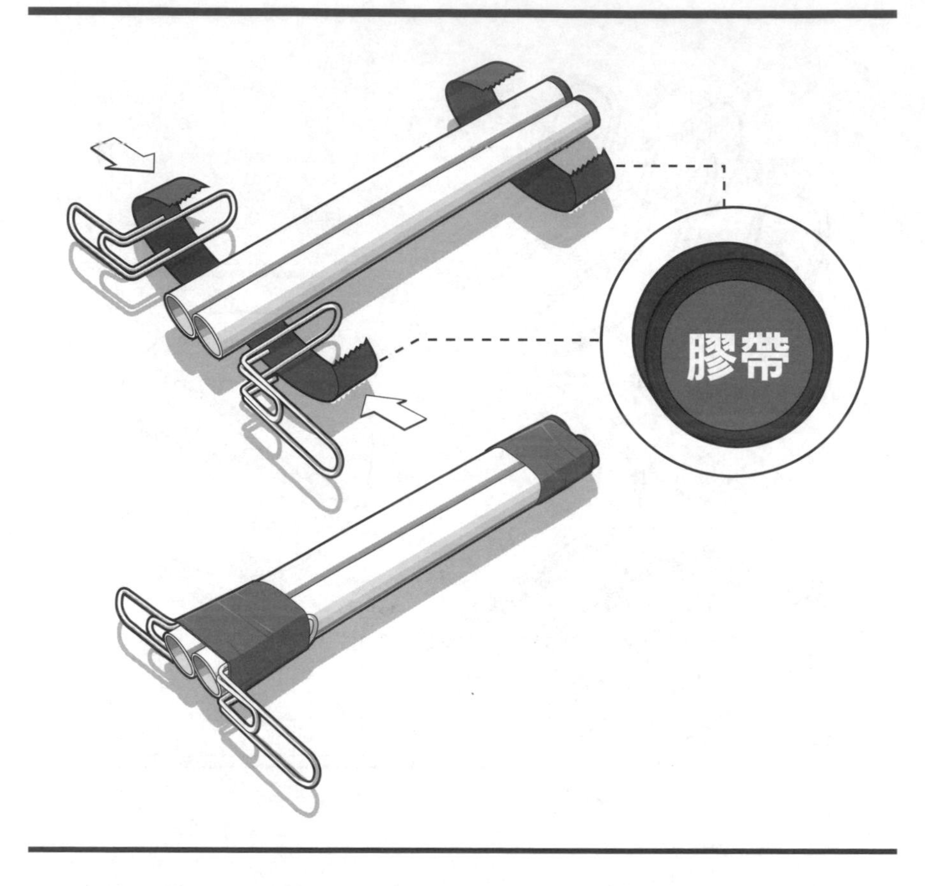

開始做弩臂，先把兩筆管用膠帶纏在一起。在用膠帶固定之前，筆管末端應該要互相平整切齊。

接下來，筆管兩對側（但是同一端），將兩個折半成90度角的迴紋針用膠帶黏上，與筆管末端切齊。用膠帶把各部組件緊緊纏繞，固定迴紋針（弓架）。

步驟4

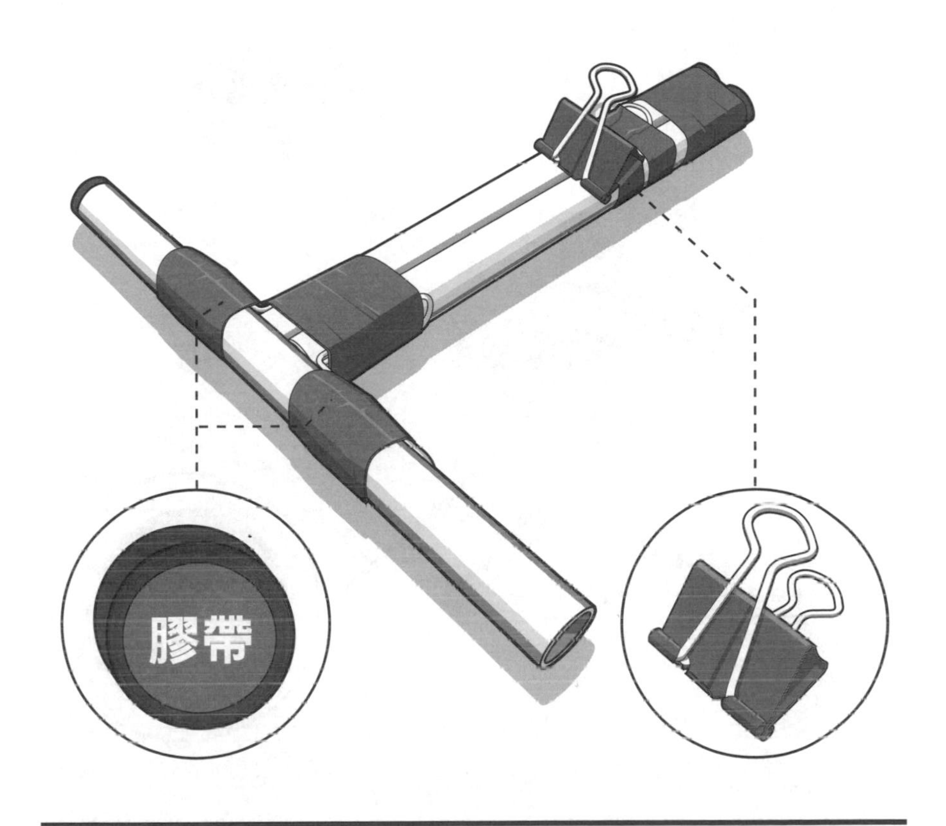

將第三支筆管放在已黏上的迴紋針前方，置中並且用膠帶黏合。

接著，用膠帶把一個長尾夾固定至原子筆弩臂的後側。膠帶要繞著下方金屬把手然後穿過長尾夾本體捆纏，將它固定。黏上之後，長尾夾應該依然能夠運作自如。

步驟5

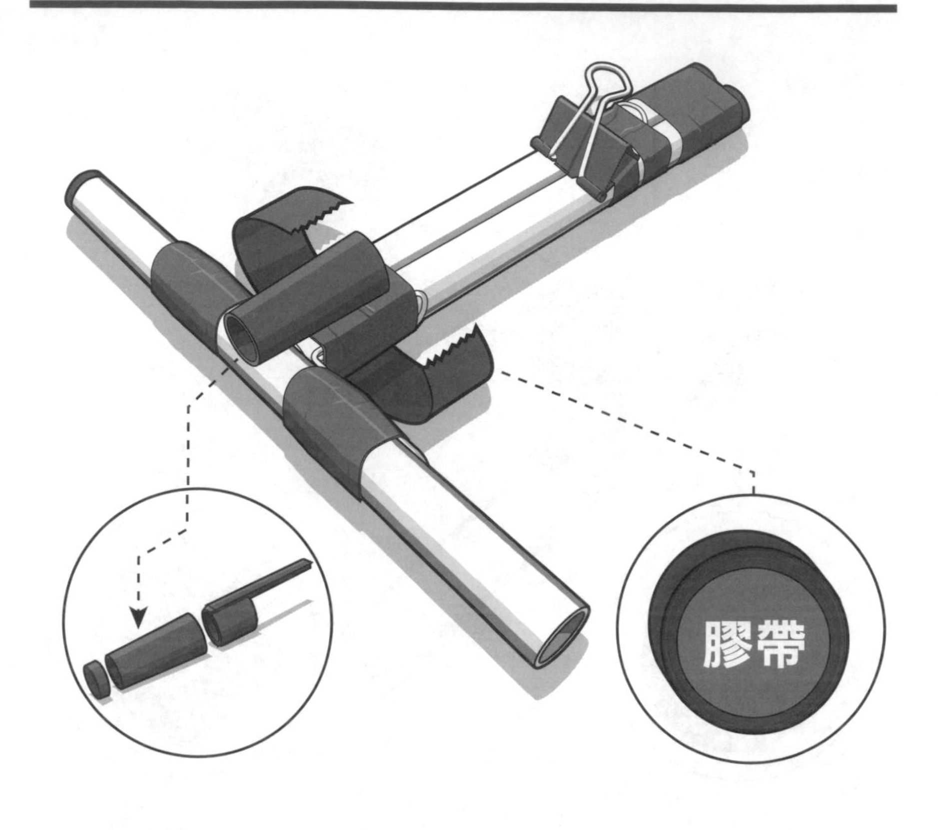

要用取自原子筆2的筆蓋中段做成引箭器（弩管）。把中空的筆蓋中段放在原子筆弩臂的交會處上方，如圖中所示，筆蓋前端與筆管弓身切齊。用膠帶緊密纏繞筆蓋以及弩臂組件，把筆蓋固定。

步驟6

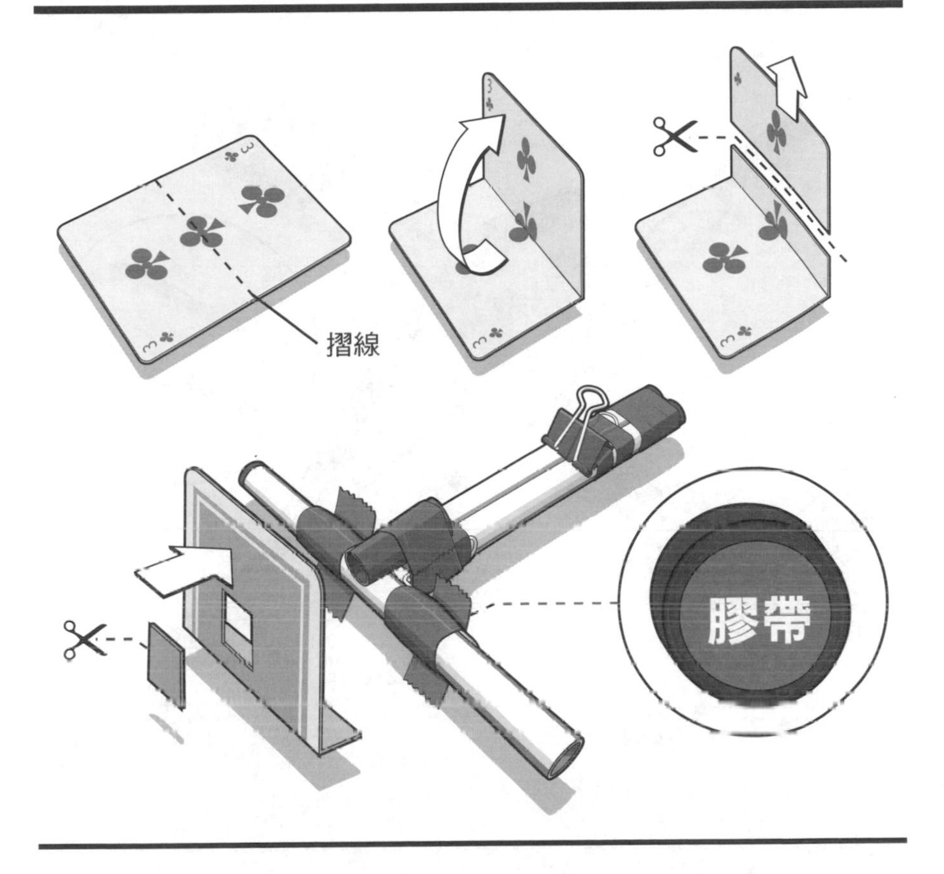

由於安裝好的投射機主要是固定式武器，有時會在這種攻城武器的前端加上簡單的防護盾。這件縮小版的模型是用紙牌製成防護盾。

先將紙牌折半，做出90度角。接著在距離90度角摺線約¼吋（0.64公分）的位置剪短，如圖中所示。

下個步驟，改造紙牌以便安裝在筆管前方。用剪刀或美工刀將紙牌切出¼吋（0.64公分）的四方形——約略就是筆蓋直徑，接著把改好的紙牌用膠帶固定至原子筆組件前方，如圖中所示。

步驟 7

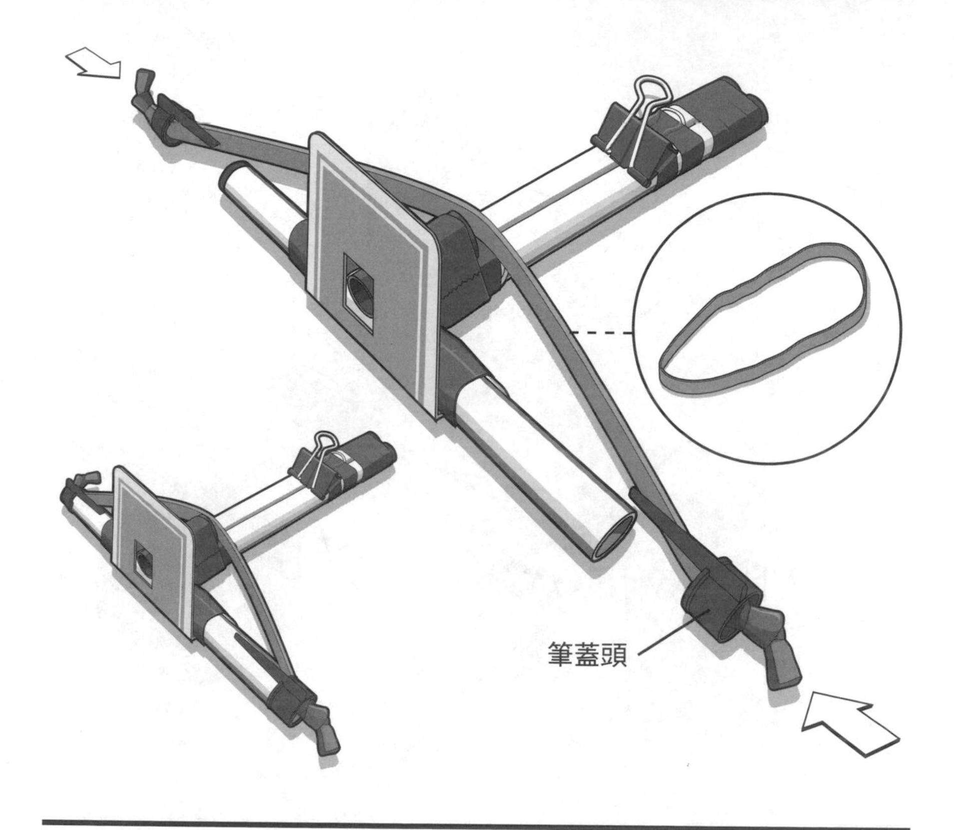

這部投射機要用一條橡皮筋提供動力，和中世紀的扭轉式投射機不同。把一個橡皮圈切開，然後在橡皮筋兩末端各打一個結。這幾個結會把弓弦固定住，避免操作期間故障。

把打好結的橡皮筋連上筆管，方法是先將其末端穿過步驟 1 的兩筆蓋頭，然後各個筆蓋分別套上筆管的相對兩端，把橡皮筋固定住。

拋石機已經完成了。接下來要做三角架組件。

步驟8

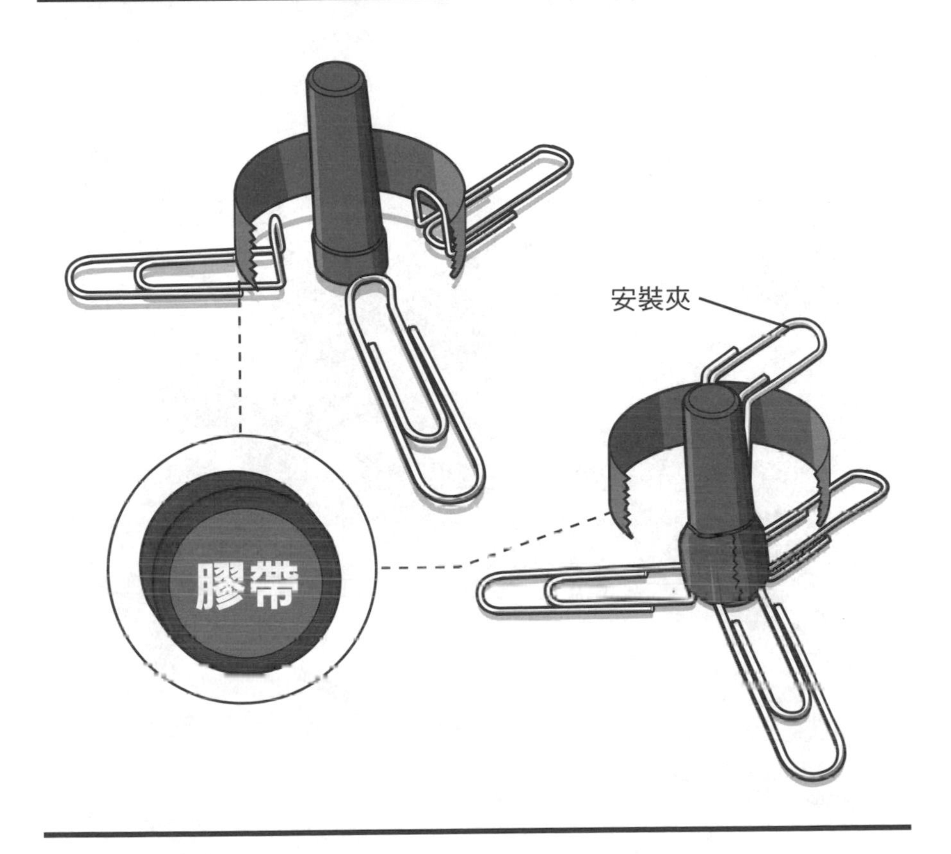

取來三個彎折¼吋（0.64公分）的迴紋針，圍繞步驟1之筆蓋一端平均配置，然後用膠帶把折起¼吋（0.64公分）的部分連至筆蓋。連上的筆蓋將會發揮三角架功能；若有需要可適度調整。

接下來，把最後一個彎折90度角的迴紋針用膠帶固定至三角架另一端。這90度彎折應和筆蓋頂端切齊。

步驟9

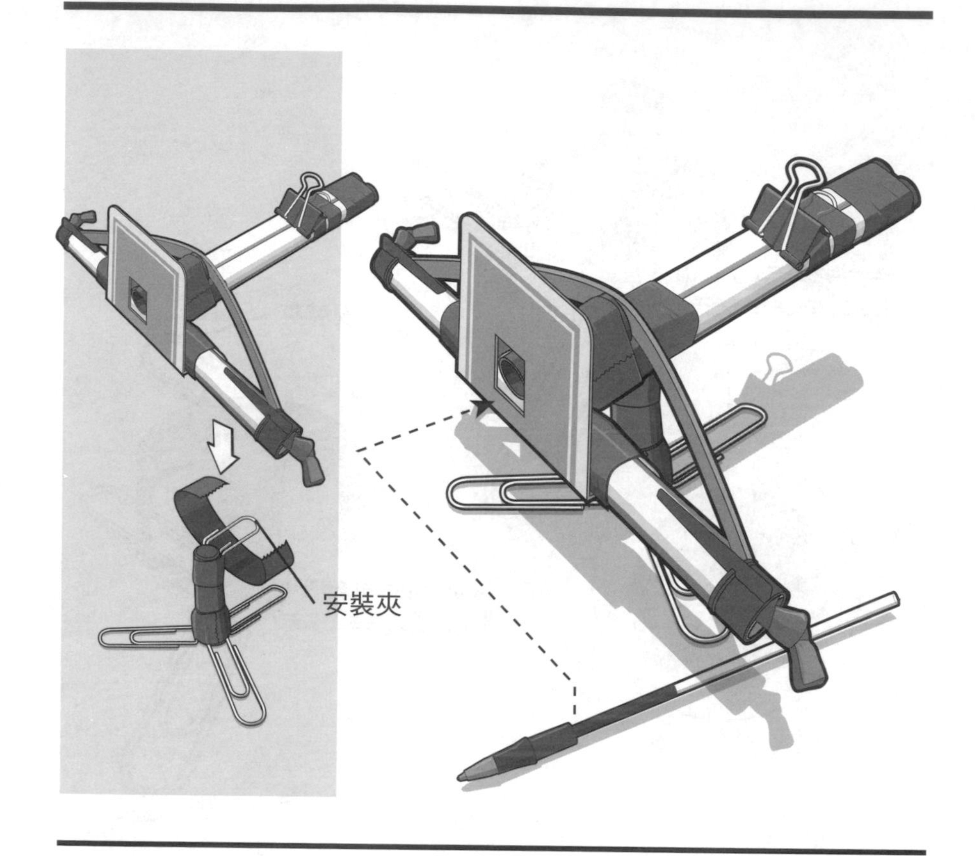

最後，把三角架組件裝上投射機弩臂的底側。作法如下：對齊三角架，使得安裝夾直接置於所附筆蓋管的正後方，接著用膠帶緊緊纏繞把安裝夾固定至原子筆弩臂。一旦固定好，調整安裝夾就能平衡所裝上的投射機。

投射機的發射就和弩類似。將橡皮筋（弓弦）扣入長尾夾，裝上筆芯弩箭，預備好就可以發射啦。**記得戴上護目鏡！**弩箭的飛行速度很快，而且箭頭十分銳利。**迷你小兵器不應對著活物為目標。**一定要避開觀眾，在控制之下操作弩機。自製武器可能會故障，而且**筆芯受衝擊可能會爆裂。**

晾衣夾投射機

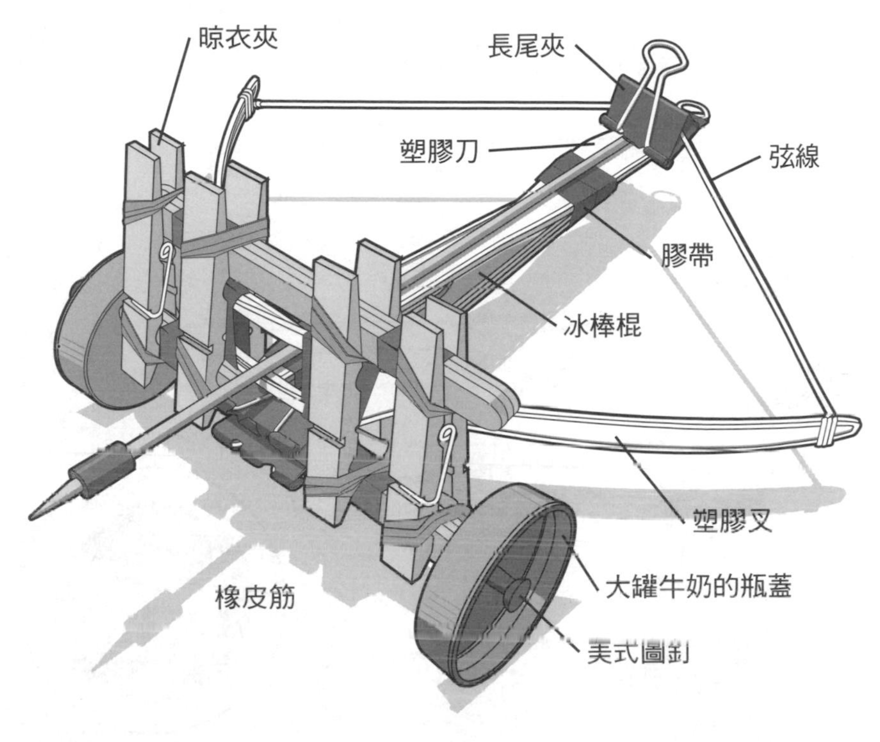

射程：3至7.5公尺

請看：大受贊賞的移動式晾衣夾投射機。不需用黏膠，這件複制品麻雀雖小卻是五臟俱全，只需要幾塊錢就可以做成了！

材料

2支塑膠叉
弦線
大力膠帶
10根冰棒棍
1個中型長尾夾（32mm 或25mm）
1支塑膠刀
1個小型長尾夾（19mm）
4個晾衣夾
8條橡皮筋
2個美式圖釘
2個大罐牛奶的瓶蓋（或類似物品）

工具

護目鏡
鉗子（選用）
大剪刀
電鑽（選用）

彈藥

1根以上的木籤
透明膠帶

步驟 1

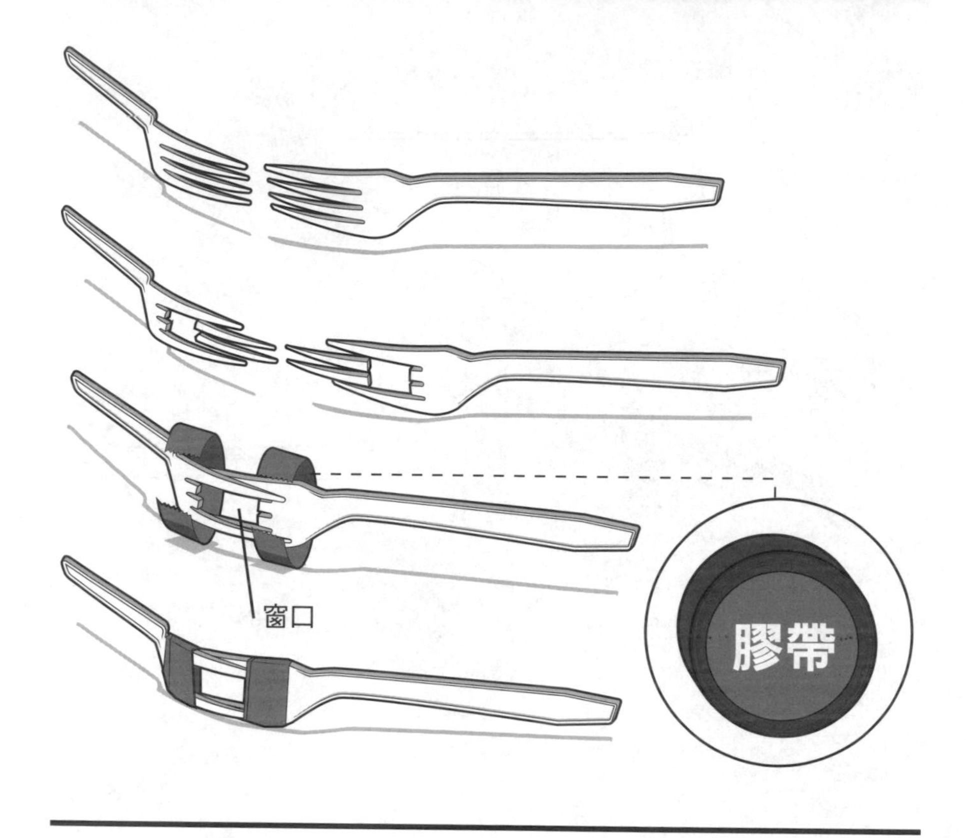

一開始取來二支塑膠叉。用手指，把兩支叉子的中間兩根叉尖都折下來。依據塑膠叉的厚度，你可能需要工具把叉尖移除；小的鉗子應該就夠了。移下的叉尖丟棄。

叉尖彼此相對，連著的叉尖交疊以做出一個小窗口。用膠帶緊緊纏繞叉尖外框，把兩叉子連接在一起。不要用膠帶蓋住開口。

步驟2

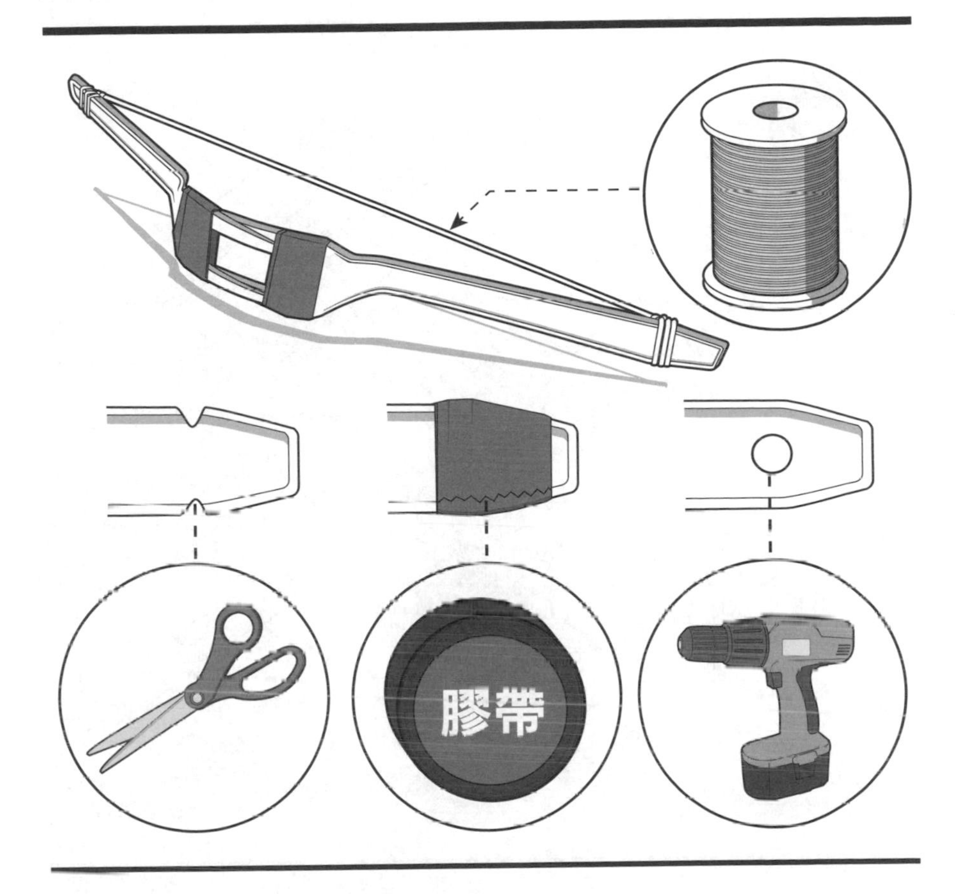

安裝弓弦至叉子組件時有好幾種方法可供選擇。第一個可能是用個簡單的雙結綁在各個塑膠把的末端，弓弦拉緊，修剪掉多餘的弦線。如果你覺得這樣就夠堅固，那就進到步驟3。

另外的安裝弓弦選項包括：在弓的兩末端要固定住弦線處，皆小心切出小凹痕，再加上膠帶繞著打結的弦線，或在叉柄的末端慢慢鑽出兩個洞。

步驟3

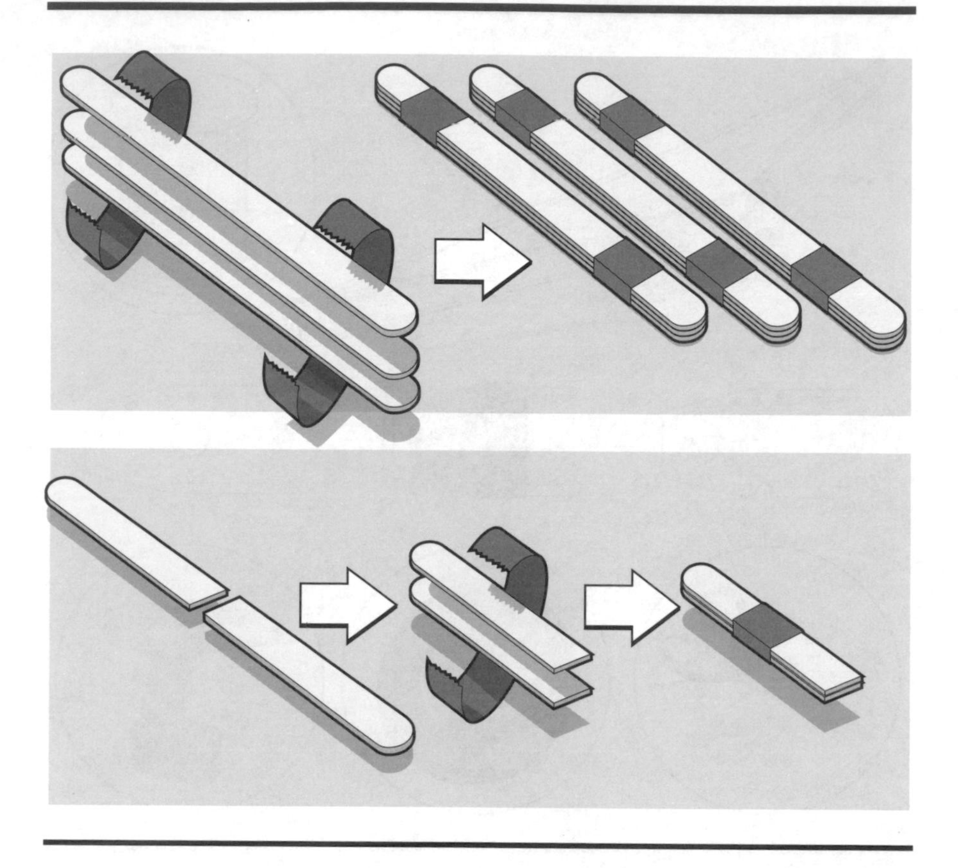

取來九支冰棒棍將它們分成三堆，各為三支冰棒棍高。在距兩末端各為¾吋（1.91公分）的位置用膠帶把整疊綁在一起（上圖）。

接下來，用大剪刀把一支冰棒棍小心切成兩半。然後將兩半彼此相疊，並用膠帶固定（下圖）。

步驟4

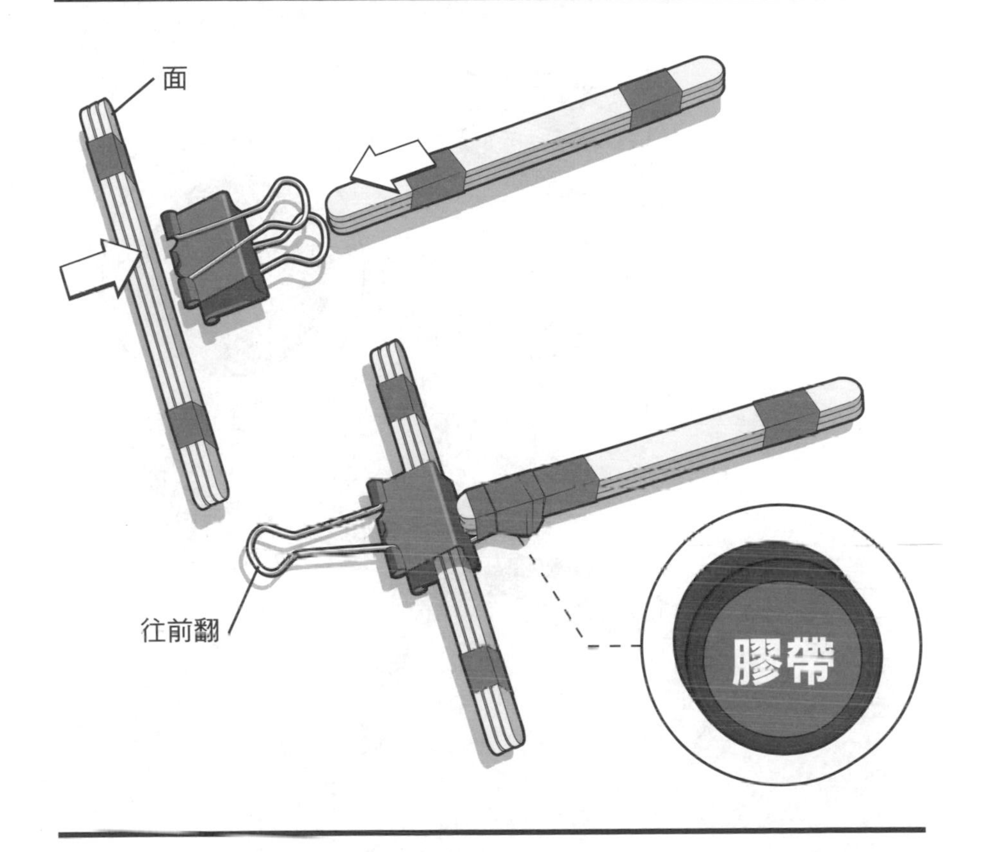

取一個中型長尾夾，鉗上其中一捆冰棒棍，把長尾夾置於整捆正中央。32㎜或是25㎜的中型長尾夾都合用，因為它的夾身尺寸正好適合包住整捆冰棒棍。

將第二捆的冰棒棍塞入已連上長尾夾的金屬手把之間。把上方手把朝向開口往前翻，然後用膠帶**僅將下方手把**固定至那一捆冰棒棍。

步驟5

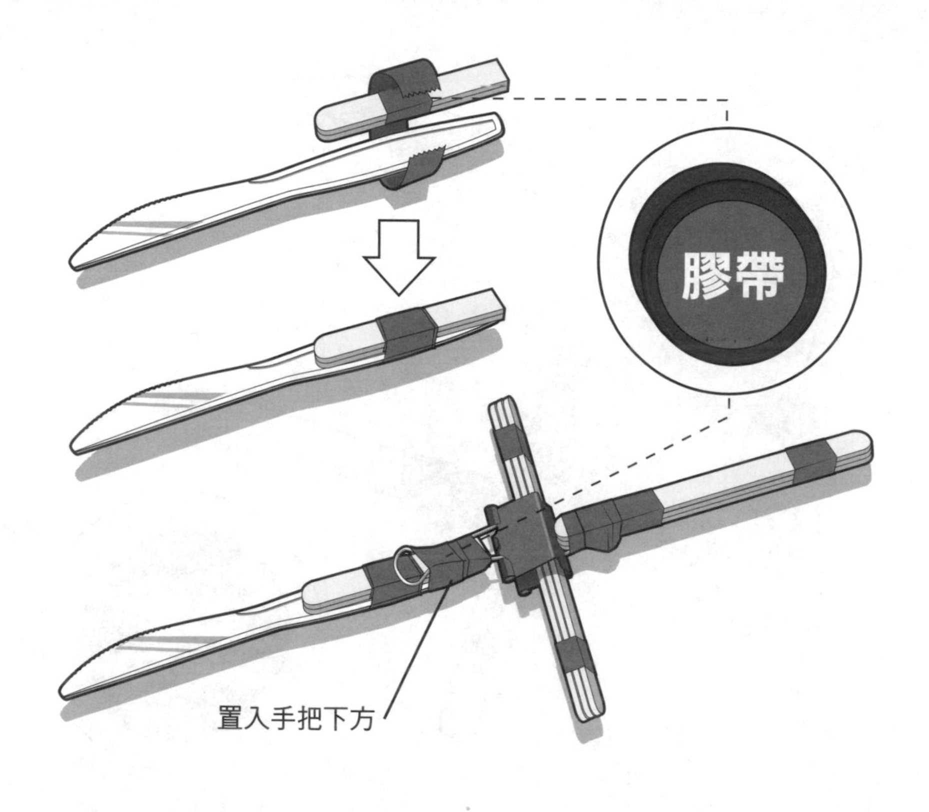

繼續製作弩臂，把切半的那捆冰棒棍用膠帶固定至塑膠刀柄末端，如圖中所示。

如步驟4長尾夾的把手依然往前翻，把塑膠刀組件置入把手下方並用膠帶牢牢固定。

步驟6

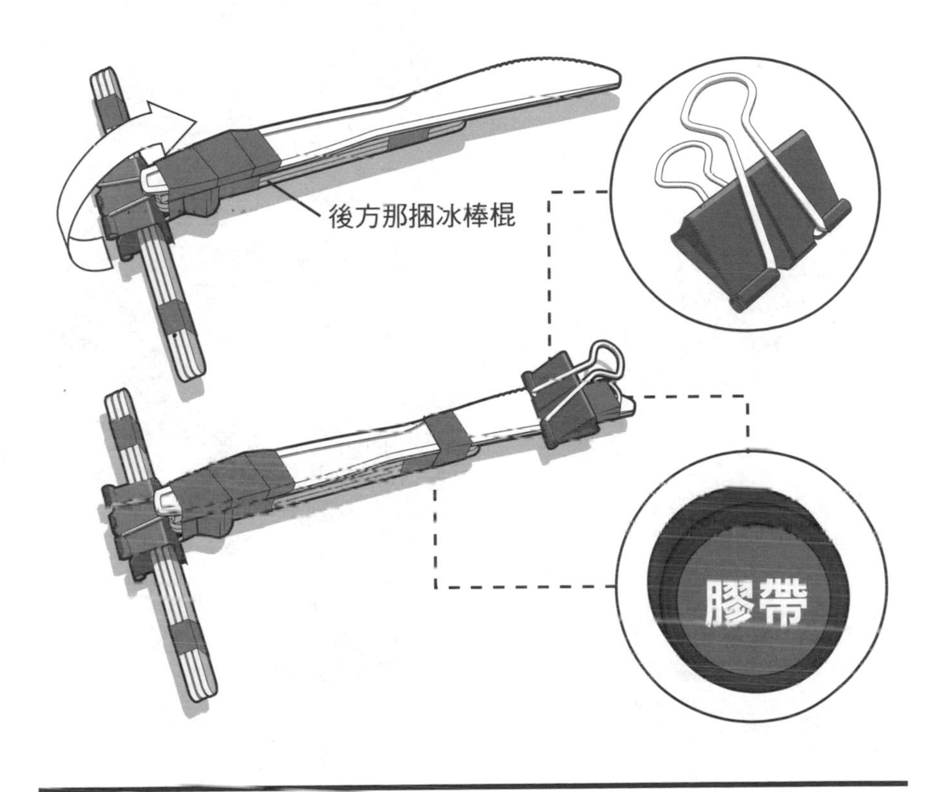

現在把前長尾夾組件往後翻回原先位置。一旦翻過去，後方那捆冰棒棍就會被刀蓋住。接著，往塑膠刀的刀刃方向，用膠帶把刀子和整捆冰棒棍紮在一塊。

將一個小型長尾夾固定至塑膠刀後側，方法是用膠帶先纏繞過底部金屬手把，然後再加額外膠帶到長尾夾框內。固定好之後，長尾夾應該仍然能夠運作自如。

步驟 7

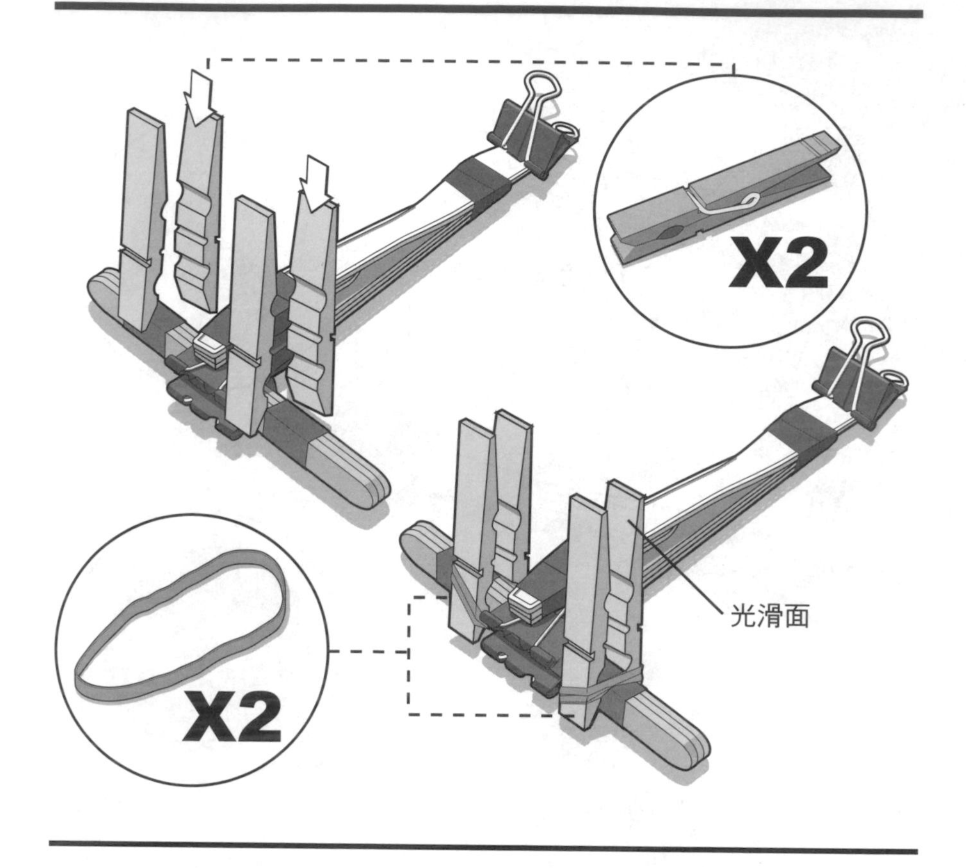

拆開兩個木質晾衣夾，移去叉腳之間的金屬彈簧。丟棄金屬彈簧。

緊靠著置中的長尾夾，用橡皮筋把兩組晾衣夾的叉腳底部固定至整捆冰棒棍，要確定平滑面朝向前方，如圖中所示。接下來的步驟會添加額外支撐，以拉直這些連結處。

步驟8

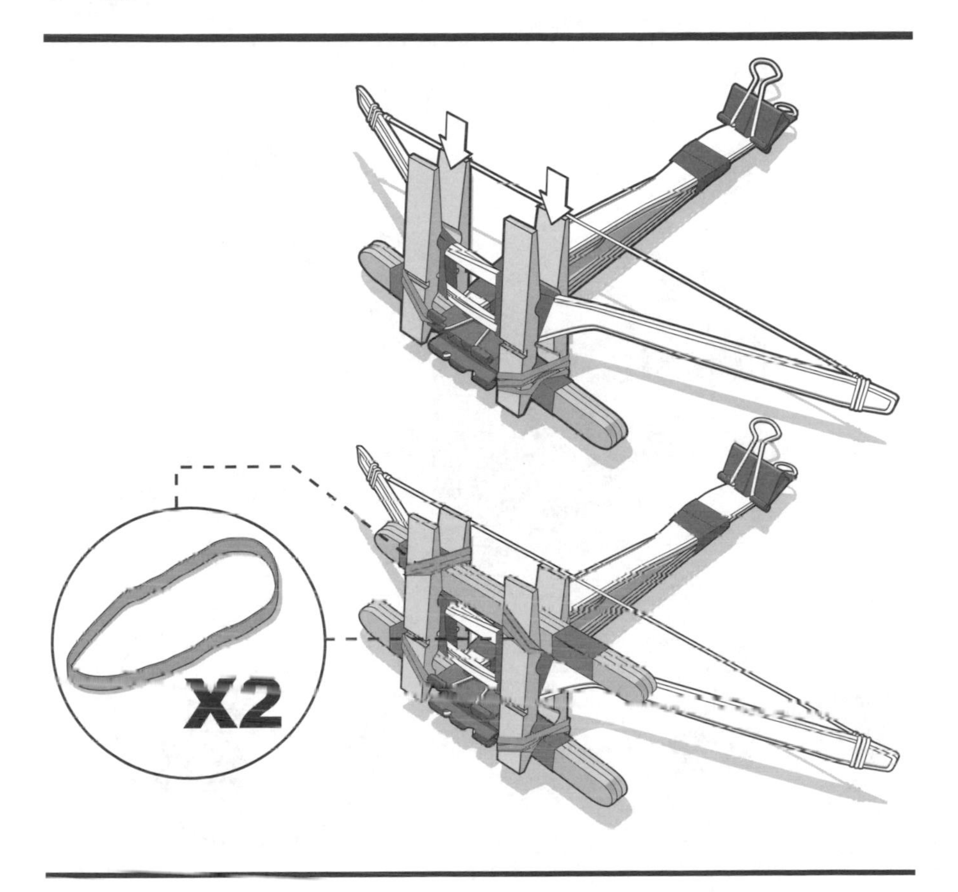

將塑膠叉組件（弓）置於已連上、直立的晾衣夾之間。塑膠叉的窗口細部應在叉指之間置中安放，弓弦在後框架之上。

一旦弓就定位，將最後一捆冰棒棍塞進晾衣夾之間，弓組件上方。用兩條橡皮筋將這捆冰棒棍固定住，把橡皮筋圍著叉尖纏繞。一旦連結上，叉腳應拉直成為90度角並且互相對齊。

步驟9

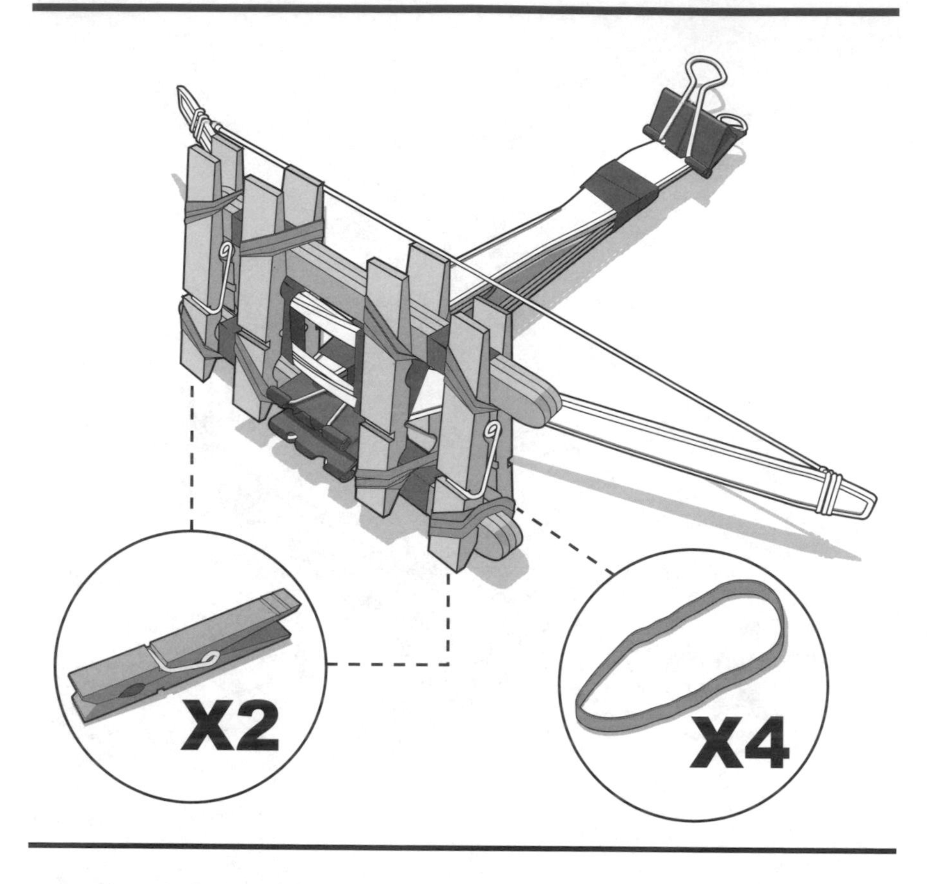

把剩下兩個好的晾衣夾固定至投射機組件，方法是將它們夾到下方捆冰棒棍的末端，然後把晾衣夾後叉腿塞進上方捆冰棒棍。一旦對齊並且達成90度角，用四條橡皮筋把晾衣夾綁到框架上。

步驟10

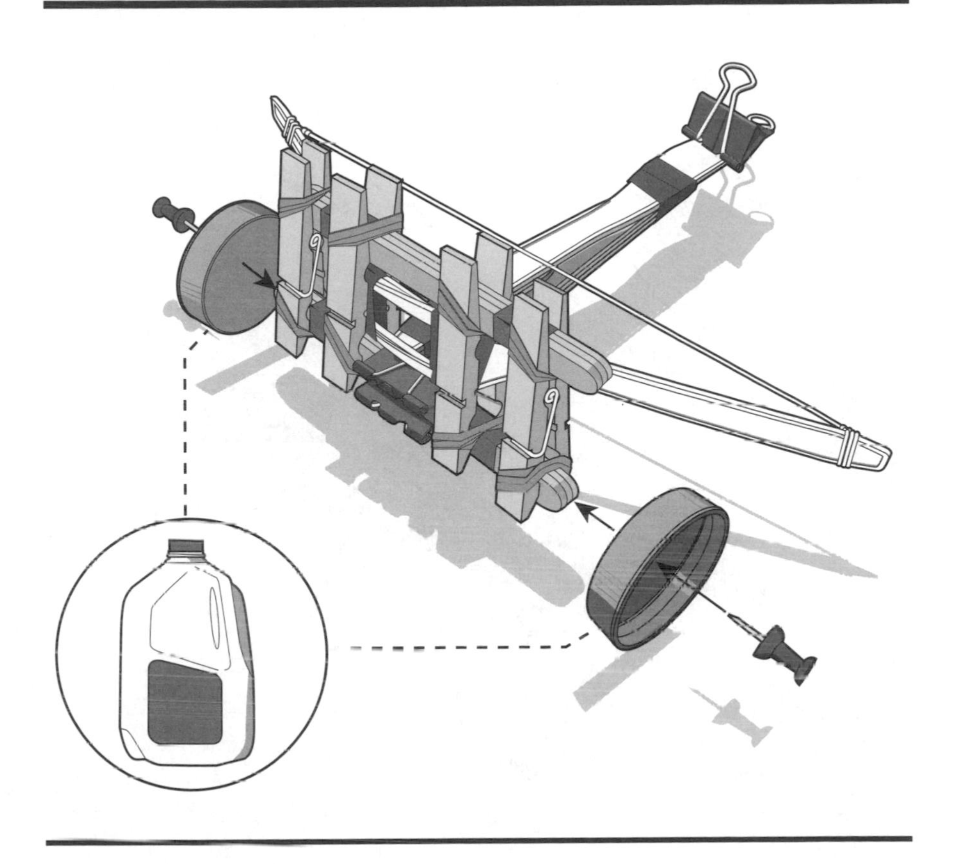

把輪子加到拋石機上，將兩個美式圖釘刺穿兩個大罐牛奶的塑膠瓶蓋（或類似物品）正中央，然後將美式圖釘的尖端推入下方捆冰棒棍之間，把兩個輪子皆連結上去。

步驟11

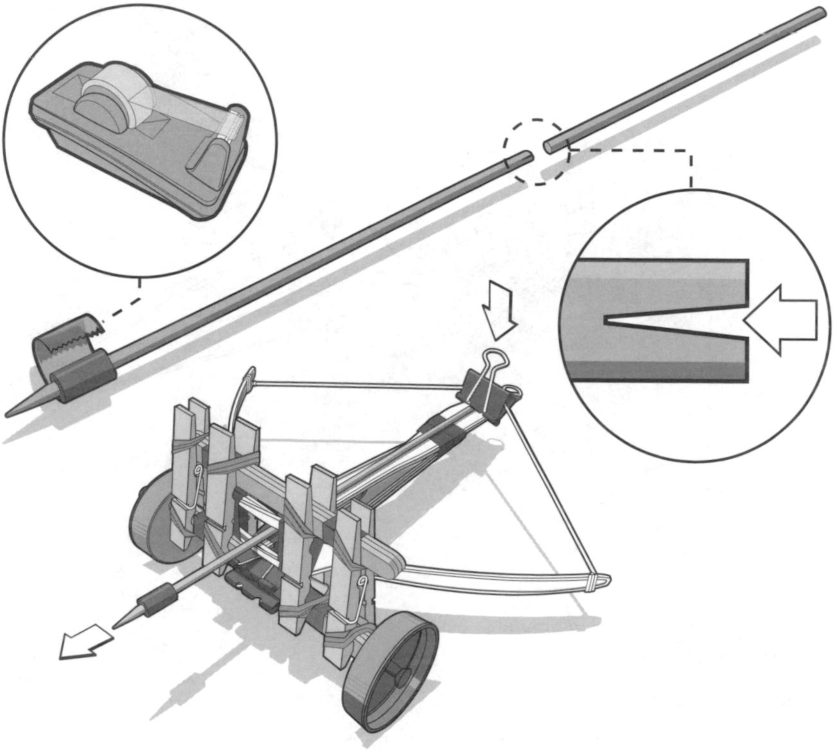

你可以用尖銳的木籤弩箭為此拋石機武裝。用剪刀小心將木籤剪短成8吋（20.32公分）。

為增加木質弩箭的準確度，要在箭頭增加重量。取一條12吋（30.48公分）的透明膠帶順著距箭頭約½吋（1.27公分）的位置緊緊纏繞。你可能會需要增加或減少膠帶的份量，直到你取得適當平衡。如果沒法取得木籤，你也可以試試這本書裡其他箭矢。

若要裝上彈藥，把弓弦扣入連上的長尾夾，然後將木籤穿過拋石機開口，鈍端置於已上膛長尾夾之前。發射時，小心對準目標然後鬆開長尾夾。**要記得戴上護目鏡！**箭飛得很快，而且箭頭頗尖。**迷你小兵器不應對著活物為目標。**要和觀眾保持安全距離，而且要在控制之下操作。自製武器難免發生故障。

固定式攻城投射機

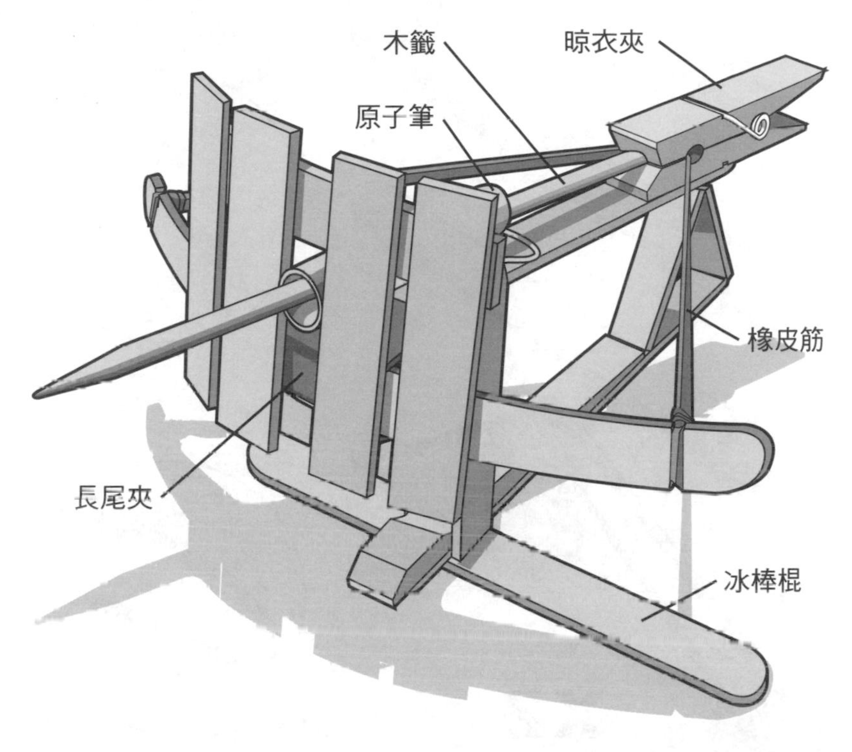

射程：3至7.5公尺

固定式攻城投射機是個具體而微的古羅馬投射機，中世紀的天才們見了絕對愛不釋手。裝上大型的木質弩箭，這件木製機器就是要擊倒遠方的目標。

材料

9根冰棒棍
3條橡皮筋
2個木製晾衣夾
1個中型長尾夾（32mm或25mm）
大力膠帶
1支塑膠原子筆

工具

護目鏡
美工刀
2個2X4的組合積木
一盆溫水
熱熔膠槍
大剪刀（選用）

彈藥

1根以上的木籤

步驟1

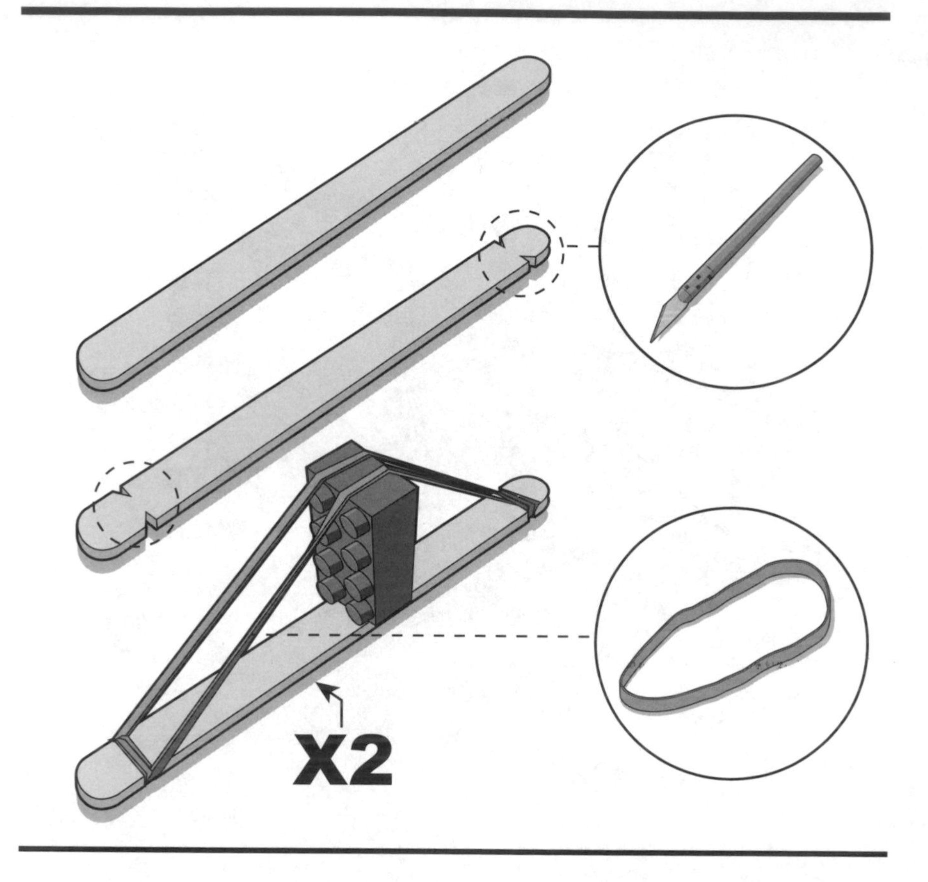

用一把美工刀，將一根冰棒棍的兩端都刻出小缺口，約距尖端½吋（1.27公分）處。然後取一圈橡皮筋繞過兩組缺口。一旦橡皮筋就定位，塞入一個2格X4格的積木（或同樣大小的什麼東西）直立放在橡皮筋下方。另一根冰棒棍也重覆此一步驟，總共做好兩個成品組件。

步驟2

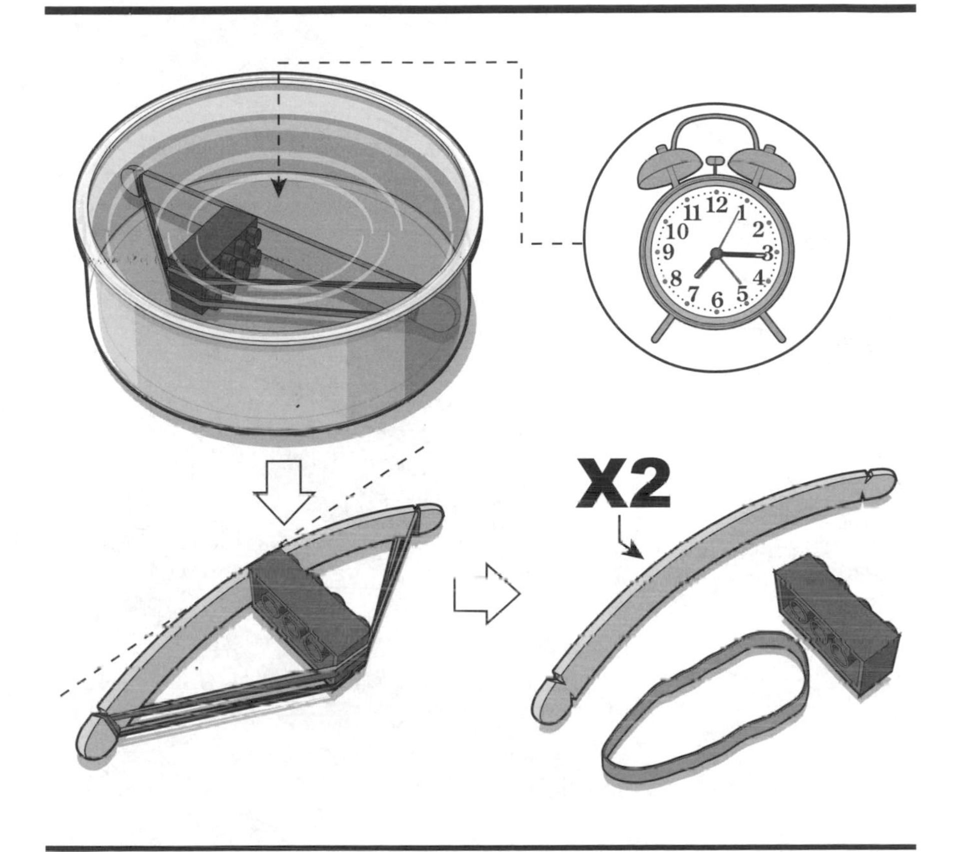

用水彎折木頭是個十分有趣的製作過程，各行各業的木工都會用到。你可以小試一下這項技藝，將兩根冰棒棍組件皆完全浸入一整碗溫熱的水裡，讓木頭吸飽水分而能更增其可被彎折的特性。先把組件浸泡60至90分鐘，再移出彎折。橡皮筋會對此彎折製程有所助益。

橡皮筋依然保留在上頭，緩緩以手指增加每根冰棒棍的弧度。讓潮濕的冰棒棍乾燥30分鐘以上，使弧度定型。一旦冰棒棍乾了便移去橡皮筋以及玩具積木。

步驟3

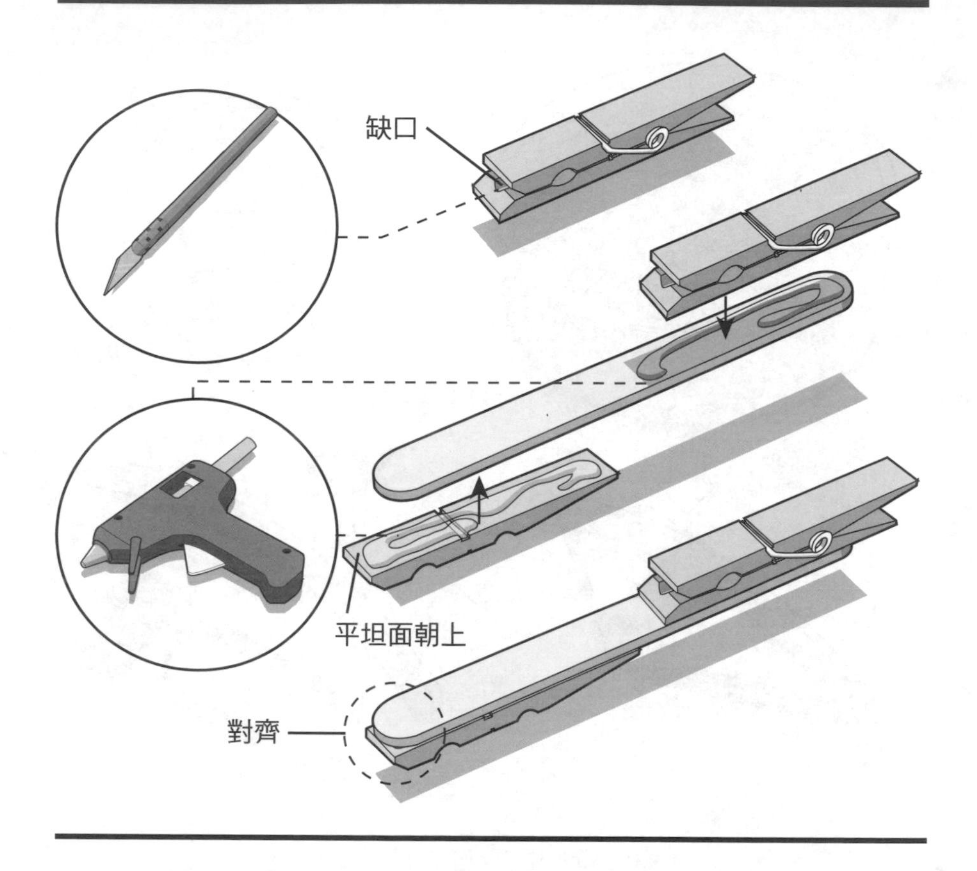

用一把美工刀，在晾衣夾的前叉指上小心切出一個木籤直徑大小的缺口。這缺口應在兩叉指的正中央，而且深度僅有1/16至1/8吋（0.16至0.32公分）。一旦刻好，拿根木籤試試緊度。

接下來，用熱熔膠把切出缺口的晾衣夾黏至筆直的冰棒棍末端。組合完成時，晾衣夾前罩應有大約½吋（1.27公分）的重疊。

拆解第二個晾衣夾，移去金屬栓，然後把一支叉指的平坦面朝上，用熱熔膠黏至冰棒棍底部——與已連上刻好缺口的晾衣夾相對，而叉腿和冰棒棍要彼此對齊。

步驟4

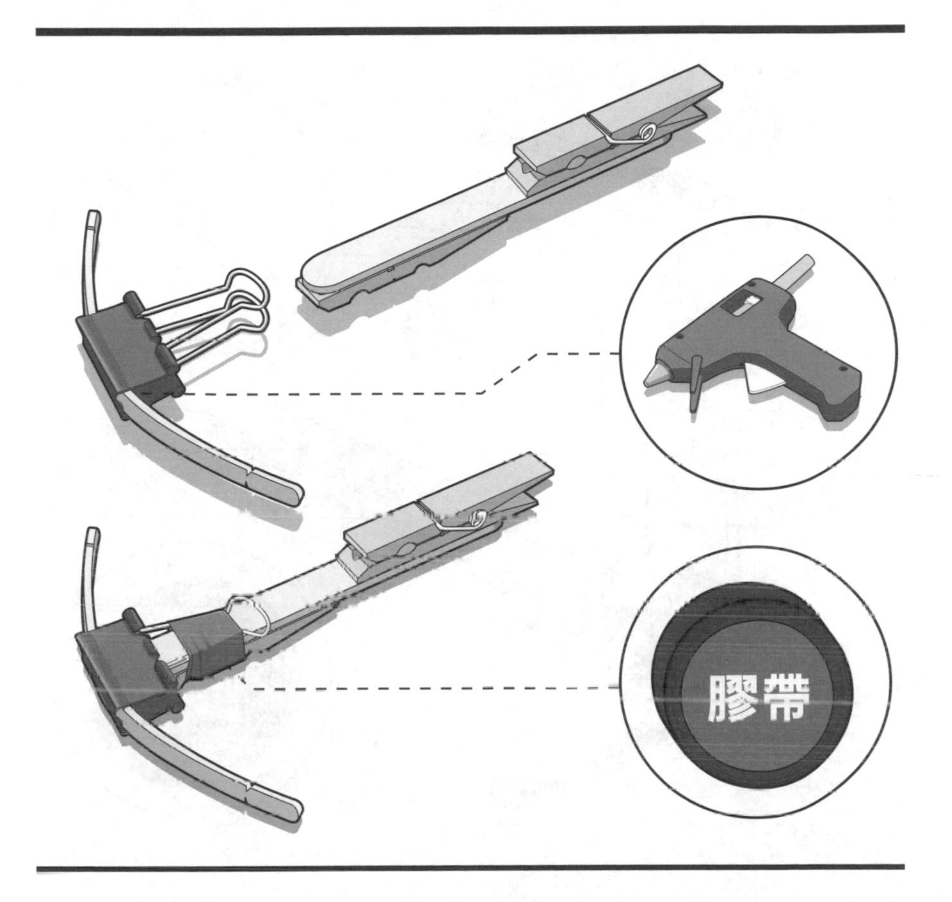

要來製作弓身了。用熱熔膠將一中型長尾夾（32㎜或25㎜）夾到步驟2已彎好的其中一根冰棒棍中央。就定位之後，冰棒棍的弧度應該彎向長尾夾開口，如圖中所示。

把冰棒棍組件置入長尾夾的兩個把手之間——底部有叉腿那端在前，直到木質末端靠到彎曲的冰棒棍。一旦與長尾夾對齊，用膠帶緊緊纏繞金屬手把將各組件結合在一塊。

步驟5

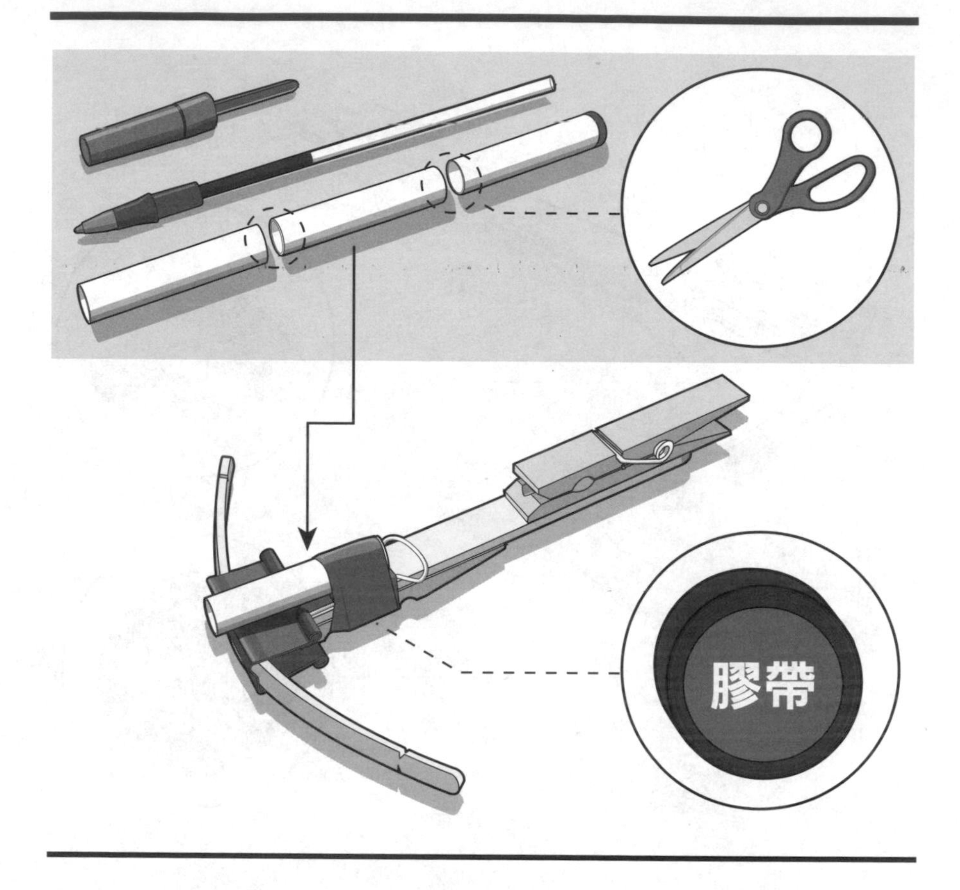

為製作投射機的弩管，將一支塑膠原子筆拆解成各部零件，移除筆芯。接下來用美工刀或大剪刀把筆管切成三段等長的圓柱。

將一截筆管做的弩管用膠帶連上弩臂組件的上方，筆管要稍微比前端長尾夾凸出（1/16至1/8吋，0.16至0.32公分）。

步驟6

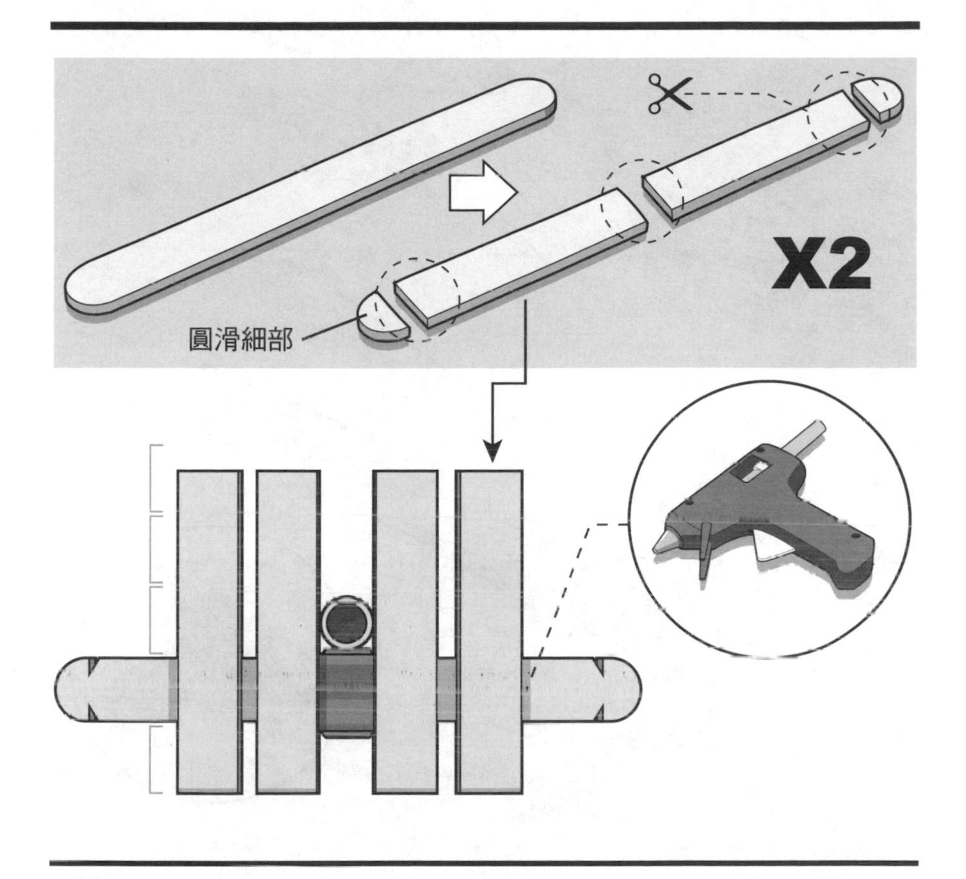

在古代的戰場上，為保護操作投射機的人員，依據武器的用途以及其文化，會在各種投射機上頭安裝木製防護盾。你可以修改兩根冰棒棍然後把它們固定在弩臂前方的多個部位，製成堅實牢靠的防護盾。

首先，將兩支冰棒棍的四個圓滑端切除。然後把四方形的冰棒棍一分為二，成為四截等長小木片。若有必要，對齊整修這幾塊木片，讓它們的長度相同。

利用圖示引導，以熱熔膠把兩片切半的冰棒棍黏上所附著長尾夾底部。兩半截皆緊靠筆管筒身，對稱放置，與下方彎曲的夾子交疊 ½ 吋（1.27 公分）（下圖）。接著拿剩下兩半截，以熱熔膠黏在距第一組⅛吋（0.32 公分）的位置。

步驟7

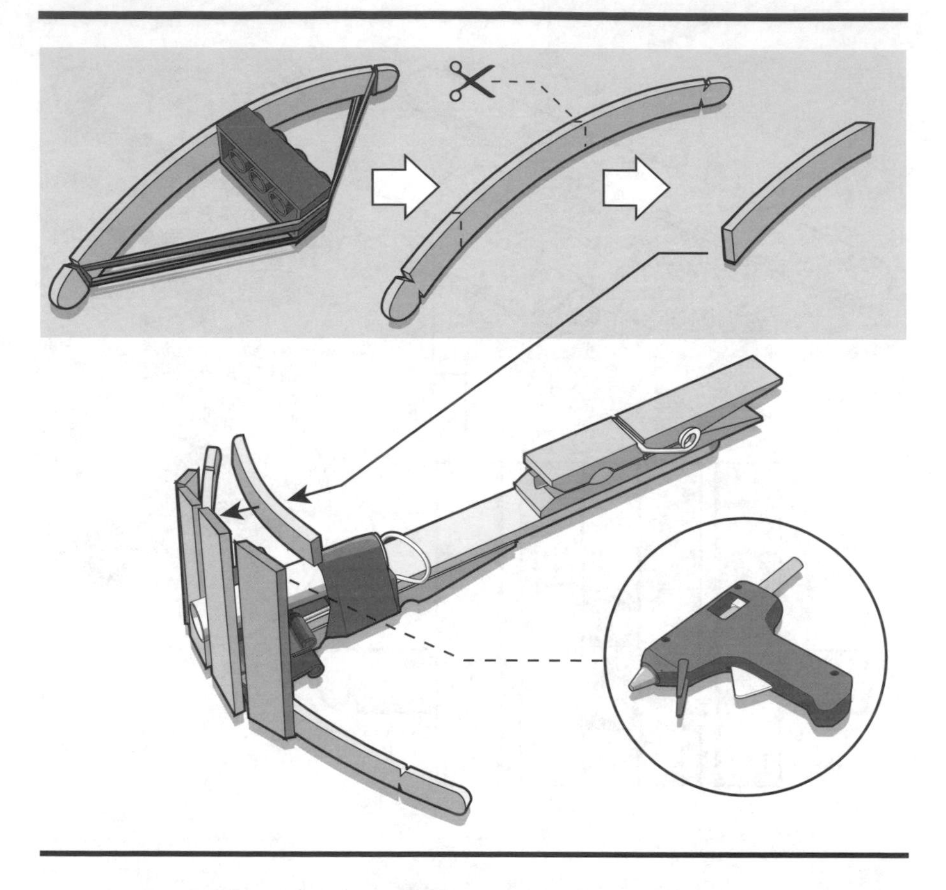

把第二根彎曲的冰棒棍切成與前防護盾相同寬度，在木製防護盾後方增加額外支撐。一旦切成正確長度，小心用熱熔膠把彎曲段落黏在四片已附上的冰棒棍之後，筆管筒身稍上方。

步驟8

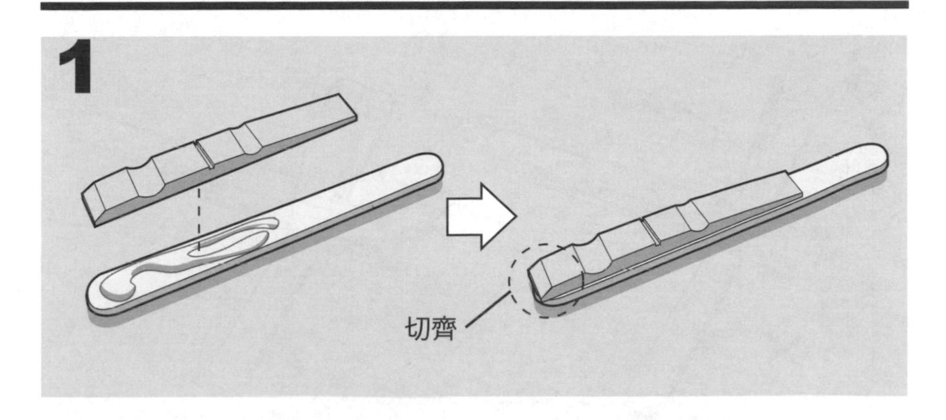

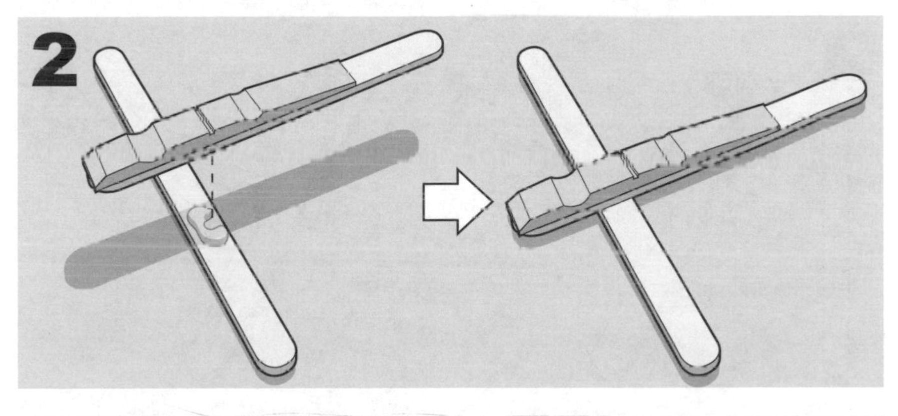

這件投射機的腳座是依照原汁原味的古羅馬投射機為藍本。要製作時，先將步驟3的第二個晾衣夾叉腿平坦面朝下，黏至一冰棒棍上方。叉腿和冰棒棍的末端應該要切齊（圖1）。

用熱熔膠小心將此組件黏合至第二根冰棒棍上方，距該組件前方¾吋（1.91公分）並成90度角（圖2）。

步驟9

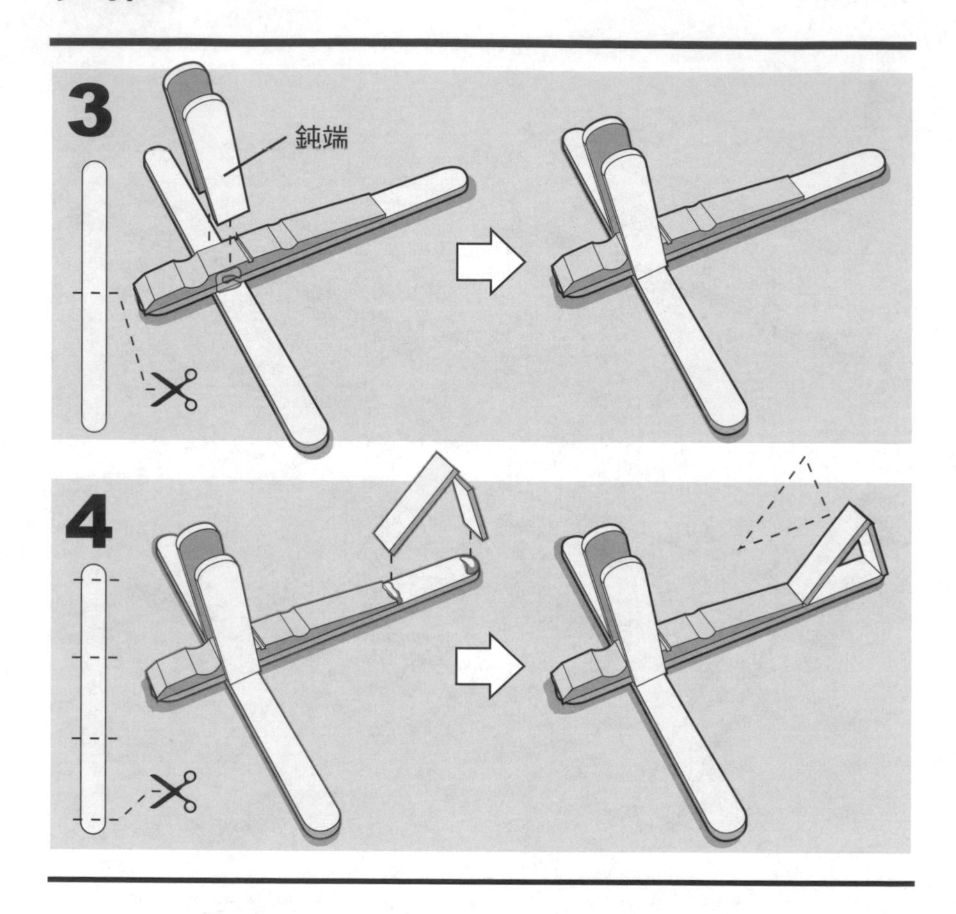

用美工刀或大剪刀，小心把另一根冰棒棍切成兩半。然後用熱熔膠把兩半截的鈍端黏合至冰棒棍相交之處，與指叉成90度角（圖3）。

接下來，把最後一支冰棒棍的兩圓滑端皆切去，再將此冰棒棍切成三等分。以熱熔膠把三等分的其中兩片黏合至該組件後方，做出一個三角形（圖4）。這三角形會在下個步驟支撐投射機的後方。

步驟 10

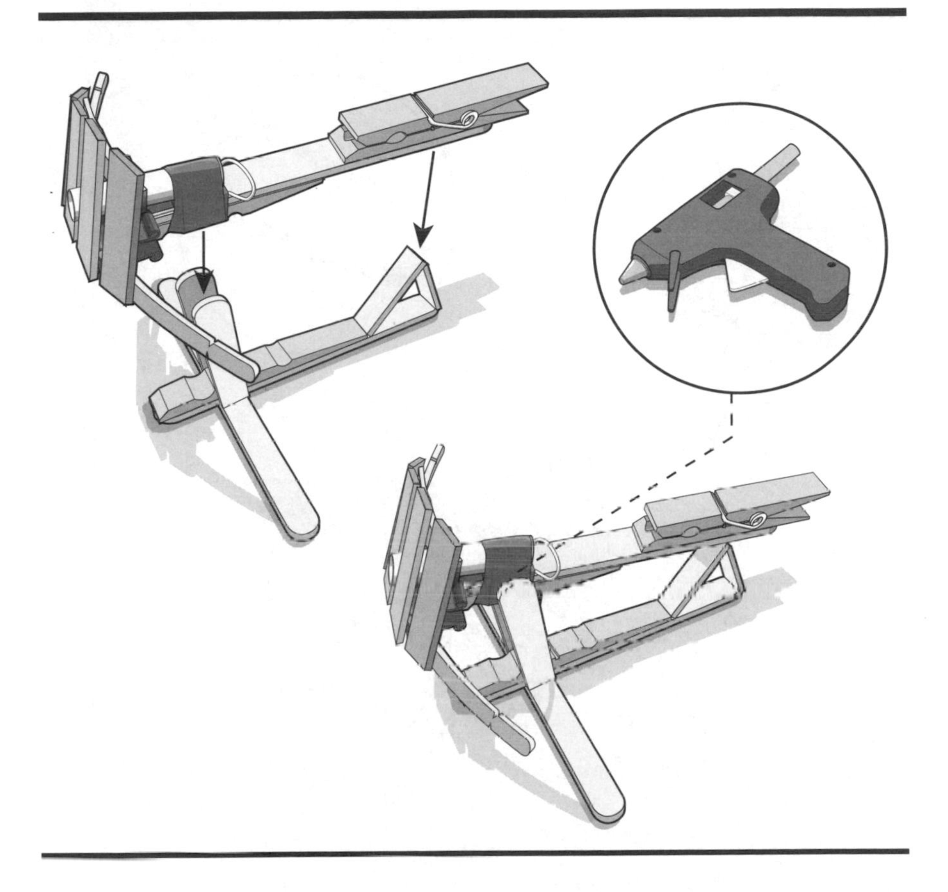

把兩組件結合起來，將投射機框架置於底座上兩直立冰棒棍之間。投射機框架稍微傾斜一個角度以靠在後三角細部。兩直立及三角形細部的底面都加些熱熔膠將兩組件固定在一塊。

步驟 11

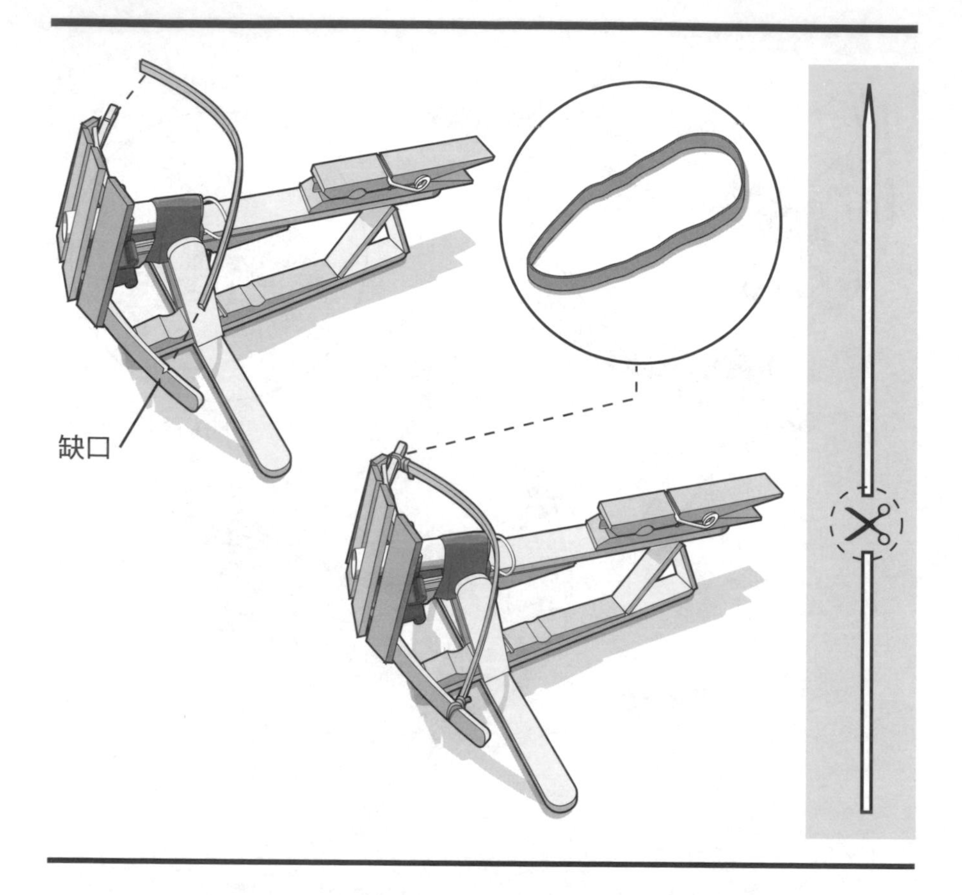

這部投射機會用到非傳統的橡皮筋弓弦。切開一條橡皮圈然後把它拉直。接著把橡皮筋打結綁在弓身兩端，利用缺口協助固定橡皮筋的結。現在投射機已經完成了。

至於弩箭，建議是用修改過的木籤。用美工刀或剪刀把木籤切短，大約為 4 又 ½ 吋（11.43 公分）。如果沒有木籤，看看本書的其他作品尋找替代方案。

要發射時，將弓弦（橡皮筋）扣入晾衣夾，然後把弩箭穿過筆管筒身放入晾衣夾上刻的缺口，準備好就可以放箭了。**要記得戴上護目鏡！**箭飛得很快，而且箭頭頗尖。**迷你小兵器不應對著活物為目標。**要和觀眾保持安全距離，而且要在控制之下操作。自製武器難免發生故障。

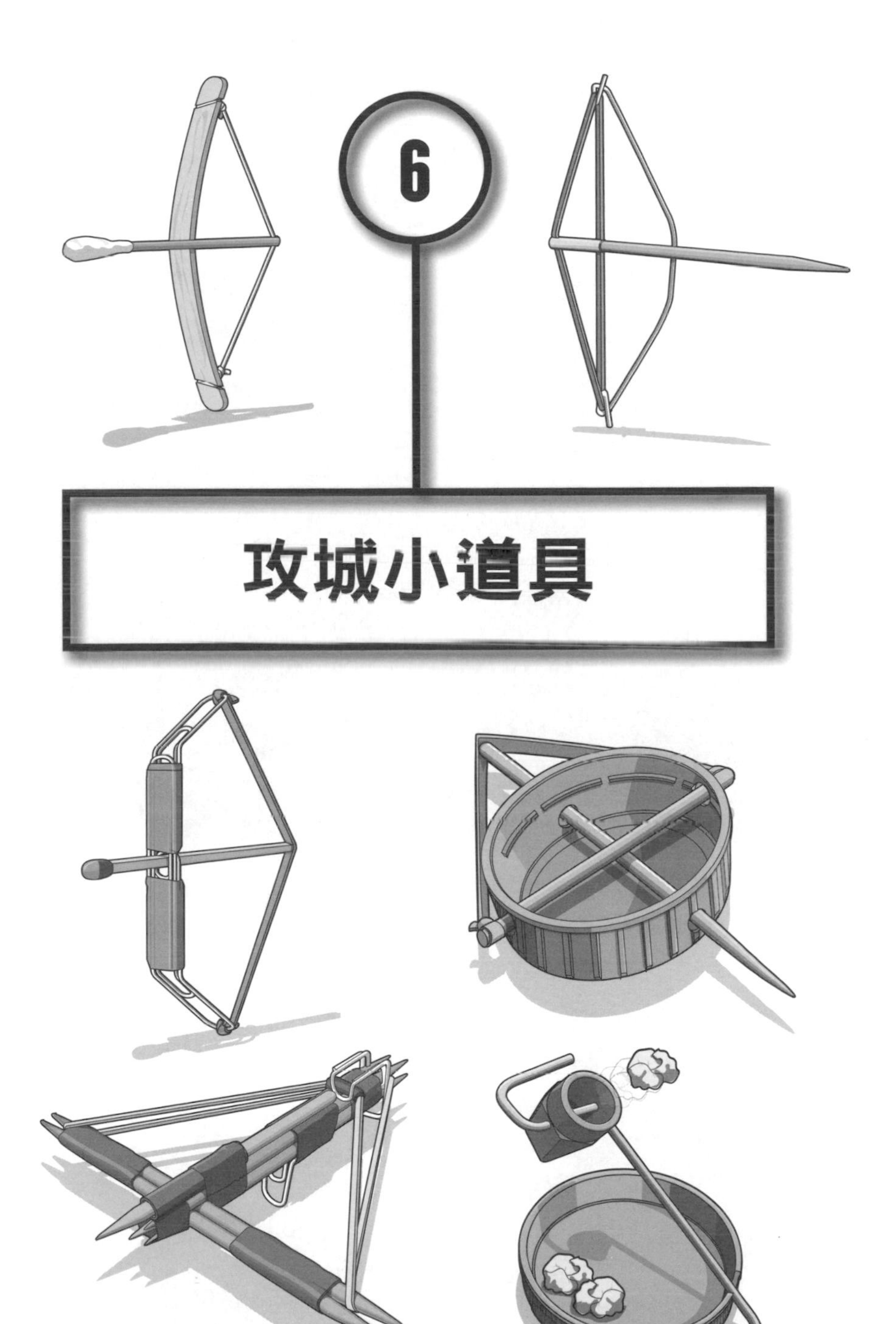
6
攻城小道具

冰棒棍迷你弓

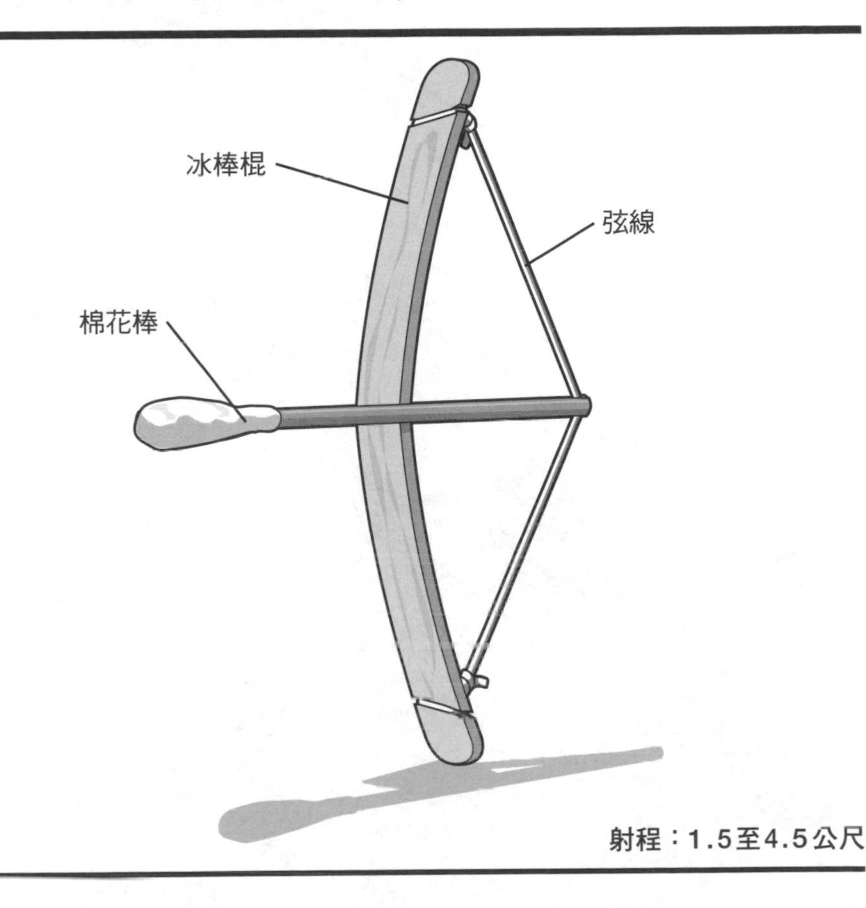

射程：1.5至4.5公尺

冰棒棍迷你弓，算得上是小兵器武器庫裡最基本的弓種，正好用來練熟桌上箭術。單單一支冰棒棍就可以做成，配備官兵或綠林大盜都很合適。

材料

1支冰棒棍
1條橡皮筋
弦線

工具

護目鏡
美工刀
2格X4格的組合積木
一盆溫熱的水
剪刀

彈藥

1根以上的塑膠桿棉花棒

步驟1

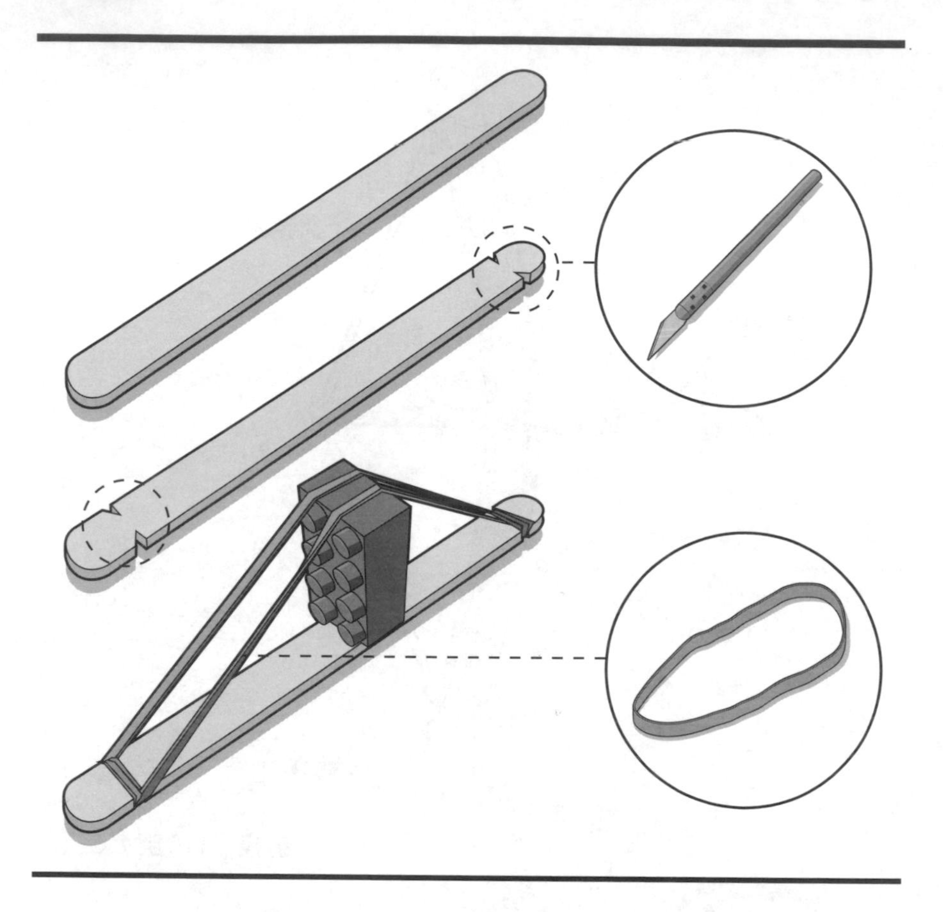

用美工刀，小心將一根冰棒棍的兩端都刻出小缺口，約距尖端½吋（0.64公分）。然後取一圈橡皮筋繞過兩組缺口。一旦橡皮筋就定位，塞入一塊2格X4格的組合積木（或同樣大小的什麼東西）直立放在橡皮筋下方。

步驟2

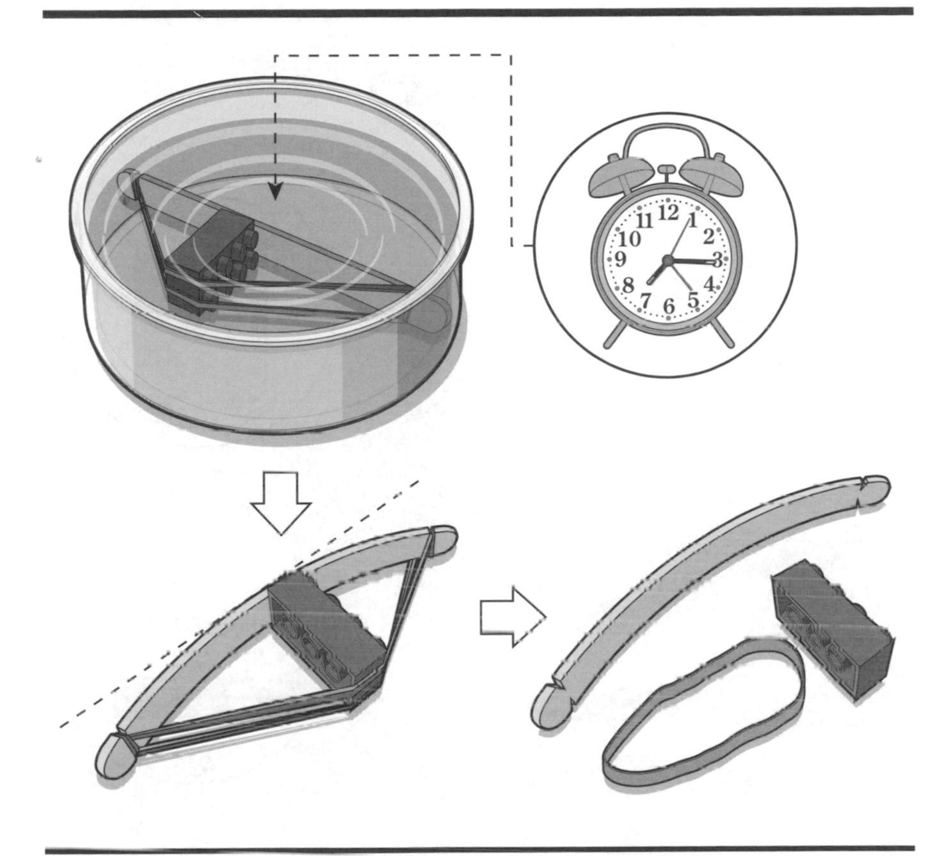

如同複合弩（175頁）和固定式拋射器（213頁），你可以小試一下彎曲木頭的技藝。將冰棒棍完全浸入一整碗溫熱的水裡，讓木頭吸飽水分而能更增其可被彎曲的特性。先把組件浸泡60至90分鐘再移出。

橡皮筋應該有助於彎曲的製程，但要在橡皮筋依然保留在上頭的同時，緩緩以手指增加每根冰棒棍的弧度。讓潮濕的冰棒棍乾燥30分鐘，使弧度定型。一旦冰棒棍乾了，移去橡皮筋及積木。

步驟3

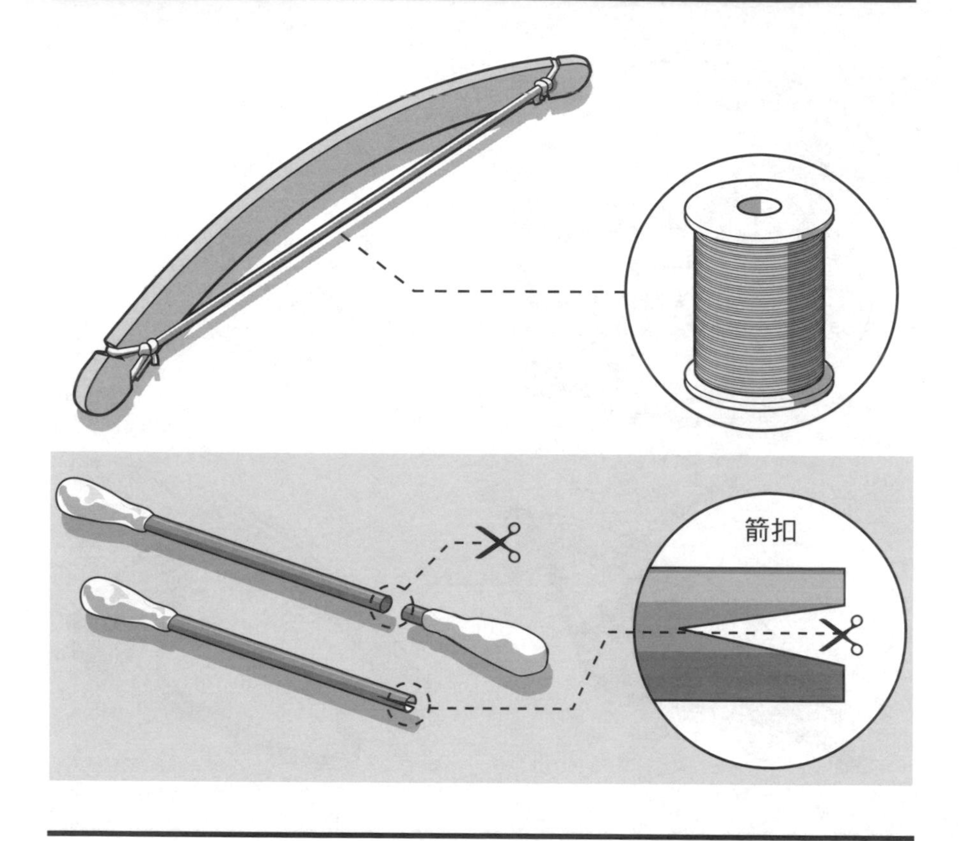

這件迷你兵器會用一條傳統的弓弦；不過，可用一條橡皮筋代替以取得類似效果。將弦線綁到弓的兩端，利用缺口把剛打的結固定。做好的弓弦應該是緊繃而有張力。

軟頭的箭是用一支棉花棒做成。以剪刀切去一個棉端，然後在切好那端加上一個箭扣。用這小小的箭扣，在冰棒棍弓拉開的時候，可讓棉花棒做的箭矢維持於弓弦上不動。

記得戴上護目鏡！弩箭的飛行速度很快，而且箭頭十分銳利。**迷你小兵器不應對著活物為目標。**要和觀眾保持安全距離，而且要在控制之下操作。自製武器可能會故障。

迴紋針弓

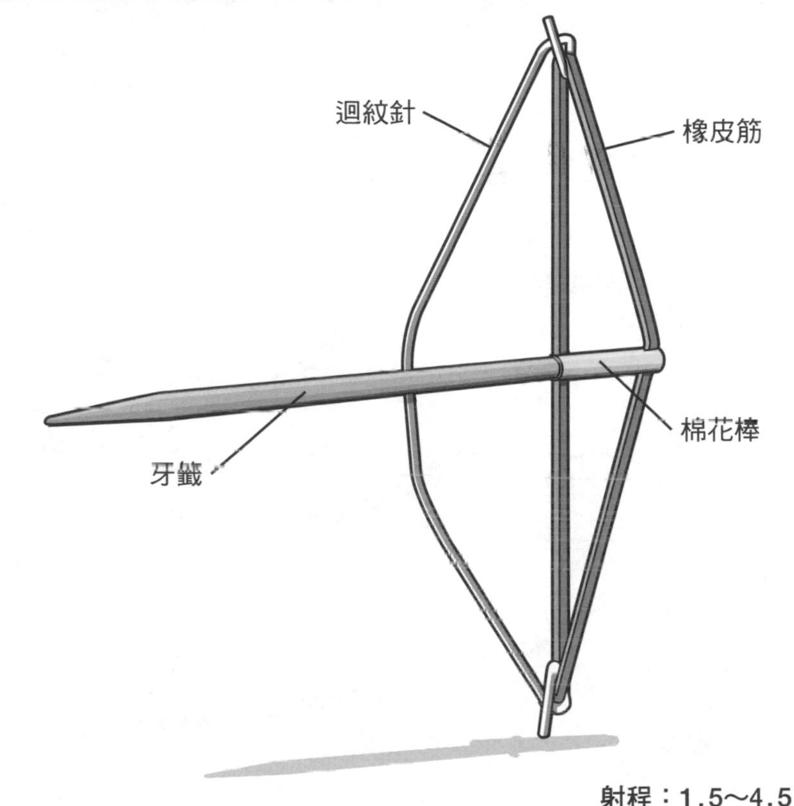

射程：1.5～4.5公尺

這件迴紋針弓讓無趣的迴紋針搖身一變，成了壞壞的投射武器。它的設計是要能迅速做好，如此簡單的弓正適合用本書後頭所附直接輸出標靶（265頁）來一場射靶友誼賽。

材料

1個大型迴紋針
1條橡皮筋

彈藥

1支以上的圓桿木質牙籤
1根以上的塑膠桿棉花棒

工具

護目鏡
尖嘴鉗
剪刀

步驟1

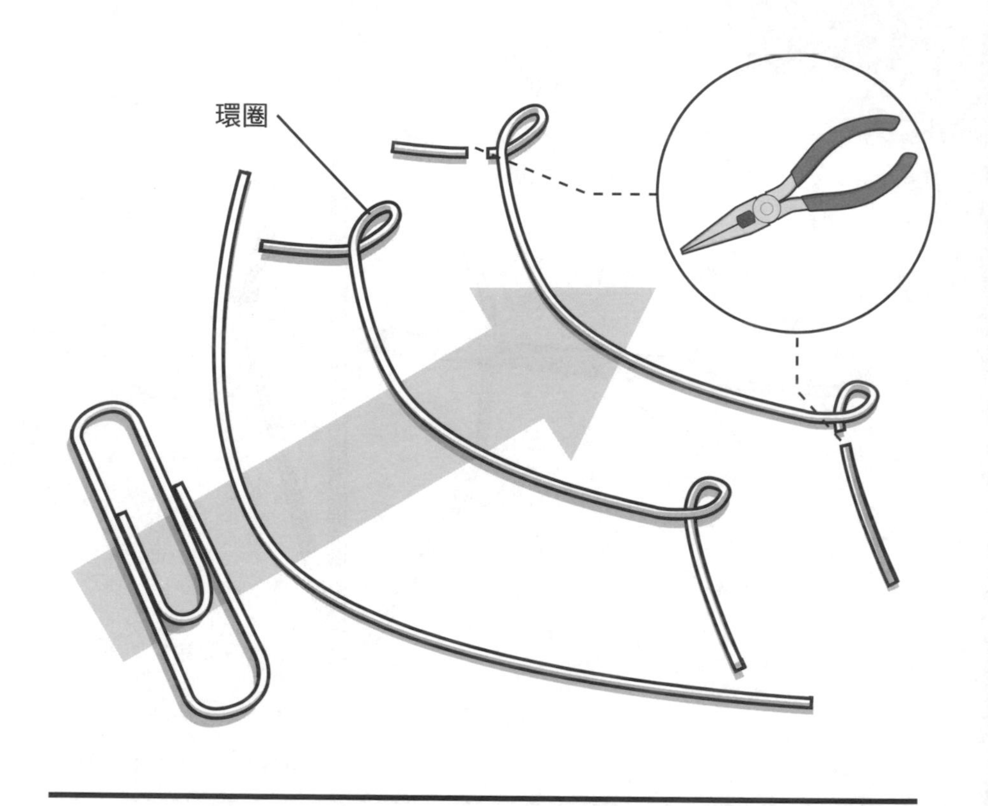

在你的國家裡四下搜刮，找出一個大型迴紋針。接下來，使用蠻力凹折弄直迴紋針的外框，成為適當且稍呈「弓型」的弧度，如圖中所示（左2圖）。

一旦彎成所要的弧度，用尖嘴鉗在迴紋針兩端都做出環圈。同樣用鉗子清除超出環圈的過多迴紋針。

步驟2

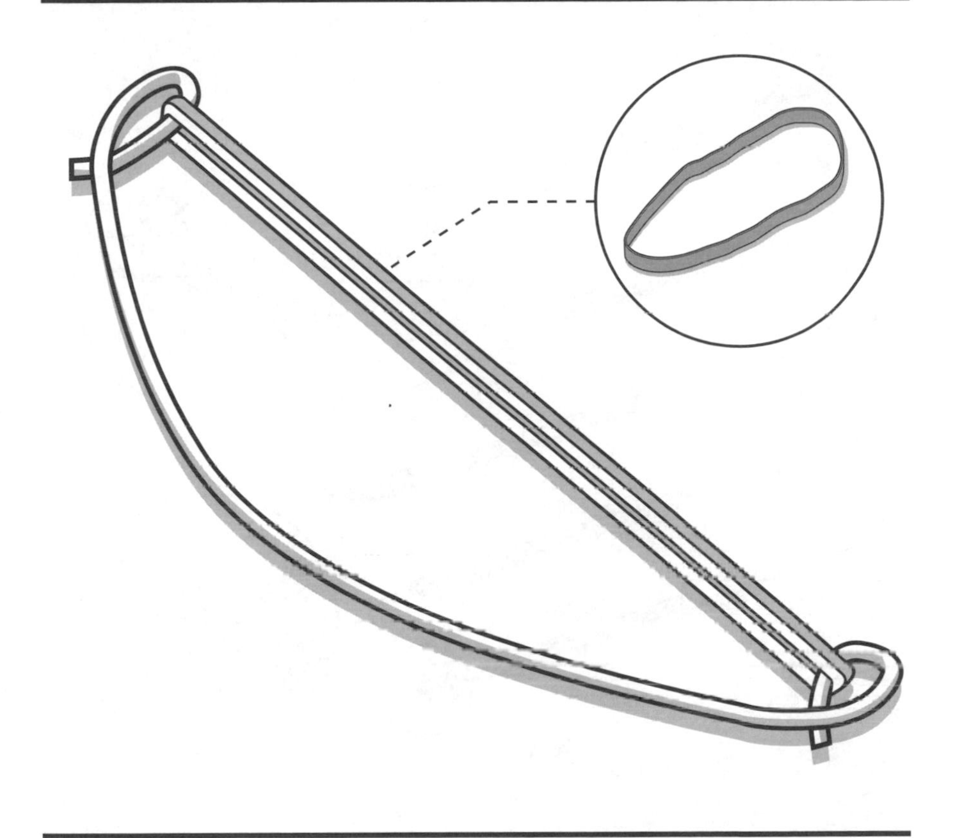

取一條橡皮筋，勾入迴紋針的兩環圈內。（可用一條弦線取代。）這就把弓弦做好啦。

步驟3

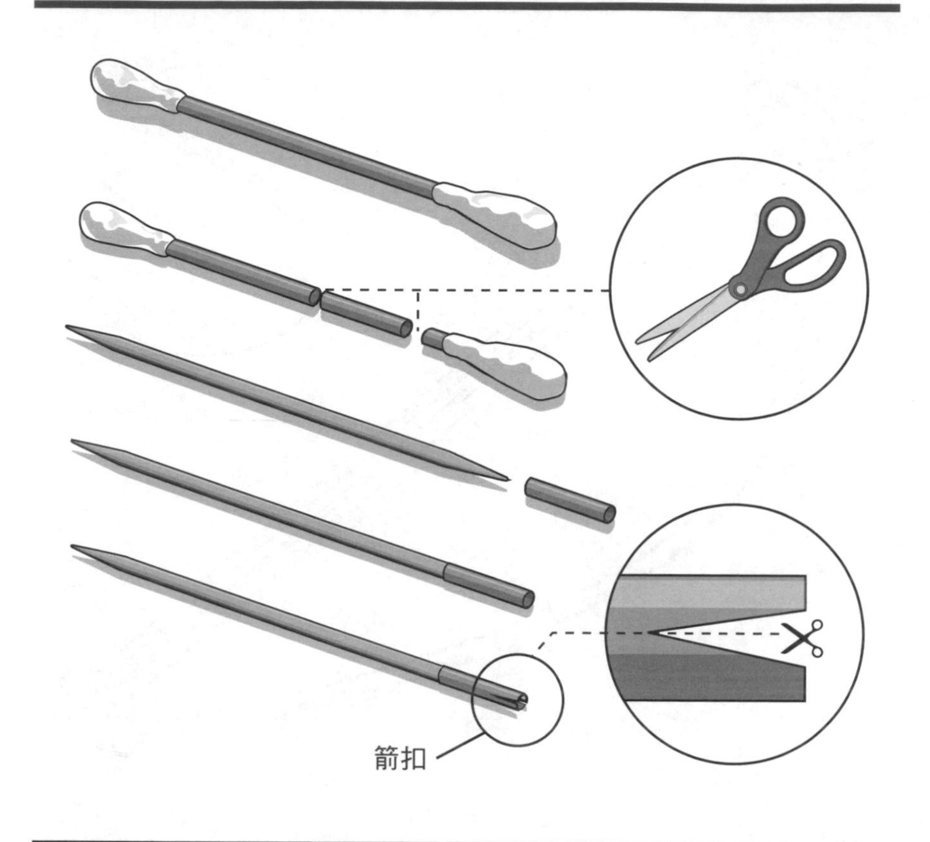

每支箭都要用一根塑膠桿棉花棒以及一根圓桿木質牙籤製作而成。用剪刀把棉花棒的一端棉花團剪掉。接著又再切去¼吋（0.64公分）的棉花棒桿。將取下的¼吋圓柱套上圓桿木質牙籤。一旦就定位，在圓柱後方刻出一個小缺口，做為箭扣。

拉動迴紋針弓的時候，用這小箭扣把牙籤箭固定於弓弦（橡皮筋）。**要記得戴上護目鏡！**箭矢的飛行速度很快，而且箭頭十分銳利。**迷你小兵器不應對著活物為目標。**要和觀眾保持安全距離，而且要在控制之下操作。自製武器可能會故障。

三迴紋針弓

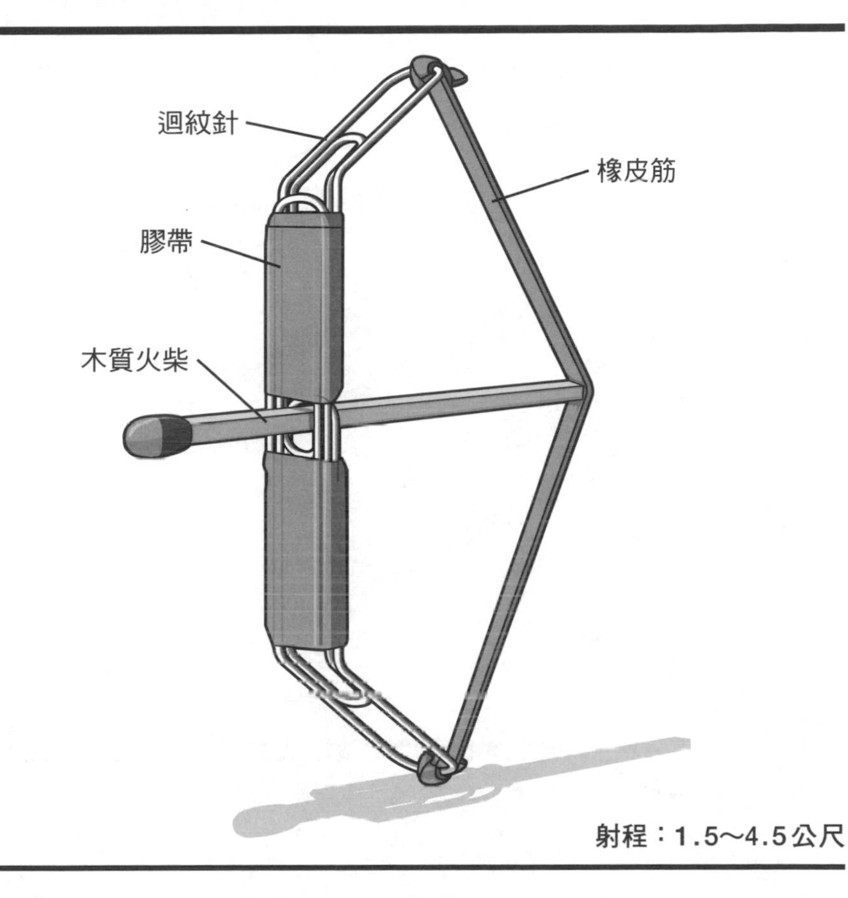

射程：1.5～4.5公尺

這件三迴紋針弓很精巧地用三個大型迴紋針製作而成，接在一起就成了年輕射手期待已久的超屌設計！用一條非傳統的橡皮筋提供動力，還附上客製化火柴箭矢，真是掃蕩匪寇的利器。

材料

3個大型迴紋針
大力膠帶
1條橡皮筋

工具

護目鏡
剪線鉗或鉗子
剪刀
美工刀（選用）

彈藥

1根以上的木質火柴或牙籤
廢紙片（選用）

步驟 1

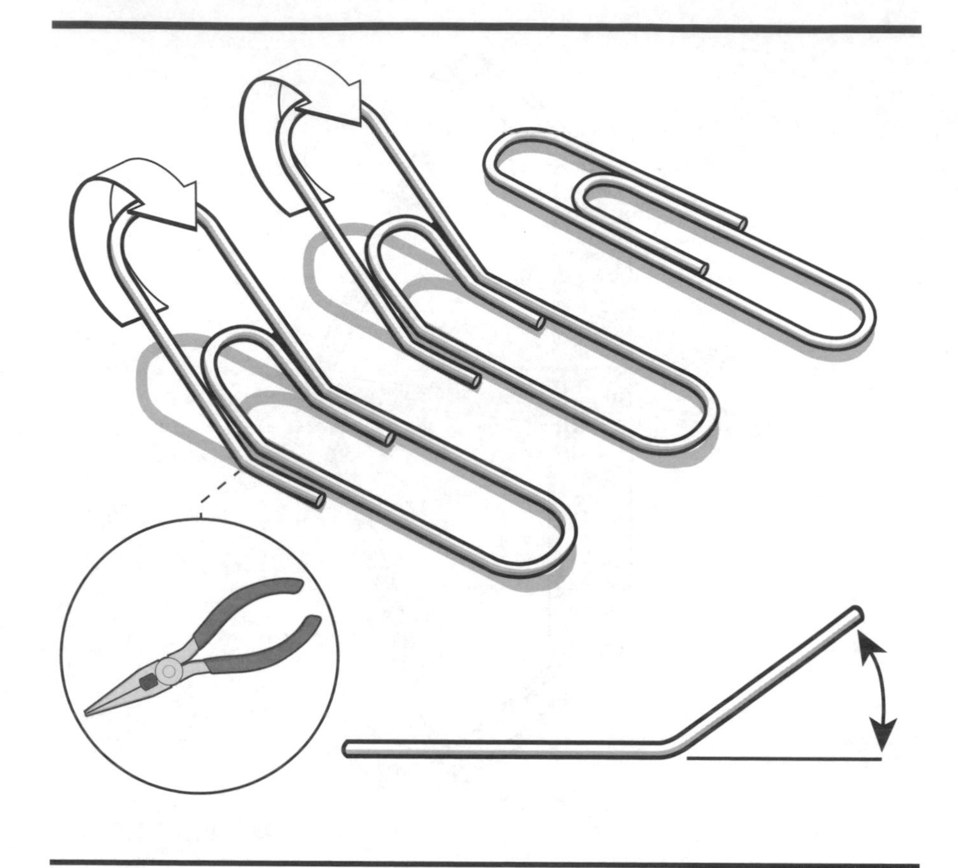

用剪線鉗或鉗子，彎折兩個大型迴紋針中央部分成45度，如圖中所示。不要彎折第三個迴紋針。

步驟2

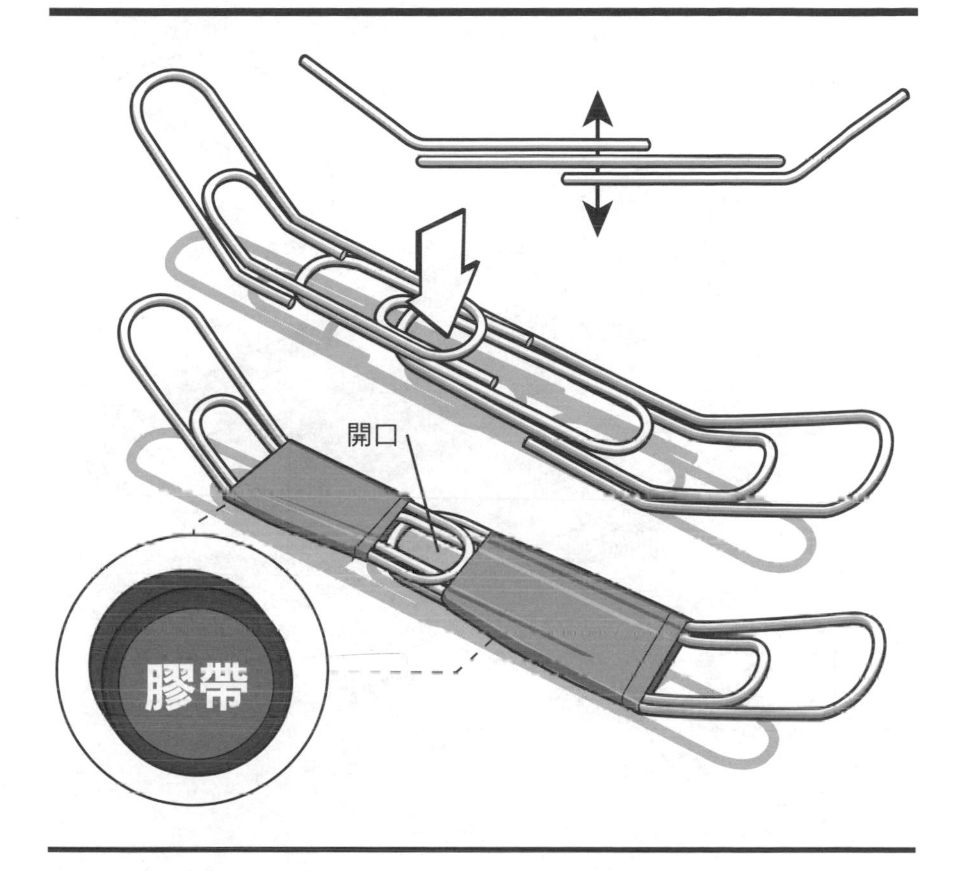

將三個迴紋針疊起來，直的夾在中間，彎的兩個彼此相對，如圖中所示。保持組迴紋針合起來的中央開口不被擋住。用膠帶把三個迴紋針緊緊纏在一起，但是**不要**把組件的中央開口覆蓋起來。

步驟3

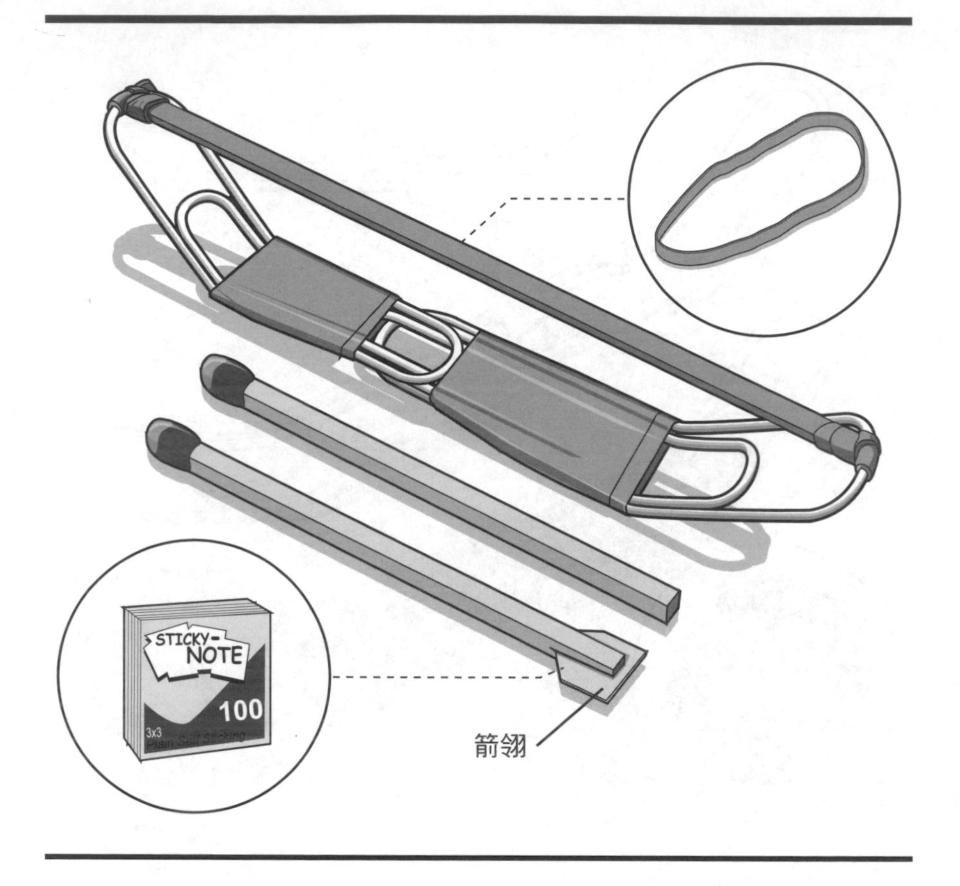

用剪刀剪開一條橡皮筋並且拉直攤開。加上張力，把橡皮筋兩端綁上彎曲迴紋針的相對兩端。切除多餘的橡皮筋，完成這個步驟後弓就做好了。

至於箭的部分，木質火柴相當不錯。可以在火柴後方加上小型箭翎（鰭片）。做法如下：先用美工刀在一支木質火柴棒的尾部切出小小缺口。接下來將一小片廢紙塞入那缺口中，切成斜角或箭翎的細部。若是沒有木質火柴，可試試牙籤、棉花棒，或本書各式武器所用的任何箭矢。

要記得戴上護目鏡！ 箭矢的飛行速度很快，而且箭頭十分銳利。**迷你小兵器不應對著活物為目標。**要和觀眾保持安全距離，而且要在控制之下操作。自製武器可能會故障。

瓶蓋弩

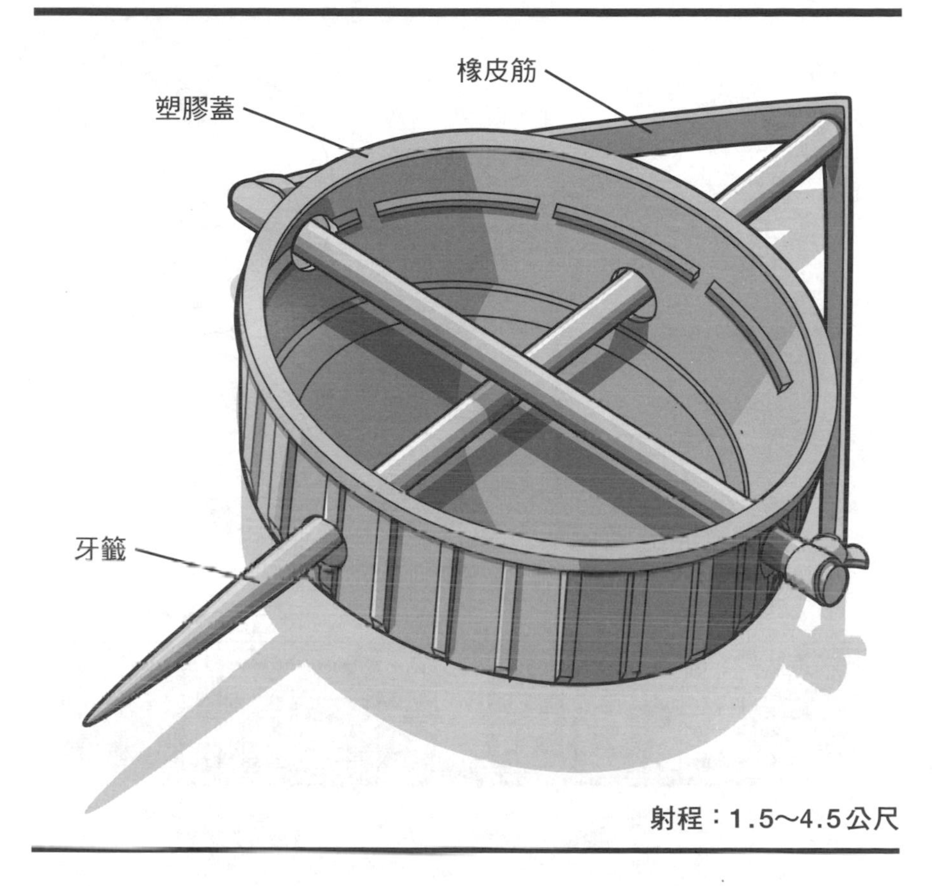

射程：1.5～4.5公尺

用隱藏式的瓶蓋弩滲透進入城堡內！只需一個塑膠外殼就可以做，如此非比尋常的設計把弩臂和肩托整合起來，成為一件經久耐用的可怕小玩意。近距離的目標要當心了——這件攻城武器好想找個東西射射。

材料

1 個塑膠瓶蓋
1 根牙籤
1 條橡皮筋

彈藥

1 根以上的牙籤

工具

護目鏡
美工刀
剪刀

步驟1

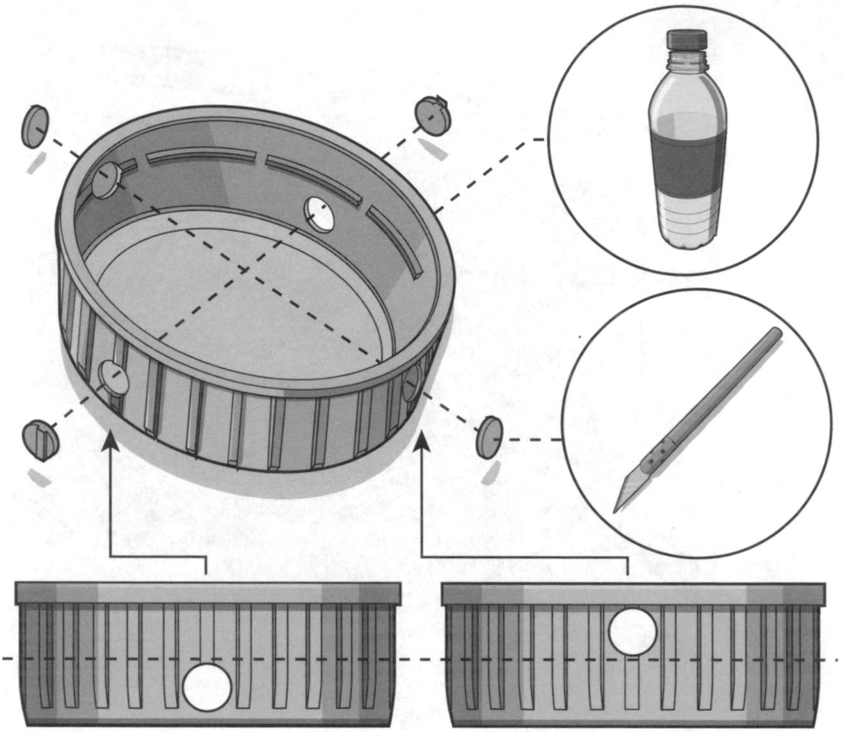

在一個塑膠瓶蓋上小心用美工刀切出四個牙籤大小的開孔。各組開孔應彼此垂直，但這兩組應位在不同平面。可參考上圖的側視。若空間有限，找個大些的瓶蓋。

步驟2

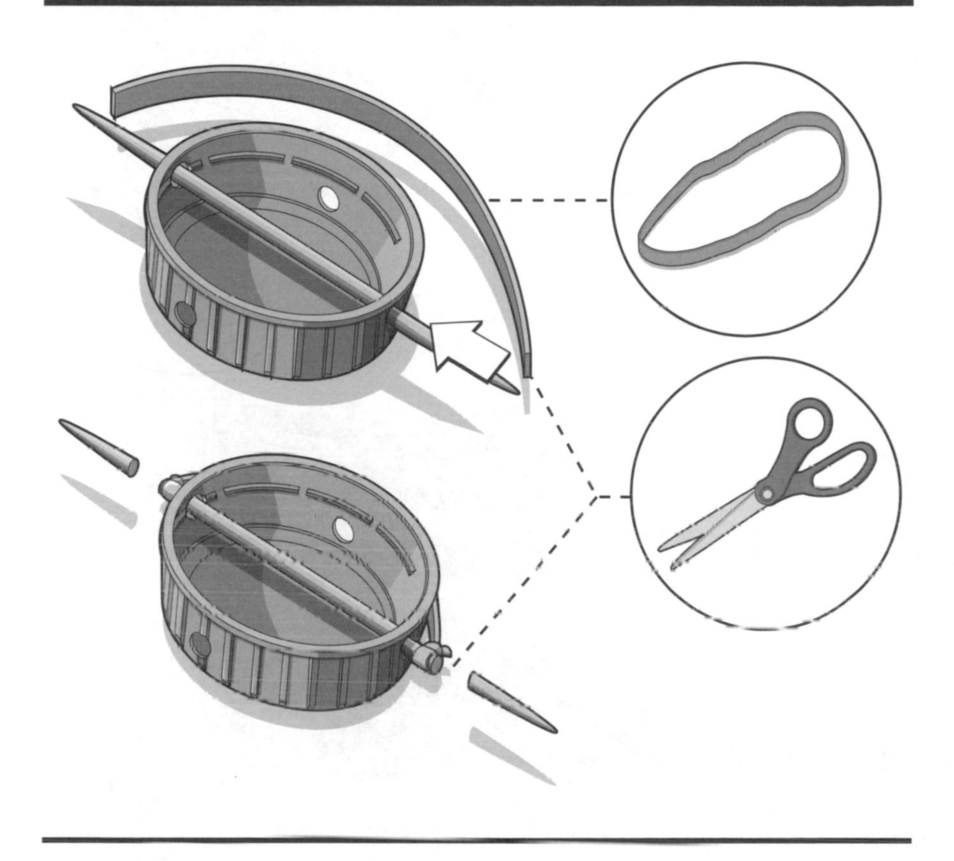

將一根牙籤穿入上方兩個開出的孔洞當中。

接下來，把弓弦接上牙籤。用剪刀剪開橡皮筋並將它拉直。繃緊了，把橡皮筋兩端綁在牙籤相對兩末稍。把多餘的橡皮筋還有牙籤的尖端清除，就完成這個步驟。

步驟3

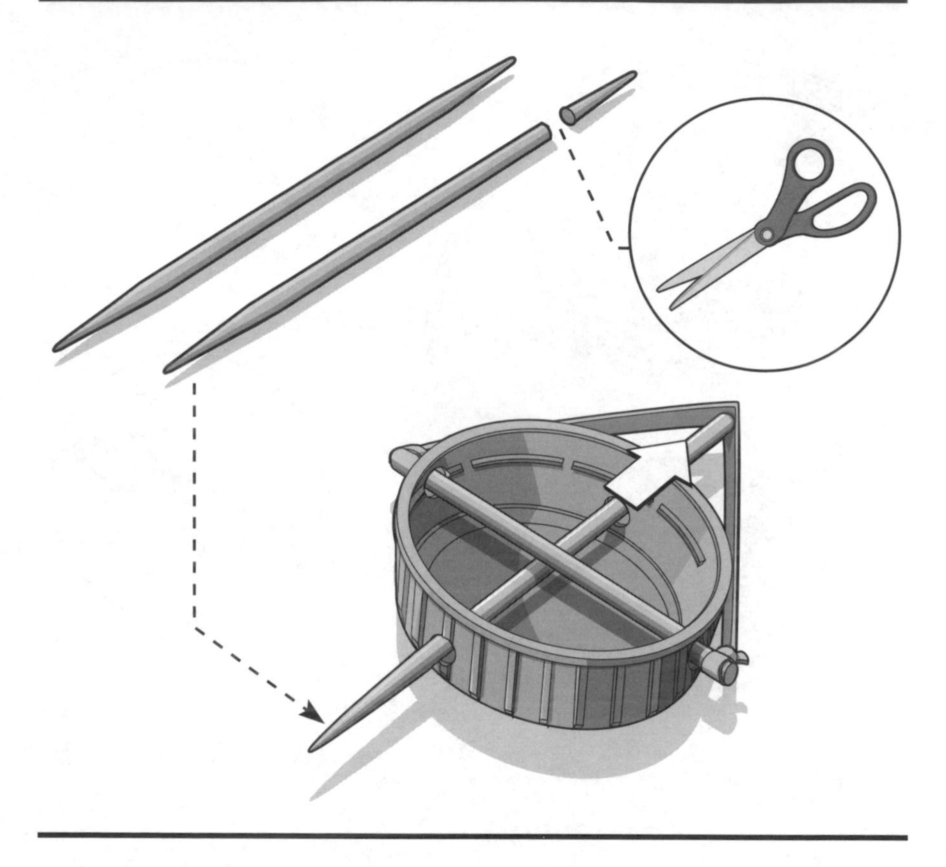

至於弩箭，用剪刀除去牙籤一個尖端。把那根牙籤鈍的一端塞入瓶蓋的下方那組開孔。抓住橡皮筋以及牙籤的鈍端緩慢往後拉，找到目標然後發射。若沒有牙籤，可用剪短的棉花棒代替。

要記得戴上護目鏡！弩箭的飛行速度很快，而且箭頭十分銳利。**迷你小兵器不應對著活物為目標。**要和觀眾保持安全距離，而且要在控制之下操作。自製武器可能會故障。

牙籤弩

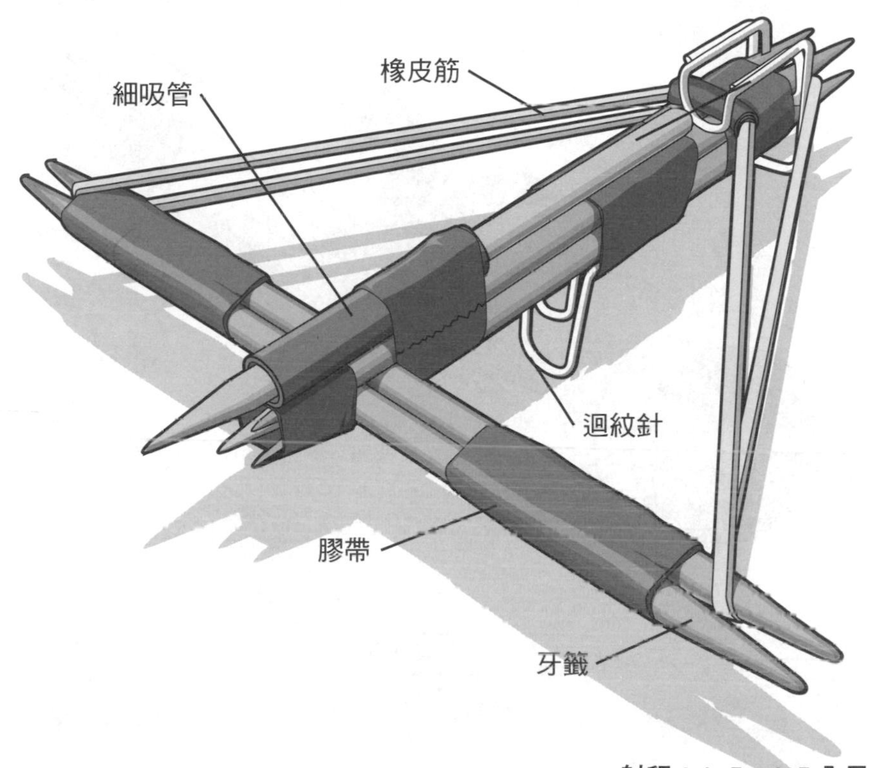

射程：1.5～4.5公尺

這件口袋大小的弩，最適合中世紀小兵器戰鬥。它的後頭具備一個可用的扳機裝置，組合容易，而且毫不起眼。不過可別因它的工藝和性能了不起就鬆懈怠慢——敵人一直都虎視眈眈的呢。

材料

6根圓桿木質牙籤
大力膠帶
1支細吸管
2個小型迴紋針
1條橡皮筋

工具

護目鏡
剪刀
尖嘴鉗

彈藥

1根以上的牙籤

步驟1

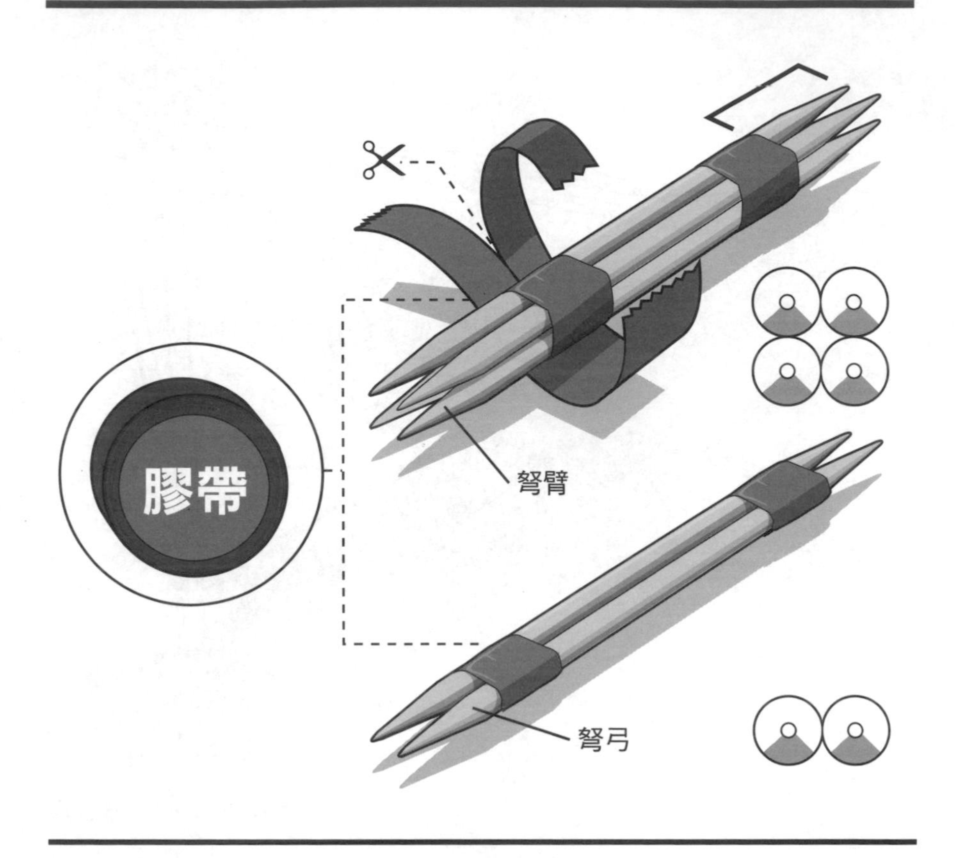

在這個步驟，你要用牙籤和膠帶做出弩臂和弩弓。在上膠帶之前，把膠帶切成¼吋（0.64公分）的長條，因為這迷你弩臂真的很細小。

把4支圓桿牙籤捆在一起形成四方形，然後用膠帶緊緊纏好整捆牙籤距兩端½吋（1.27公分）的位置，如圖中所示（上圖）。這捆牙籤就是弩臂。

至於第二捆，把2根牙籤用膠帶黏起來，膠帶距末端¼吋（0.64公分）（下圖）。這捆牙籤就是弩弓。

步驟2

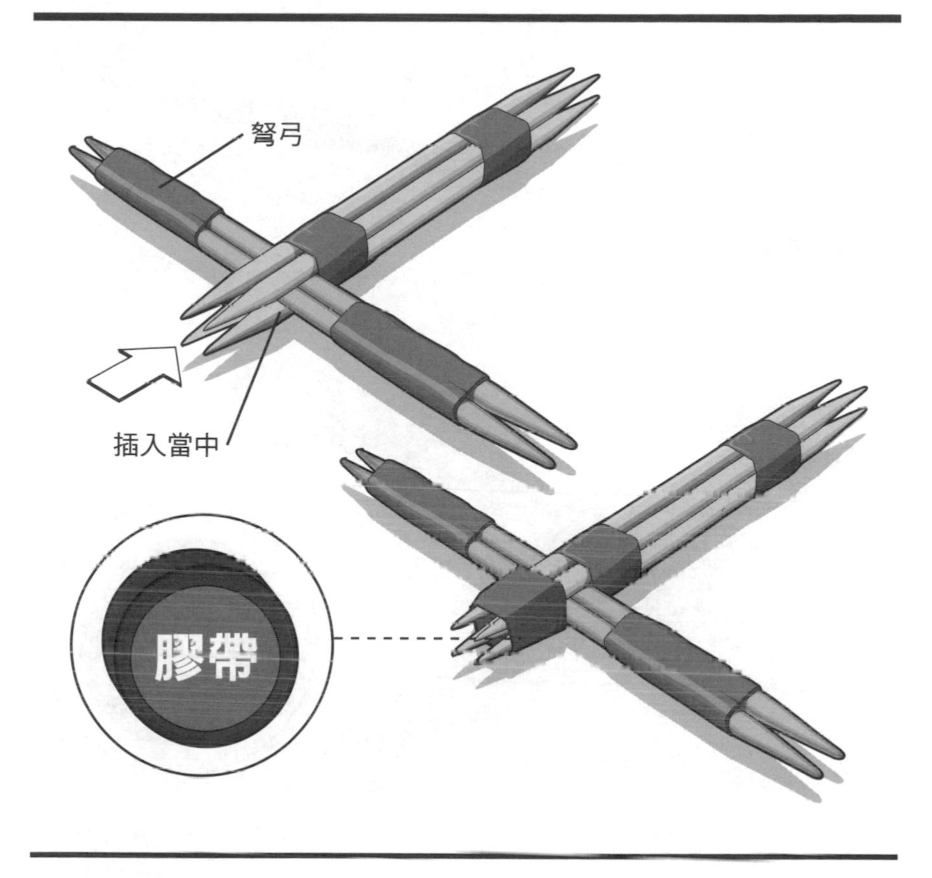

弩弓旋轉90度塞進弩臂當中，兩根牙籤在上兩根在下，直到弩弓緊靠著弩臂的膠帶。把弩弓置中，並以小心切成弩臂前端寬度的一段膠帶將它固定住。

步驟3

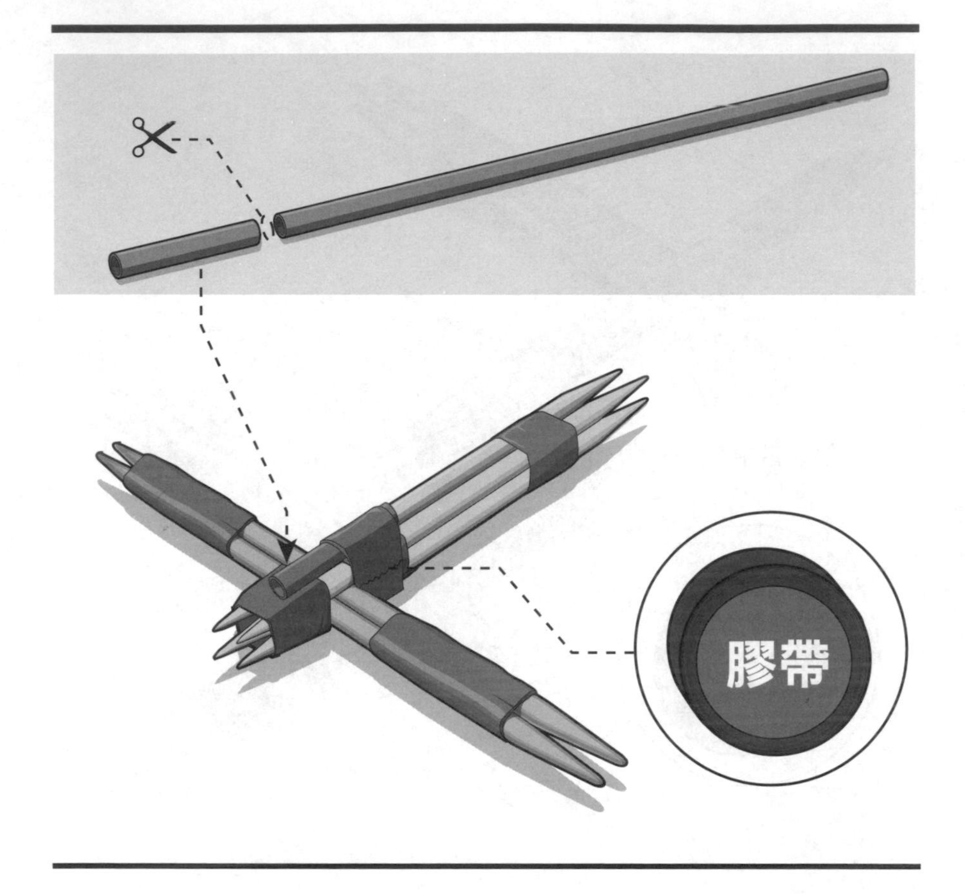

用剪刀把一支細吸管切下¾吋（1.91公分）。將這一小截用膠帶黏在牙籤弩臂上，即與弩弓交界處上方。吸管應該與牙籤組件前方幾乎切齊。

步驟4

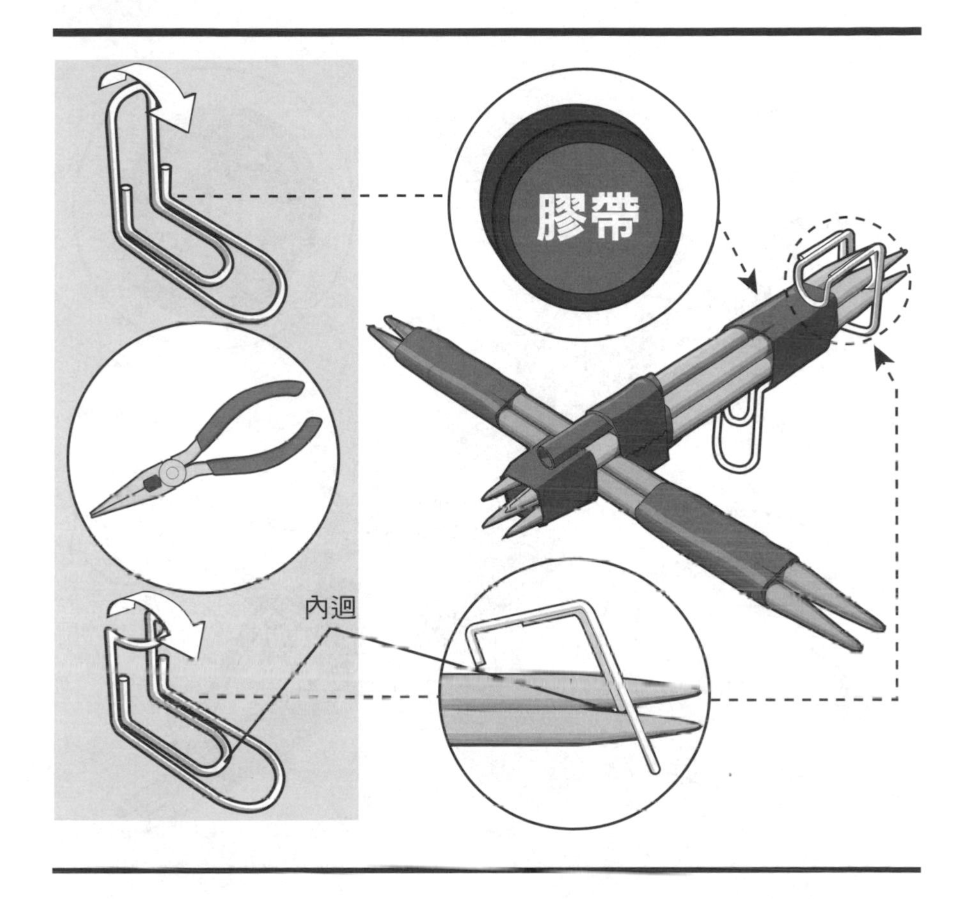

為了要製作扳機以及握把，用尖嘴鉗彎折兩個小型迴紋針。第一個迴紋針（左上），將其中央彎折出一個90度角。接下來用膠帶把這迴紋針固定於弩臂下方，距此組件末端退回1吋（2.54公分）的地方（相對弩弓的另外一端）。

至於第二個迴紋針（左下），將其距一端⅜吋（0.95公分）處彎折出一個90度角，外框中央再做第二個90度角。把這個迴紋針連至弩臂後方，內迴細部介於兩組牙籤之間。外迴細部靠在弩臂之下。這迴紋針就先如此放著，直到步驟5會加上一條橡皮筋。

步驟5

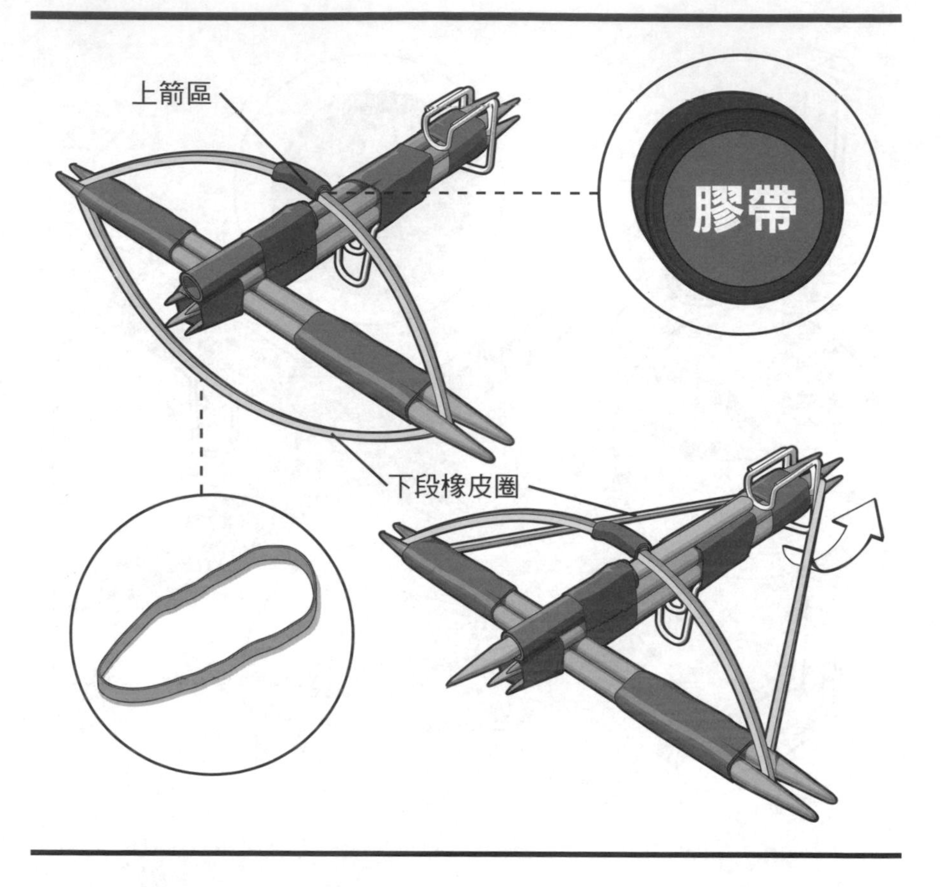

將一個橡皮圈套在弩弓的兩尖端之間。橡皮圈上段的中間部分，包上一塊膠帶，1吋長¼吋寬（2.54公分長，0.64公分寬）。這就是上箭區，即弩上膛時讓弩箭靠著弓弦的位置。

把下段橡皮圈往後拉，置於弩臂的兩組牙籤之間，以固定第二個迴紋針（扳機）。

步驟6

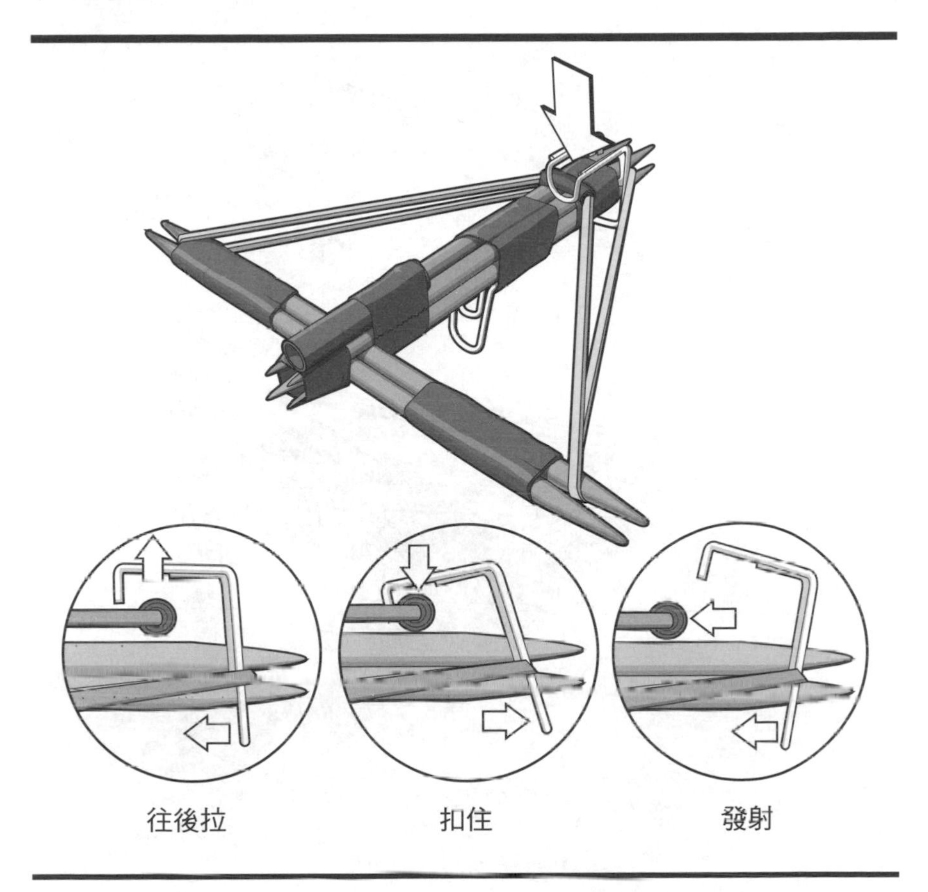

若要試射此弩，把橡皮筋弓弦往後拉，並將上箭區（所加的膠帶）扣在90度角的迴紋針後方。接下來，從底側將那迴紋針的底部往後拉動，以便把扣上弓弦的迴紋針固定。準備好要發射的時候，迴紋針底部往前推以釋放弓弦。

步驟7

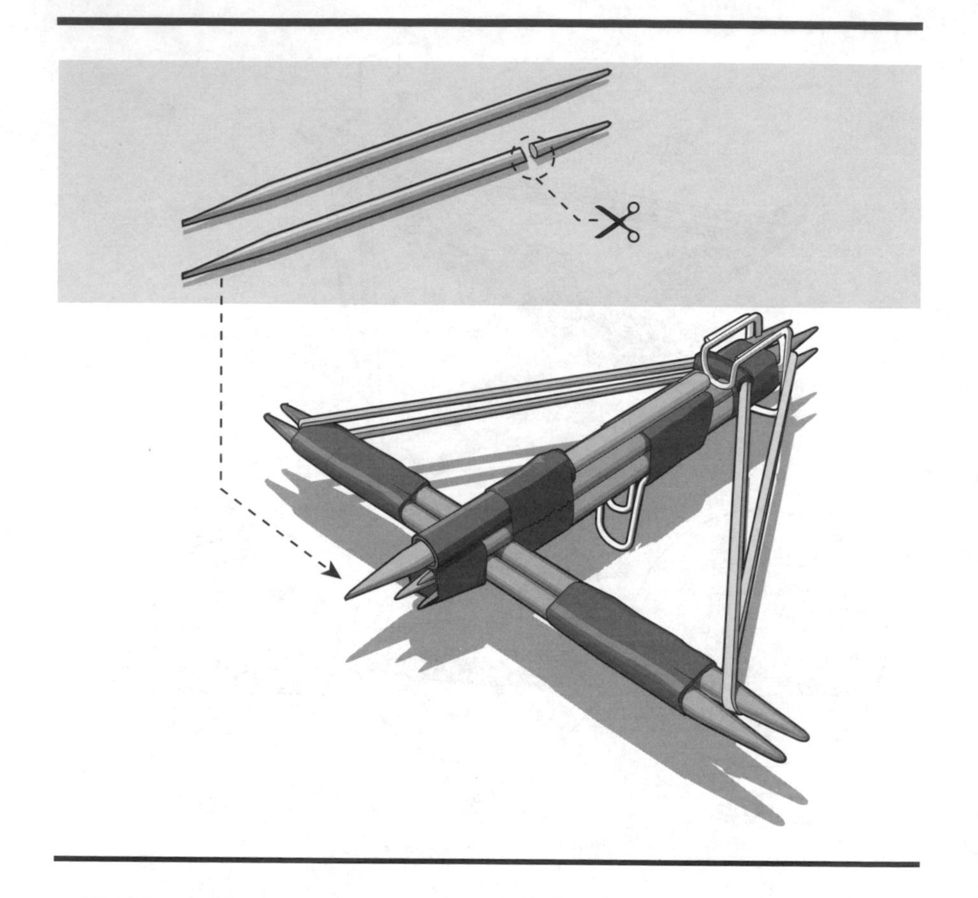

這件弩配備的是牙籤弩箭。用剪刀除去牙籤的一個尖端。發射時，將弓弦扣入迴紋針，然後把木質弩箭的鈍端裝入吸管筒身，讓鈍端剛好放在扣好的扳機之前。一旦扣好並裝上弩箭，就可以發射了。若沒有牙籤，可用剪短的棉花棒代替，只需使用筒身較粗的吸管即可。

要記得戴上護目鏡！弩箭的飛行速度很快，而且箭頭十分銳利。**迷你小兵器不應對著活物為目標。**要和觀眾保持安全距離，而且要在控制之下操作。自製武器可能會故障。

迴紋針與瓶蓋拋石器

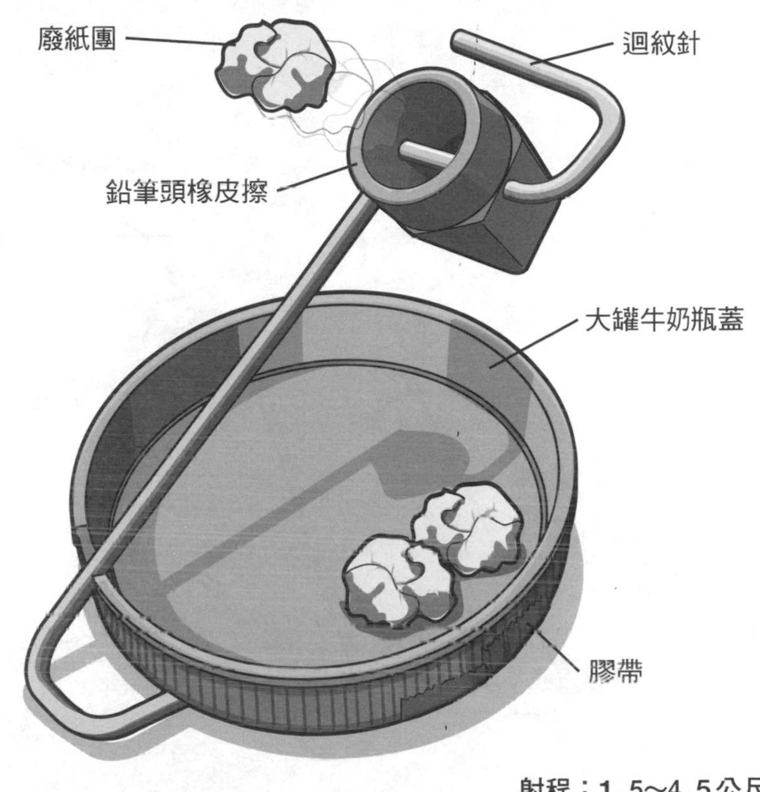

射程：1.5～4.5公尺

用迴紋針與瓶蓋拋石器拋擲糖果和廢紙團，這一部超小發射器的設計是要在安全距離外阻止敵人進犯，或出其不意予以迎頭痛擊。這件小兵器可在幾分鐘之內組合好，而且它的底座還把糖果彈匣整合進來，可支援任何一場毫不留情的猛烈攻擊。

材料

1個鉛筆頭橡皮擦
1個大型迴紋針
1個大罐牛奶瓶蓋（或類似物）
大力膠帶

工具

護目鏡
大剪刀或美工刀

彈藥

1個以上的廢紙團、軟糖或鉛筆擦

步驟1

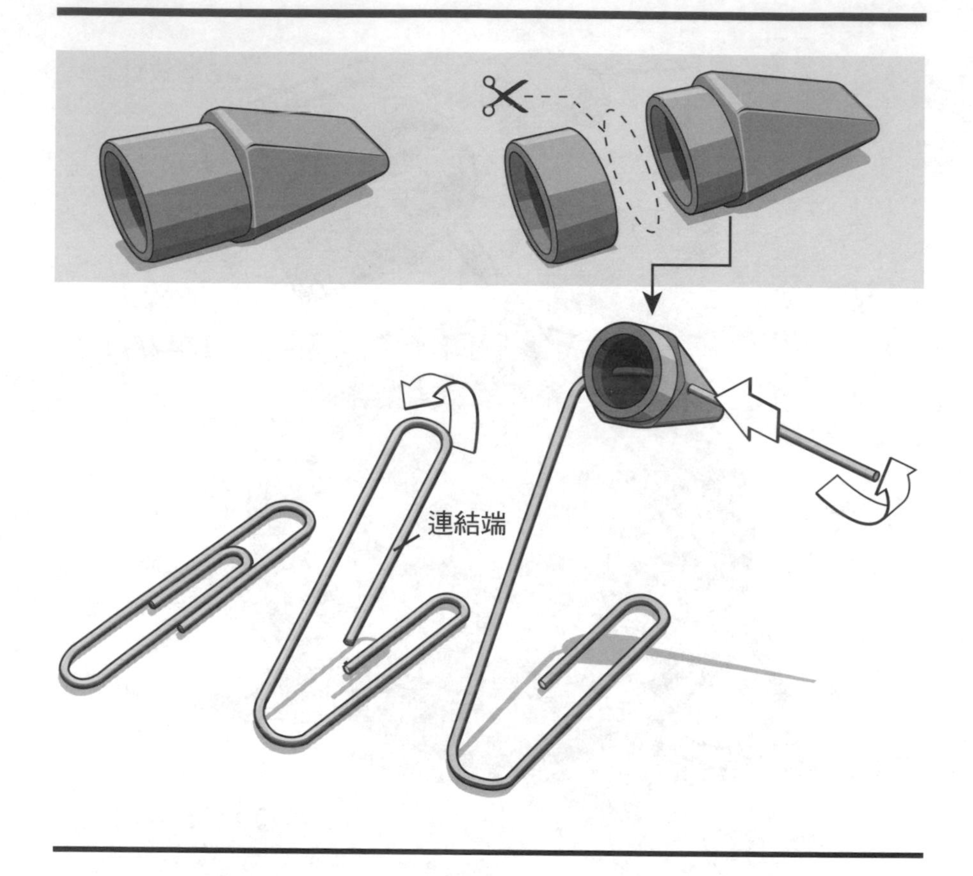

用大剪刀或美工刀，小心切去⅜吋（0.95公分）鉛筆頭橡皮擦的連結端。此末端會用來當作投石器的籃子。移除的橡皮擦留著做彈藥。

將一個大型迴紋針的外框彎折成45度角。接著，在那45度角上，把迴紋針的末稍向上彎折90度。

把切好的鉛筆頭橡皮擦穿過彎成90度的迴紋針桿，如圖中所示。

步驟2

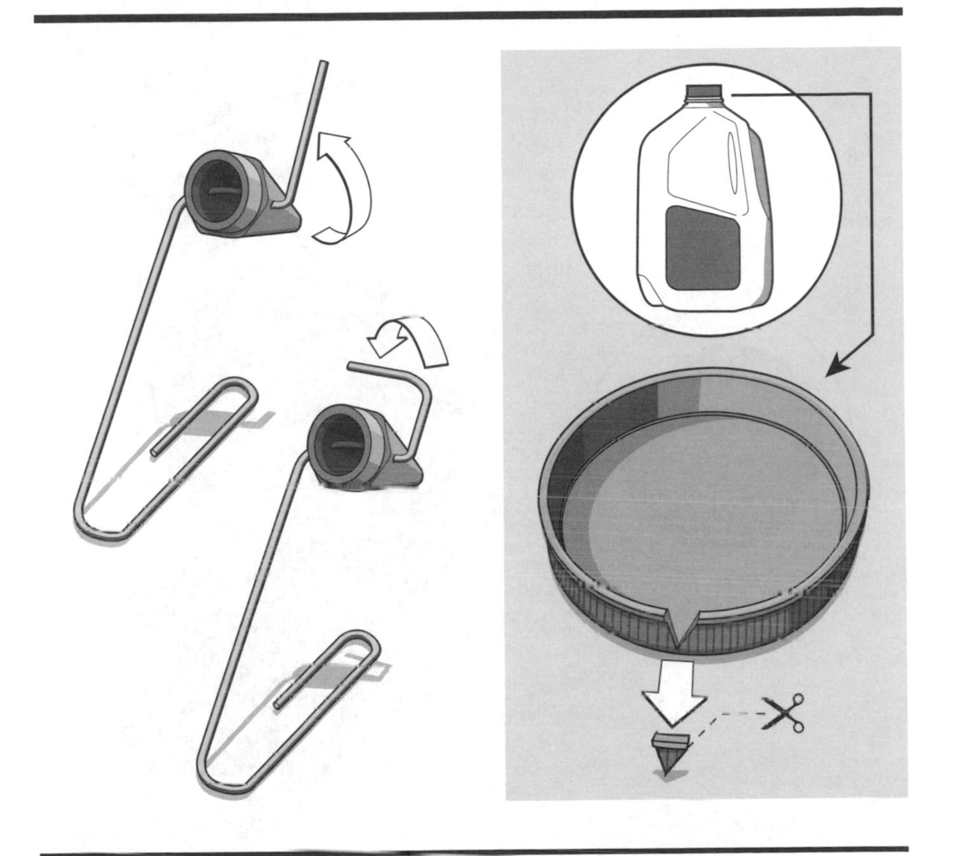

迴紋針還需要再彎折兩次，做成下拉釋放桿。首先把伸出橡皮擦的細桿向上彎折90 度，然後同一端再彎90 度，蓋過橡皮擦。

底座會用一個塑膠牛奶罐蓋子（或類似物品）製作而成。用大剪刀或美工刀，小心把大罐牛奶瓶蓋的外環刻出一個小的⅛吋（0.32 公分）凹口。

步驟3

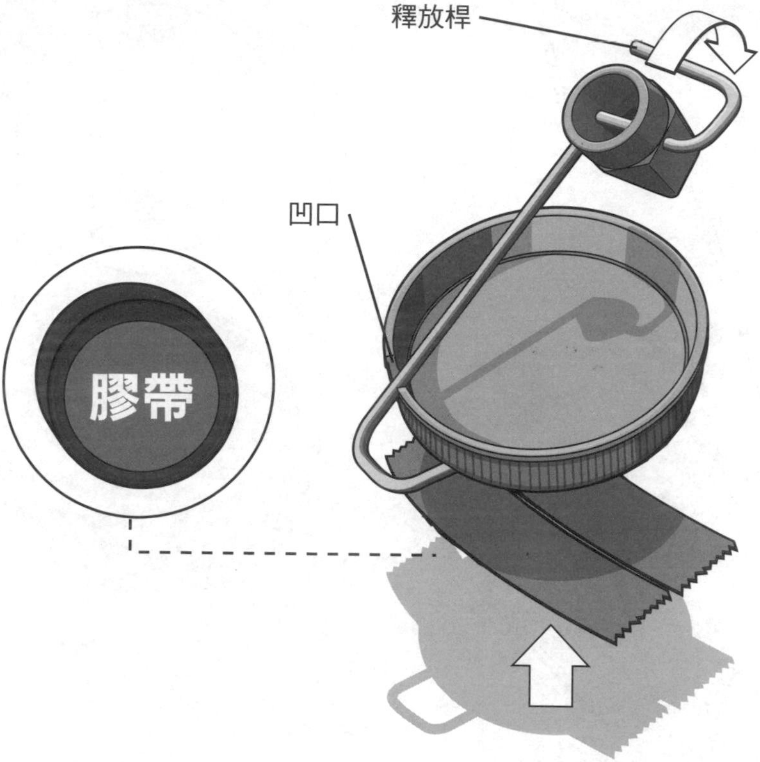

把甩臂組件的下支架塞入上下顛倒過來的大罐牛奶瓶蓋之下，使45度角的甩臂靠在瓶蓋的凹口。瓶蓋底面放置膠帶將各部位固定，如圖中所示。迴紋針與瓶蓋拋石器這就完成了。

若要發射，把鉛筆頭橡皮擦裝進投射籃中，扶住下支架固定好，然後把甩臂的釋放桿往下拉。砲彈就發射出去囉！

要記得戴上護目鏡！絕對不能把這件投石器對著活物為目標，而且只能使用安全的彈藥。廢紙團、軟喉糖和鉛筆橡皮擦都很合用。

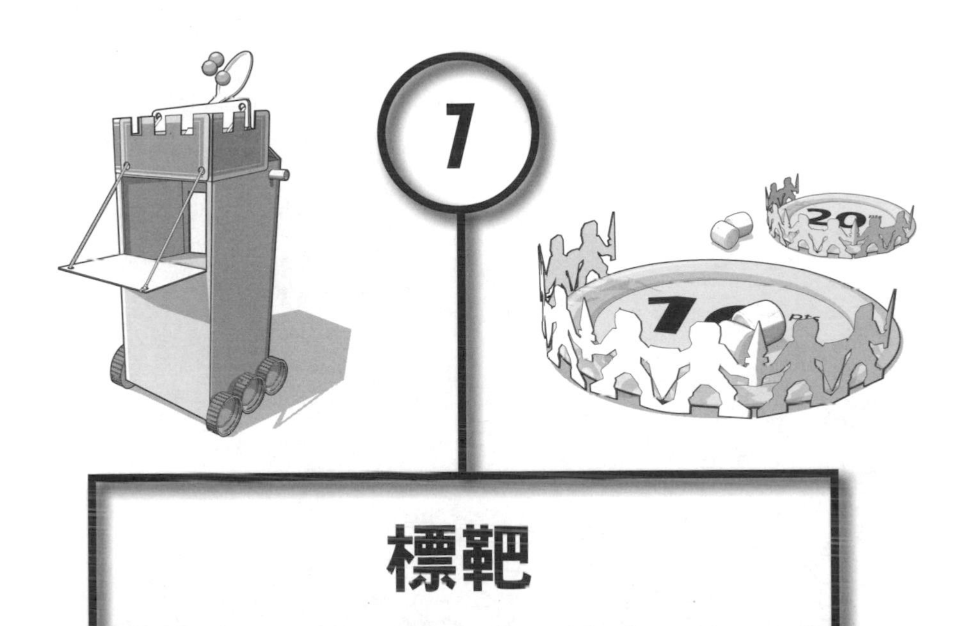

7 標靶

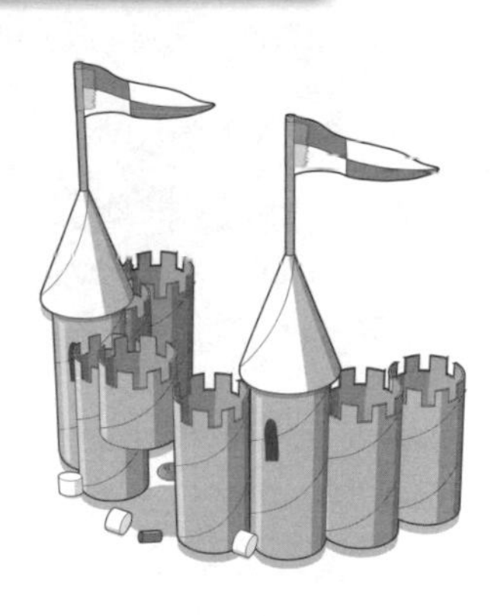

WANTED
500 GOLD PIECES
FOR THE CAPTURE OF THE
VILLAINOUS OUTLAW
BLACK KNIGHT
BY ORDER OF THE KING

紙盒攻城塔

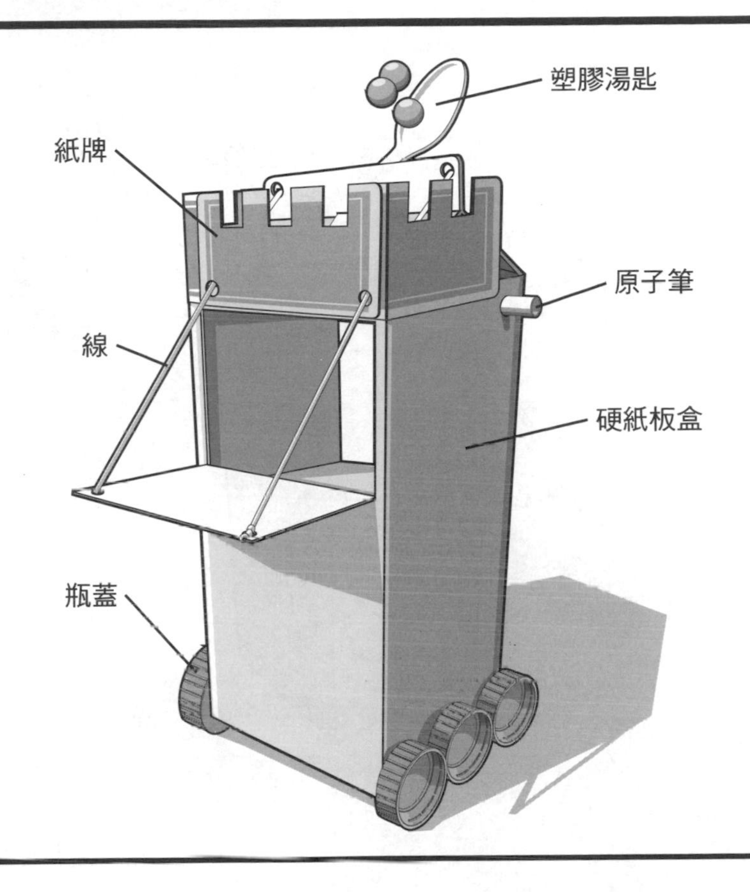

堅守陣地！投石器不斷轟擊城牆，遲早會把攻城塔運來進攻。用紙盒攻城塔當標靶，磨練你的防禦技巧。用一般的家用物品製作而成，超適合加到戰場裡。但要當心——攻城塔會反擊哦！

材料

1個硬紙板盒（59盎司，1745毫升）
3張紙牌
線
1支原子筆管
1個塑膠湯匙
4-6個塑膠瓶蓋

工具

剪刀或美工刀
單孔打孔機
熱熔膠槍

步驟1

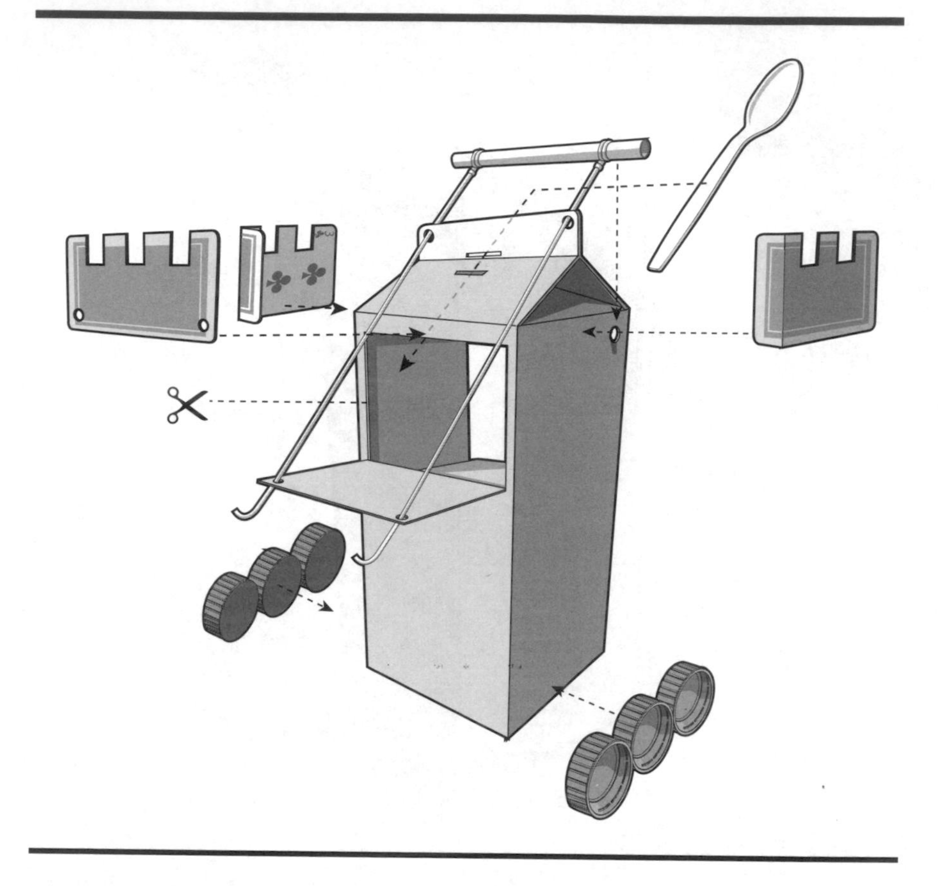

一開始先把一個紙盒（59盎司，1745毫升）洗淨並且晾乾。割出前門和後門的三個邊，如圖中所示。將前門板外折90度；將後門板往紙盒內折90度。

至於塔樓頂端的細部，取三張紙牌切割成城牆頂端的模樣。用單孔打孔機在前門板的角落、一張紙牌還有紙盒頂端、紙盒側後方弄出兩個洞，如圖中所示。接下來用膠水把紙牌黏上紙盒頂端，兩張沒有打洞的紙牌順著紙盒邊角彎折。

加上線，用來升降前門。將線的末端綁到前門板，然後線穿過固定好的紙牌，穿過紙盒頂端，並且繞過一支筆管。把筆管插入紙盒側邊的洞內。

用剪刀或美工刀在紙盒頂端割出兩道細縫，用來放發射的塑膠湯匙。接著黏兩或四個塑膠瓶蓋至紙盒底部，模擬輪子。

突擊部隊

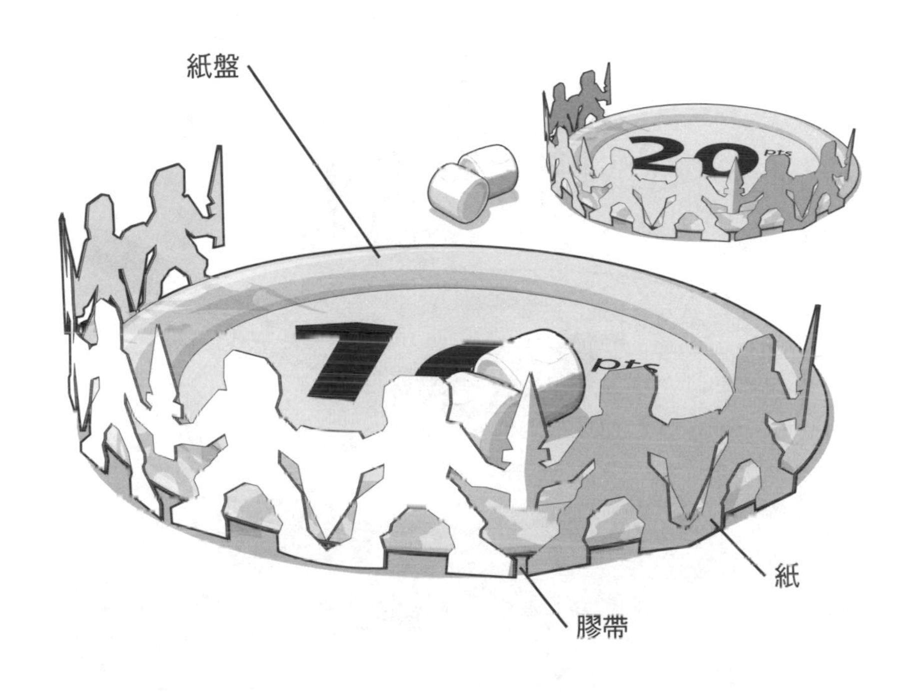

來點拋石競賽對王國多少有些助益！做幾個突擊部隊標靶，磨練你手上的中世紀武器。只需用到幾張影印紙和幾個紙盤，很快就能灑豆成兵，地板上到處都是兇猛的敵人。如果要計算分數，可在每個紙盤上寫好數字；若彈藥擊中或落入標靶，就獲得上頭註明的分數。

材料

1個以上紙盤
1張以上影印紙（8又½吋X11吋，21.59公分X27.94公分）
膠帶（隨便哪種都可以）

工具

剪刀
麥克筆

步驟1

用一張標準尺寸的影印紙，切下大約3吋寬的長條。在紙條一端畫出一名武裝士兵的輪廓，可用圖示做參考，紙的寬度就是士兵的高度。加上劍或盾牌，增添中世紀外觀。

輪廓畫好之後，把紙折成手風琴模樣，確定每一折的寬度都和所畫士兵的寬度相同。紙條折越多次，士兵越多。

紙保持折疊好的狀態，小心用剪刀切出士兵，摺線處就不要去碰。打開紙條就會出現排成一列的士兵了。

把這一列士兵用膠帶黏在一個紙盤前方。用麥克筆加上這個標靶的得分。重覆上述步驟做出更多的標靶。

燕麥塔樓

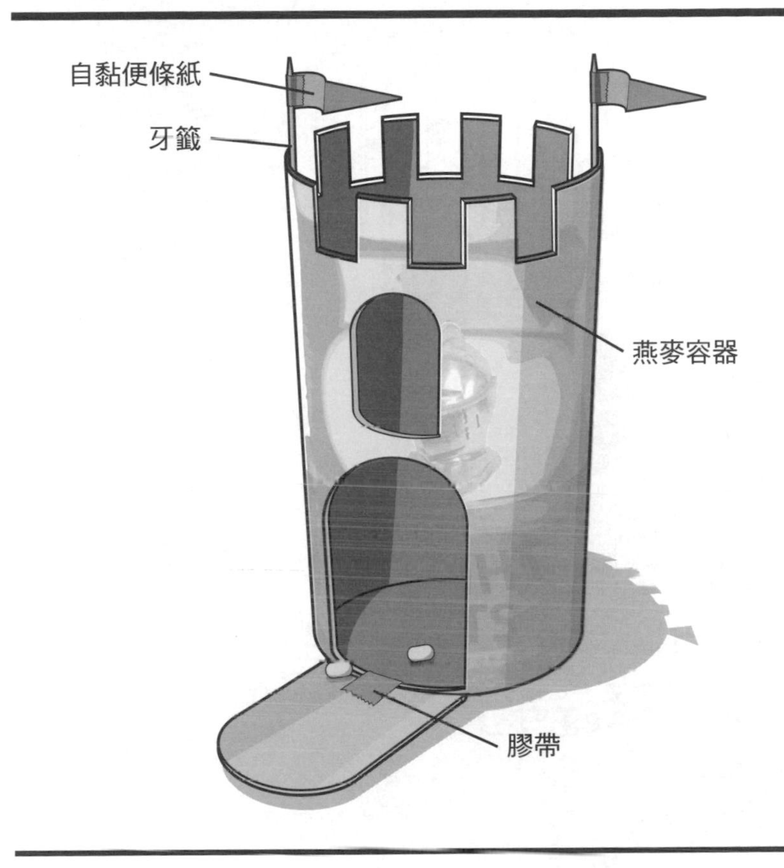

作戰的時候，進攻高處絕對是個相當需要策略的挑戰，因為高度會增加敵方弓箭手的射程。你可以蓋一座燕麥塔樓，練習攻城技巧。只要擊中幾處要害，威風的塔樓也會倒下，勝利近在咫尺。

材料

1個燕麥容器
1張四方形的自黏便條紙（3吋X3吋，7.62公分X7.62公分）或1張紙
膠帶（隨便哪種都可以）
2根牙籤

工具

剪刀或美工刀

步驟1

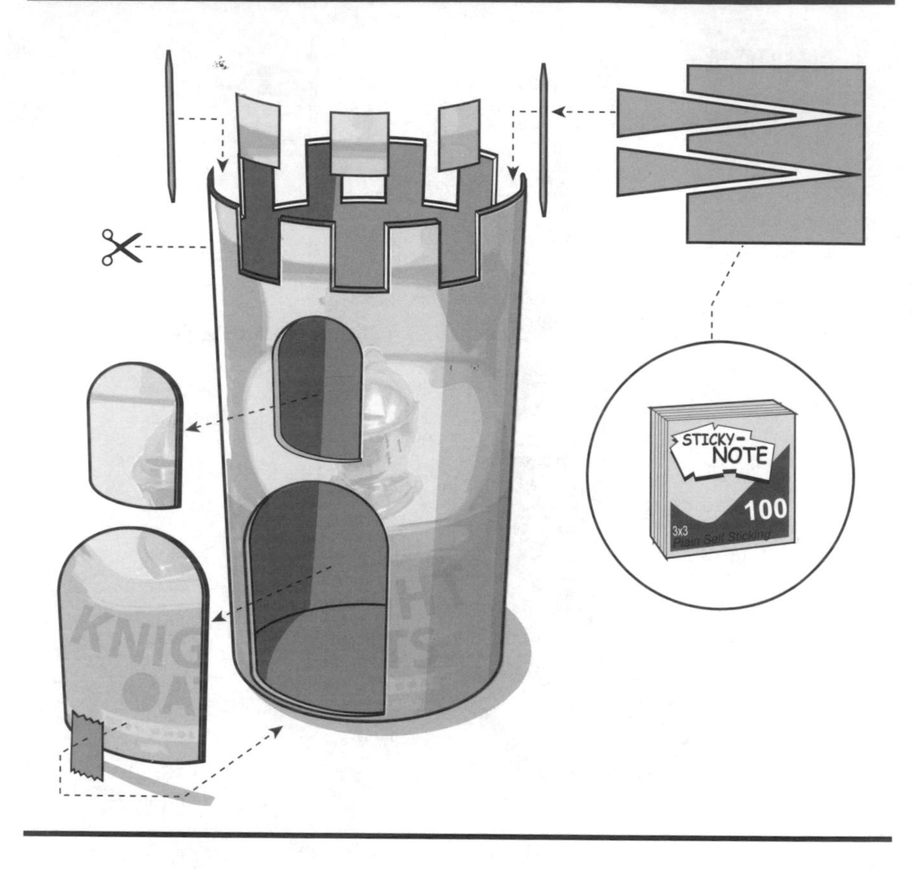

拿一個大的圓柱形燕麥容器，蓋子去掉。用剪刀或美工刀在容器頂端做出一看就知的城牆細部。用同樣工具挖去窗戶和吊索橋，如圖中所示。把吊索橋底部用膠帶黏回塔樓。

接下來用一張自黏便條紙或一張紙切出三角形的城堡旗幟。每一面旗子都用膠帶黏到牙籤上，再把牙籤黏到塔樓頂端。多添些趣味，可以讓這座標靶更具有個人風格——例如說，在塔樓內多加些人物。

轟擊城堡

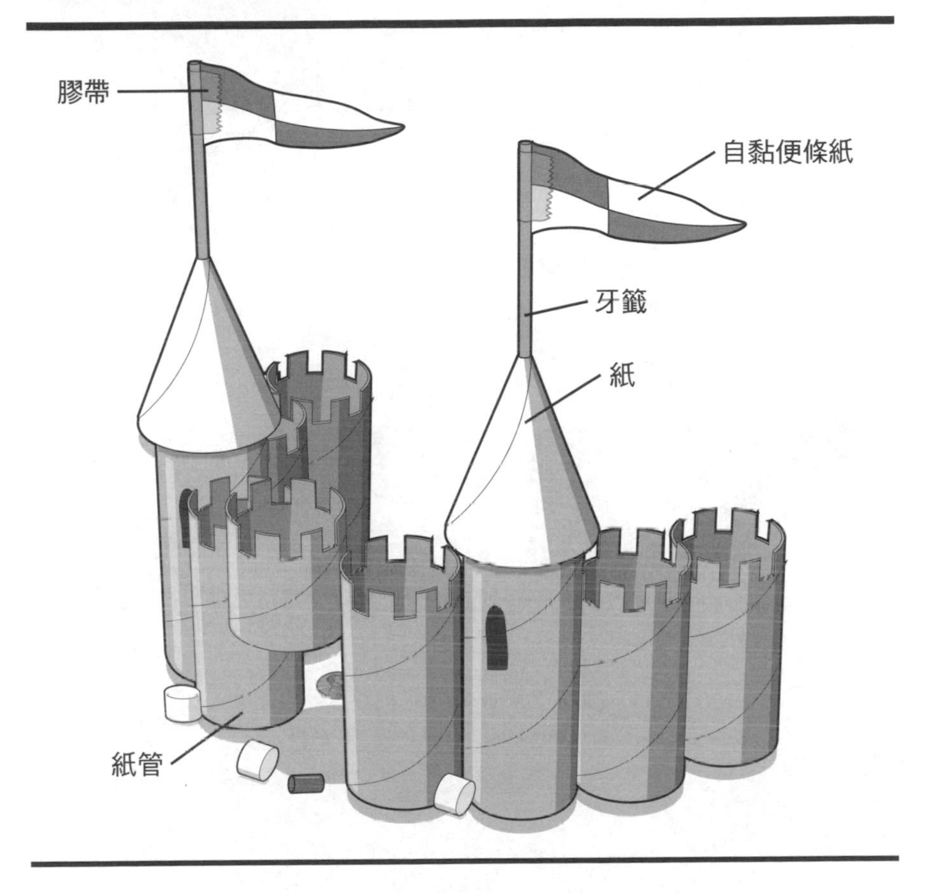

沒有城堡，怎麼攻城？用硬紙管造一座專屬你的城堡，天馬行空任你想像。用這座堅守的陣地試試本書的各種小兵器，看看它能否撐得過聰明才智與創造力的猛烈攻擊。

材料

9個以上捲筒衛生紙的紙管（或類似物）
止洩膠帶或透明膠帶
1張影印紙（8又½吋X11吋，21.59公分X27.94公分）
1張正方形自黏便條紙（3吋X3吋，7.62公分X7.62公分）
3根牙籤

工具

剪刀或美工刀
麥克筆

步驟1

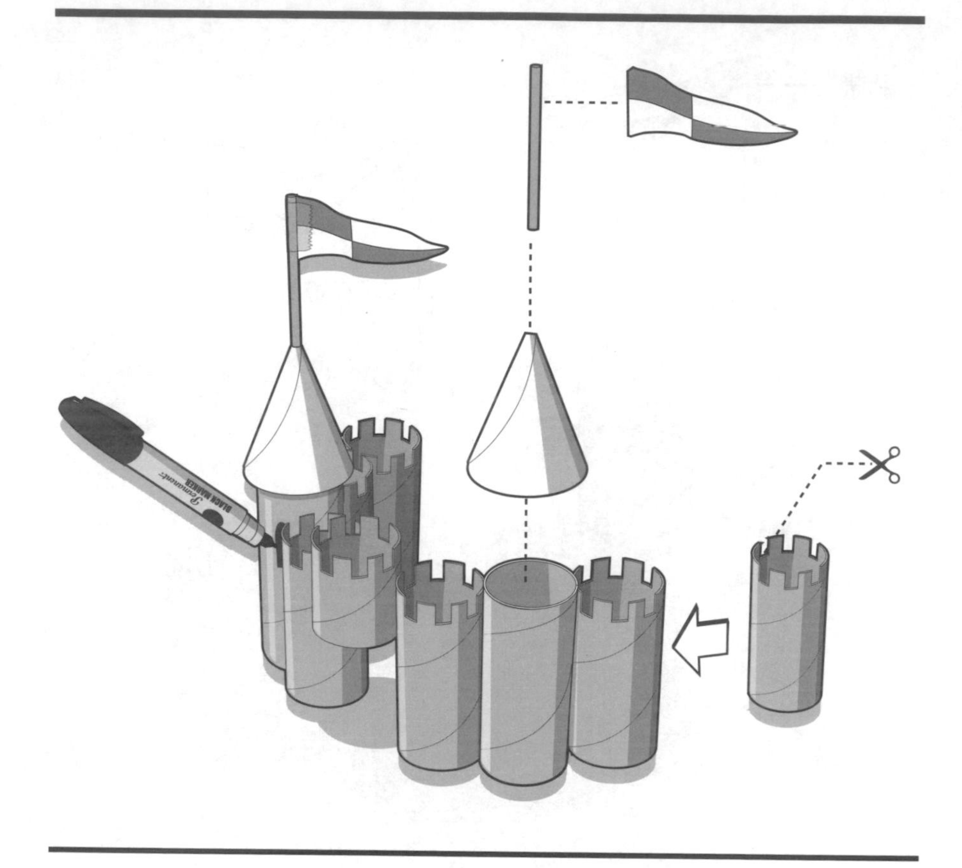

要建造城牆，得先收集九個捲筒衛生紙的紙管或類似物品。其中七個要有一端用剪刀或美工刀割出城牆上的細部（城垛）。接下來把其中一個紙筒切成兩半，構成進出城堡的通道。

以圖示為範本，把紙筒全都用膠帶黏合在一塊，組成城牆。半截的紙筒應該裝在中央的兩個紙筒間，以做出門框，如圖中所示。

捲出兩個圓錐然後按長度切好。圓錐的直徑應略大於硬紙筒的的直徑。用膠帶把兩圓錐黏上未經切割的紙筒。

用麥克筆在塔樓上加些窗戶或其他細部。可裁切四方形的自黏便條紙，做成迷你版的旗幟；把長條旗用膠帶黏至牙籤，做好的旗子再黏到錐形塔頂上頭。盡情利用這座城堡好好練習。

箭靶

參賽者 ______________________________ 日期 ________

參賽者簽名 ______________________________

用影印機放大，大量複製

敵營

參賽者 ______________________ 日期 ________

參賽者簽名 ______________________

用影印機放大，大量複製

懸賞海報

參賽者 ____________________ 日期 ________

參賽者簽名 ____________________

用影印機放大，大量複製